高等职业教育建筑设备类专业"互联网+"
数字化创新教材

空调用制冷技术

于 博 常潇方 主编

中国建筑工业出版社

图书在版编目（CIP）数据

空调用制冷技术 / 于博，常潇方主编 . -- 北京：
中国建筑工业出版社，2025. 6. --（高等职业教育建筑
设备类专业"互联网＋"数字化创新教材）. -- ISBN 978-
7-112-30919-1

I. TU831

中国国家版本馆 CIP 数据核字第 2025P3W272 号

本书根据高等职业院校人才培养目标和课程改革要求，广泛收集国内最新技术，结合多年的教学和工程实践经验编写而成。全书共分为 11 章，系统地阐述了空调用制冷技术的基本原理、主要设备和系统，主要包括蒸气压缩式制冷的热力学原理；制冷剂、载冷剂、润滑油；蒸气压缩式（制冷压缩机）制冷系统的组成与图示；蒸气压缩式制冷系统的主要设备；蒸气压缩式冷水机组；热泵技术；直接蒸发式制冷空调系统；吸收式制冷；空调水系统与制冷机房；蓄冷技术等内容。

本书可作为高职类供热通风与空调工程技术专业、建筑设备工程技术专业的专业课程教材，也可作为相关专业工程技术人员培训与参考用书。

为了更好地支持相应课程的教学，我们向采用本书作为教材的教师提供课件，有需要者可与出版社联系。

建工书院：http://edu.cabplink.com

邮箱：jckj@cabp.com.cn   电话：（010）58337285

责任编辑：胡欣蕊 司 汉 李 阳
责任校对：李美娜

高等职业教育建筑设备类专业"互联网＋"数字化创新教材

空调用制冷技术

于 博 常潇方 主编

＊

中国建筑工业出版社出版、发行（北京海淀三里河路9号）

各地新华书店、建筑书店经销

北京科地亚盟排版公司制版

建工社（河北）印刷有限公司印刷

＊

开本：787 毫米×1092 毫米 1/16 印张：13¼ 字数：244 千字

2025 年 2 月第一版 2025 年 2 月第一次印刷

定价：**46.00**元（赠教师课件）

ISBN 978-7-112-30919-1

（44667）

前　言

　　本书是为满足高等职业教育供热通风与空调工程技术专业的"制冷技术与应用"课程编写的。全书分 11 章，系统地阐述了蒸气压缩式制冷的工作原理、设备构造、制冷剂的性质和应用以及空调制冷机房设计等问题。本书具有如下特点：

　　（1）在理论知识方面突出了必需、够用的原则，根据暖通、建筑设备类从业人员以施工、安装、设计等为主的专业特点，省略了对于高职学生们来讲不实用的大量理论计算和公式推导等内容。

　　（2）强调教学内容与实际应用的结合。如在内容的安排上，介绍了目前中央空调系统中广泛使用的冷水机组、热泵机组、模块机组等。

　　（3）内容上体现目前国内本行业的最新发展，本书由大金空调技术（中国）有限公司参与，参照最新的产品样本手册，介绍 VRV 空调系统，此外，还包括蓄冷技术、热泵技术等，突出了节能和环保的主题。

　　（4）本书按照由浅入深，由易到难，由简到繁的原则编排内容，避免难点集中，力求图文并茂、通俗易懂。

　　本书由上海城建职业学院于博、常潇方编写。其中，绪论，第 1、2、3、7、8、9、10 章由于博编写，第 4、5、6、11 章由常潇方编写。全书由于博统稿，刘福玲审稿。由于编者水平有限，时间仓促，书中难免有不妥之处，恳请专家和使用本书的读者批评、指正。

　　本书编写过程中得到了大金空调技术（中国）有限公司的大力支持，在此表示衷心的感谢。

目 录

绪论

制冷技术，作为现代生活不可或缺的一部分，与我们的生活息息相关。它不仅在维持食物新鲜、保障居住环境舒适、促进工业生产等方面发挥着重要作用，还深刻影响着我们的生活质量、健康水平和能源利用效率。从家用冰箱与空调，到办公室、学校、商场的空调系统，以及工业生产过程需要特定的低温环境等，都离不开制冷技术。制冷技术是由于社会生产和人民生活的需要而产生和发展的，它的发展促使了社会生产和科学技术的进步，满足了人们生活和生产需要。制冷技术不仅是现代生活的重要支撑，更是推动社会进步和发展的重要力量。随着科技的不断进步和创新，制冷技术将在未来发挥更加广泛和深入的作用，通俗地讲，制冷技术就是研究如何获得低温的一门科学技术。

制冷可以通过两种途径来实现，一种是利用天然冷源，另一种是人工制冷。天然冷源主要是指夏季使用的深井水和冬天贮存下来的天然冰。在夏季，深井水的温度低于环境温度可以用来防暑降温或作为空调冷源使用；天然冰可以用来食品冷藏和防暑降温。天然冷源虽具有价格低廉和不需要复杂技术设备等优点，但它受到时间和地区等条件的限制，最主要的是受到制冷温度的限制，它只能制取 0℃以上的温度。要想获得 0℃以下的制冷温度，必须采用人工制冷的方法来实现。本书中所称的制冷均是指人工制冷。

1. 制冷的概念

制冷是指用人工的方法，使某一空间或某物体达到低于周围环境介质的温度，并维持这个低温的过程。

制冷与冷却不同。冷却是热量从高温对象传向低温对象的过程，是一个自发的过程，如一杯开水在空气中的自然冷却，开水的热量自发地传给了空气。而制冷是将低温对象的热量传给高温对象。如同将水从低处输送到高处需要使用水泵消耗电能一样，将热量从低温对象传给高温对象，是一个非自发的过程，需要使用一定的设备，消耗外界能量作为补偿。实现制冷的机器和设备称为制冷机。制冷机在制取冷量的同时，必须消耗外界能量，这种能量可以是机械能、电能、热能、太阳能或其他形式的能量。

2. 制冷的方法

制冷的方法很多，可以这样认为，凡是伴随着吸热的物理过程都可以用来制冷。按物理过程的不同，制冷的方法有液体汽化制冷、气体膨胀制冷、热电制冷、固体绝热去磁制冷等。在我们的专业范围内，应用最为广泛的是液体汽化制冷。任何液体汽化时都要产生吸热效应，液体汽化时所吸收的热量叫汽化潜热。液体汽化制冷就是利用液体汽化时吸收汽化潜热而产生冷效应来实现制冷的。液体汽化制冷的方法又包括蒸气压缩式制冷、吸收式制冷、吸附式制冷、蒸气喷射式制冷等。本书主要介绍蒸气压缩式制冷与吸收式制冷。

3. 制冷的分类

按照制冷温度的不同，制冷技术可以分为不同的种类。不同的分类方法所划分的温度范围也有所不同，其中一种分类方法把制冷技术分为普通制冷（$T>120K$）、深度制冷（$20\sim120K$）、低温制冷（$T=0.3\sim20K$）和超低温制冷（$T<0.3K$）。

普通制冷的制冷温度范围较为宽泛，但主要集中在人体舒适温度附近，家用空调、冰箱、冷藏柜等都属于普通制冷；深度制冷能够提供更低的温度环境，适用于需要低温保存或处理的物品，如低温科学实验、医疗应用等；低温制冷能够进一步降低温度，达到接近绝对零度的水平。这种技术通常用于科学研究、材料测试等高精度、高要求的领域，如超导材料研究、量子计算等；超低温制冷能够提供极端低温环境，是科学研究和技术开发中的重要工具。这种技术对于探索物质的极限性质、开发新型材料等方面具有重要意义。

需要注意的是，以上分类是基于制冷温度范围的一种大致划分，并不完全对应具体的制冷技术或设备。在实际应用中，制冷技术的选择取决于具体的需求和条件。

4. 制冷技术的应用

随着制冷工业的发展，制冷技术的应用也日益广泛，已渗透到人们生活、生产、科学研究活动的各个领域，并在改善人类的生活质量方面发挥着巨大的作用，从日常的衣、食、住、行，到尖端科学技术都离不开制冷。

（1）生活领域

家用电器：主要应用于空调、冰箱、冷柜等家用电器。这些设备通过制冷技术，实现室内温度的调节和食物的冷藏保鲜。

舒适环境：在住宅、办公楼、商场、剧院等公共建筑中，制冷技术被用于空调系统，为人们提供舒适的室内环境。

（2）工业领域

食品加工：在乳制品、肉类、果蔬等食品的加工和储存过程中，制冷技术用于控制发酵、熟化、冷却、冷冻干燥等工艺过程的温度，保证食品的品质和安全。

电子制造：在电子产品的制造过程中，制冷技术被用于控制生产环境的温度和湿度，以确保电子元器件的性能和稳定性。同时，在芯片的测试和封装过程中，也需要使用制冷技术来降低温度，防止热损伤。

化工制药：在化工和制药行业中，制冷技术被用于各种化学反应和分离过程的温度控制。如在制药过程中，某些药物需要在特定的低温条件下进行合成或储存。

（3）医疗领域

医疗设备：手术室的空调系统需要制冷技术来保持室内温度、湿度的恒定，为手术创造一个良好的环境。此外，血液透析机等医疗设备也需要制冷技术来保持其正常运行。

生物样本保存：制冷技术在医疗领域还用于生物样本的保存和运输。例如，细胞、组织、血液等生物样本需要在特定的低温条件下保存，以确保其活性和稳定性。

手术辅助：在手术过程中，制冷技术被用于降低患者体温，如低温麻醉或低温治疗，以减少术中出血量和术后感染的风险。

（4）科研领域

低温实验：在科研领域，制冷技术被用于低温实验环境的创建。例如，在物理学、化学、材料科学等学科的实验中，需要在极低的温度下进行实验观察和数据测量。

量子计算：在量子计算领域，制冷技术被用于将量子比特冷却至接近绝对零度的极低温度，以维持其量子态的稳定性。

（5）其他领域

航空航天：在航空航天领域，制冷技术被用于卫星、火箭等航天器的热控系统，以确保航天器在极端温度环境下的正常运行。

军事装备：在军事领域，制冷技术被用于军事装备的温度控制，如雷达、导弹等设备的冷却系统。

石油化工：在石油有机合成、基本化工中的分离、结晶、浓缩、液化、控制反应温度等，都离不开制冷技术。

　　现代农业：浸种、育种、微生物除虫、良种的低温储存、冻干法长期保存种子、低温储粮等都要用到制冷技术。

　　随着科技的不断发展，制冷技术也在不断创新和进步。新型节能环保型制冷剂（如氢氟烯烃和碳氢天然工质制冷剂）不断涌现，智能制冷技术（结合物联网、大数据、人工智能等技术）得到更广泛的应用。这些技术趋势将推动制冷行业向更加环保、高效、智能化的方向发展与应用。

第1章

蒸气压缩式制冷的热力学原理

本章知识目标：

1. 理解蒸气压缩式制冷系统的基本原理以及系统组成。

2. 熟悉单级蒸气压缩式制冷循环在压焓图上的表示。

3. 掌握单级蒸气压缩式制冷热力学基础：理想制冷循环、理论制冷循环、实际制冷循环特点。

4. 熟练应用压焓图对单级蒸气压缩式制冷循环进行热力学分析。

5. 理解制冷循环经济评价指标：制冷系数与热力完善度。

6. 掌握单级蒸气压缩式制冷系统的运行工况以及工况变化对制冷循环性能的影响。

本章思政目标：

培养学生从简到难，独立分析问题、解决问题的能力，勇于刻苦钻研的精神，使学生们具备合格的工程技术人员应具有的品质和素养。

我们在绪论中了解到，制冷是人为将热量从低温物体传向高温物体，在这个逆向传热过程中，必须要有一个能量补偿。蒸气压缩式制冷是以消耗机械能为补偿条件，借助制冷工质（常称为制冷剂）的状态变化将热量从温度较低的物体不断地传给温度较高的环境介质（通常是自然界的水或空气）中去。在本章，我们将学习制冷工质在制冷循环中发生怎样的状态变化，这些变化带来多少热量和能量的转移。

1.1 制冷原理

1.1.1 理想制冷循环

卡诺循环分为正卡诺循环和逆卡诺循环。正卡诺循环是正向循环，它是使高温热源的工质通过动力装置对外做功，然后再流向低温热源，使热能转化为机械能，也称动力循环。逆卡诺循环是逆向循环，它是使制冷剂在吸收低温热源的热量后通过制冷装置，并以消耗机械功作为补偿，然后流向高温热源。制冷循环就是按逆向循环进行的。

逆向循环又分为可逆循环和不可逆循环两种。可逆循环是一种理想循环，它不考虑工质在流动和状态变化过程中的各种损失。如果工质在循环过程中考虑了各种损失，即为不可逆循环。不可逆循环的损失主要来自两个方面：即制冷剂在流动和状态变化时因内部摩擦、不平衡等引起的内部不可逆损失；以及冷凝器、蒸发器等换热器存在传热温差的外部不可逆失。为了熟悉和掌握影响制冷循环的各种因素，寻求热力学上最完善的制冷循环，首先应了解逆卡诺循环。

逆卡诺循环是理想制冷循环，实现逆卡诺循环的重要条件是：① 高、低温热源温度恒定；② 工质在冷凝器和蒸发器中与外界热源之间的换热无传热温差；③ 制冷工质流经各个设备时无摩擦损失及其他内部不可逆损失。

逆卡诺循环是由两个定温和两个绝热过程组成。在湿蒸气区内进行的逆卡诺循环的必要设备是压缩机、冷凝器、膨胀机和蒸发器，其制冷循环以及循环过程，如图 1-1 所示。

制冷剂在逆卡诺循环中包括四个热力过程。$1' \rightarrow 2'$ 为绝热压缩过程，制冷剂由状态 $1'$ 经过绝热压缩（等熵压缩）到状态 $2'$，消耗机械功 w_c，制冷剂的温度由 T_0' 升至 T_k'；$2' \rightarrow 3'$ 为等温冷凝过程，制冷剂在 T_k' 下向冷却剂放出冷凝热量 q_k，然后被冷却到状态 $3'$，$3' \rightarrow 4'$ 为绝热膨胀过程，制冷剂由状态 $3'$ 绝热膨胀（等熵膨胀）到状态 $4'$，膨胀机输出功 w_e，制冷剂的温度由 T_k' 降到 T_0'；$4' \rightarrow 1'$ 为等温吸热过程，制冷剂由状态 $4'$ 在等温 T_0' 下从被冷却物体中吸取热量 q_0（即制取单位制冷量 q_0），这时制冷剂又恢复到初始状态 $1'$，这样便完成了一个制冷循环。如果循环继续重复进行，则要不断地消耗机械功，才能不断地进行制冷。由此可见，在制冷循环中，制冷剂之所以能从低温物体（被冷却物体）中吸取热量 q_0 送至高温物体（冷却剂），是由于消耗了能量（压缩功）的缘故。

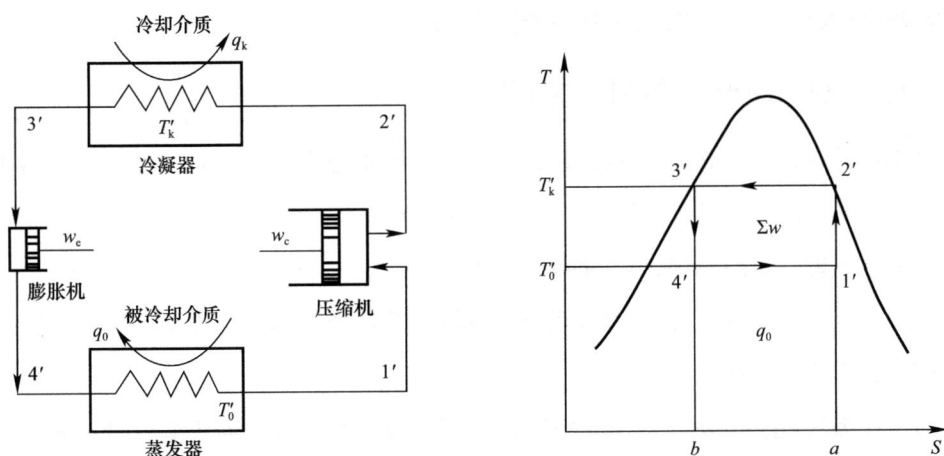

图 1-1　逆卡诺循环过程

在逆卡诺循环中，1kg 制冷剂从被冷却物体（低温热源）吸取的热量 q_0，连同循环所消耗的功 $\sum w$（即压缩机的耗功量 w_c 减去膨胀机膨胀时所做的功 w_e）一起转移至温度较高的冷却剂（高温热源），根据能量守恒，则：

$$q_k = q_0 + \sum w \tag{1-1}$$

$$\sum w = w_c - w_e \tag{1-2}$$

制冷循环常用制冷系数 ε 表示它的性能指标，制冷剂从被冷却物体中吸取的热量 q_0 与循环中所消耗功 $\sum w$ 的比值称为制冷系数。

$$\varepsilon = \frac{q_0}{\sum w} \tag{1-3}$$

对于逆卡诺循环，1kg 制冷剂从被冷却物体（低温热源）吸取的热量为：

$$q_0 = T_0'(S_a - S_b) \tag{1-4}$$

向冷却剂（高温热源）放出的热量为：

$$q_k = T_k'(S_a - S_b) \tag{1-5}$$

制冷循环中所消耗的净功为：

$$\sum w = (T_k' - T_0')(S_a - S_b) \tag{1-6}$$

则逆卡诺循环制冷系数为：

$$\varepsilon_c = \frac{q_0}{\sum w} = \frac{q_0}{q_k - q_0} = \frac{T_0'(S_a - S_b)}{(T_k' - T_0')(S_a - S_b)} = \frac{T_0'}{T_k' - T_0'} \tag{1-7}$$

从公式（1-7）可知，逆卡诺循环的制冷系数只与被冷却物体的温度 T_0' 和冷却剂的温度 T_k' 有关，与制冷剂性质无关。当 T_0' 升高，T_k' 降低时，制冷系数增大，制冷循环的经济性越好。而且，T_0' 对 ε_c 的影响比 T_k' 要大。

1.1.2　制约理想制冷循环的因素

理想制冷循环实现的关键条件是：高、低温热源温度恒定，制冷剂在冷凝器和蒸发器中与外界热源间无传热温差，制冷工质流经各个设备中不考虑任何损失，因此，逆卡诺循环是理想制冷循环，它的制冷系数是最高的。

但是在实际工程中，要想满足理想制冷循环的几个关键条件是不现实的，也是无法实现的，主要表现在：

（1）压缩过程在湿蒸气区中进行的情况下，危害性很大。若压缩机吸入的是湿蒸气，在压缩过程中必然会产生湿压缩，而湿压缩将引起液击等种种不良的后果，严重时甚至毁坏压缩机，在实际运行时应严禁发生。因此，在实际蒸气压缩式的制冷循环中必须采用干压缩，即进入压缩机的制冷剂为干饱和蒸气或过热蒸气。

（2）膨胀机进行等熵膨胀不现实。因为蒸气压缩式制冷循环中，制冷剂液体在绝热膨胀前后体积变化很小，而节流损耗较大，以致使所能获得的膨胀功不足以克服机器本身的工作损耗，且高精度的膨胀机很难加工。因此，在蒸气压缩式制冷循环中，均由节流机构（如节流阀、膨胀阀、毛细管等）代替膨胀机。

（3）在实际工程中，无温差传热是不可能实现的，否则理论上要求蒸发器和冷凝器应具有无限大的传热面积，这当然是不可能的。所以实际循环只能使制冷剂的蒸发温度（T_0）低于被冷却介质的温度（低温热源 T_0'），制冷剂的冷凝温度（T_k）高于冷却介质的温度（高温热源 T_k'）。

综上可知，虽然逆卡诺循环制冷系数最高，但只是一个理想制冷循环，在实际工程中无法实现，但是通过该循环的分析所得出的结论对实际制冷循环具有重要的指导意义，对提高制冷系统经济性指出了重要的方向。

1.1.3　有传热温差的制冷循环

实现逆卡诺循环的一个重要条件，就是制冷剂与被冷却介质、冷却介质之间必须在无温差情况下相互传热，而实际的热交换器总是在有温差的情况下进行传热的，因为蒸发器和冷凝器不可能具有无限大的传热面积。所以，实际有传热温差的制冷循环，制冷系数 ε 不仅与被冷却介质温度 T_0' 和冷却介质温度 T_k' 有关，还与热交换过程的传热温差（$T_0'-T_0$）和（T_k-T_k'）有关。

例如被冷却介质在蒸发器中的平均温度为 T_0'，而冷却介质在冷凝器中的平均温度

为 T'_k 时，逆卡诺循环可用图中的 $1' \to 2' \to 3' \to 4' \to 1'$ 表示。由于有传热温差存在，在蒸发器内制冷剂的蒸发温度 T_0 应低于被冷却介质温度 T'_0，即 $T_0 = T'_0 - \Delta T_0$；而冷凝器内制冷剂的冷凝温度 T_k 应高于冷却介质温度 T'_k，即 $T_k = T'_k + \Delta T_k$。此时有传热温差的制冷循环可用图 1-2 中的 $1 \to 2 \to 3 \to 4 \to 1$ 表示，所消耗的功量为面积 $1 \to 2 \to 3 \to 4 \to 1$，比逆卡诺循环多消耗的功可用 $2' \to 2 \to 3 \to 3' \to 2'$ 和 $1 \to 1' \to 4' \to 4 \to 1$ 表示，减少的制冷量为面积

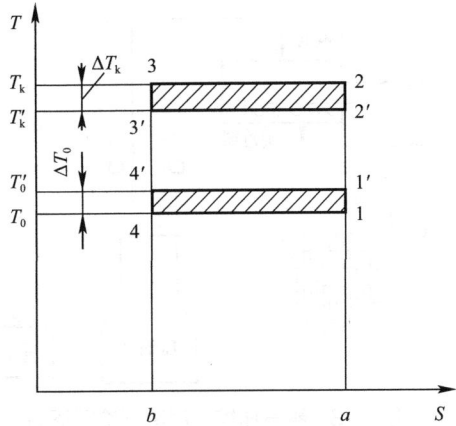

图 1-2　有传热温差的制冷循环

$1-1'-4'-4-1$。同理可得具有传热温差的制冷循环的制冷系数为：

$$\varepsilon'_c = \frac{T_0}{T_k - T_0} = \frac{T'_0 - \Delta T_0}{(T'_k + \Delta T_k) - (T'_0 - \Delta T_0)} = \frac{T'_0 - \Delta T_0}{(T'_k - T'_0) + (\Delta T_k + \Delta T_0)} \tag{1-8}$$

从式（1-7）、式（1-8）可知，显然 $\varepsilon'_c < \varepsilon_c$，这表明具有传热温差的制冷循环的制冷系数总要小于逆卡诺循环的制冷系数，一切实际制冷循环均为不可逆循环，实际循环的制冷系数总是小于工作在相同热源温度时的逆卡诺循环的制冷系数。

实际制冷循环的制冷系数与逆卡诺循环的制冷系数之比称为热力完善度：

$$\eta = \frac{\varepsilon}{\varepsilon_c} \tag{1-9}$$

热力完善度是小于 1 的数，它越接近 1，表明实际循环的不可逆程度越小，循环的经济性越好，它的大小反映了实际制冷循环接近逆卡诺循环的程度。

1.2　蒸气压缩式制冷的理论循环

如前所述，逆卡诺循环是由两个定温、两个绝热过程组成。但是实际采用的蒸气压缩式制冷的理论循环是由两个定压过程，一个绝热压缩过程和一个绝热节流过程组成。它与逆卡诺循环（理想制冷循环）所不同的是：① 蒸气的压缩采用干压缩代替湿压缩。压缩机吸入的是饱和蒸气而不是湿蒸气。② 用膨胀阀代替膨胀机。制冷剂用膨胀阀绝热节流降压。③ 制冷剂在冷凝器和蒸发器中的传热过程均为定压过程，并且具有传热温差。

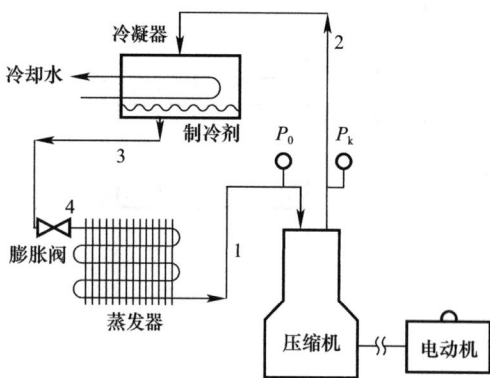

图 1-3 蒸气压缩式制冷理论循环图

图 1-3 为蒸气压缩式制冷的理论循环图。它是由压缩机、冷凝器、膨胀阀、蒸发器四大设备组成，这些设备之间用管道依次连接形成一个封闭的系统。它的工作过程是：压缩机将蒸发器内所产生的低压低温制冷剂蒸气吸入气缸内，经过压缩机压缩后使制冷剂蒸气的压力、温度升高，然后将高压高温的制冷剂蒸气排入冷凝器；在冷凝器内，高压高温的制冷剂蒸气与温度比较低的冷却水（或空气）进行热量交换，把热量传给冷却水（或空气），而制冷剂本身放出热量后由气体冷凝为液体，这种高压的制冷剂液体经过膨胀阀节流降压、降温后进入蒸发器；在蒸发器内，低压低温的制冷剂液体吸收被冷却物体（食品或空调冷水[①]）的热量而汽化，而被冷却物体（如食品或空调冷水）便得到冷却，蒸发器中所产生的制冷剂蒸气又被压缩机吸走。制冷剂在系统中要经过压缩、冷凝、节流、汽化（蒸发）四个过程，也就完成了一个制冷循环。

综合上述，蒸气压缩式制冷的理论循环可归纳为以下四点：① 低压低温制冷剂液体（含有少量蒸气）在蒸发器内的定压汽化吸热过程，即从低温物体中夺取热量。该过程是在压力不变的条件下，制冷剂由液体汽化为气体。② 低压低温制冷剂蒸气在压缩机中的绝热压缩过程。这个压缩过程是消耗外界能量（电能）的补偿过程，以实现制冷循环。③ 高压高温的制冷剂气体在冷凝器中的定压冷却冷凝过程。就是将从被冷却物体（低温物体）中夺取的热量连同压缩机所消耗的功转化成的热量一起，全部由冷却水（高温物体）带走，制冷剂本身在定压下由气体冷却冷凝为液体。④ 高压制冷剂液体经膨胀阀节流降压降温后，为液体在蒸发器内的汽化创造了条件。

1.3 压焓图

在制冷系统中，制冷剂的热力状态变化可以用其热力性质表来说明，也可用热力性质图来表示。用热力性质图来研究整个制冷循环，不仅可以研究循环中的每一个过程，

---

① 食品或空调冷冻水，按照《供暖通风与空气调节术语标准》GB/T 50155—2015，"冷冻水"以下均简称为"冷水"。

简便地确定制冷剂的状态参数，而且能直观地看到循环各状态的变化过程及其特点。

制冷剂的热力性质图主要有温熵图（T-S）和压焓图（$\lg p$-h）两种。由于制冷剂在蒸发器内吸热汽化，在冷凝器中放热冷凝都是在定压下进行的，而定压过程中所交换的热量和压缩机在绝热压缩过程中所消耗的功，都可用焓差来计算，而且制冷剂经膨胀阀绝热节流后，焓值不变。所以在工程上利用制冷剂的压焓图来进行制冷循环的热力计算更为方便。

压焓图如图 1-4 所示。以绝对压力为纵坐标（为了缩小图面，使低压部分表示清楚，通常采用对数坐标，即 $\lg p$），以比焓值为横坐标，即 h。图上有一点、二线、三区域、五种状态、六条等值参数线。

"一点"为临界点 K。在该点，制冷剂的液态和气态差别消失。

"二线"是以 K 点为界，K 点左边为饱和液体线（称为下界线），线上任意一点的状态，均是相应压力的饱和液体；K 点右边为干饱和蒸气线（称为上界线），线上任意一点的状态均为饱和蒸气状态，或称干蒸气。

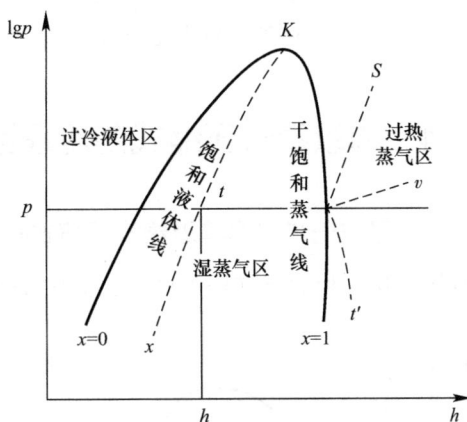

图 1-4　压焓图

"三区"是利用临界点 K 和上、下界线将图分成三个区域，下界线以左为过冷液体区；上界线以右为过热蒸气区；二者之间为湿蒸气区（即两相区），在湿蒸气区内，等压线与等温线重合。

"五种状态"包括过冷液体区内制冷剂液体状态；下界线上的饱和制冷剂液体状态；两相区中制冷剂湿蒸气状态；上界线上的饱和制冷剂气体状态；过热蒸气区内制冷剂气体状态。

"六条等值参数线"簇分别为：

1）等压线——水平线。同一水平线的压力均相等，其大小从下向上逐渐增大。

2）等焓线——垂直线。凡处在同一条等焓线上的工质，不论其状态如何，焓值均相同。其大小从左向右逐渐增大。

3）等温线——液体区几乎为垂直线，湿蒸气区与等压线重合为水平线，过热区为向右下方弯曲的倾斜线。其大小从下向上逐渐增大。

4）等熵线——向右上方倾斜，且倾角较大的线。注意等熵线不是一组平行线，越向右走，等熵线越平坦，其值变化越大。其大小从上向下逐渐增大。

5）等容线——向右上方倾斜，但比等熵线平坦的线。其大小从上向下逐渐增大。

6）等干度线——指在湿蒸气区域内，下界线为干度 $x=0$ 的等值线；上界线为干度 $x=1$ 的等值线；湿蒸气区域内等干度线方向大致与饱和液体线或饱和蒸气线相近。其大小从左向右逐渐增大。

压焓图是进行制冷循环分析和计算的重要工具，应熟练掌握和应用。本书附录中列出了几种常用制冷剂的压焓图。

1.4　单级蒸气压缩式制冷理论循环在压焓图上的表示

为了进一步了解单级蒸气压缩式制冷装置中制冷剂状态的变化过程，我们将制冷理论循环过程表示在压焓图上，如图 1-5 所示：

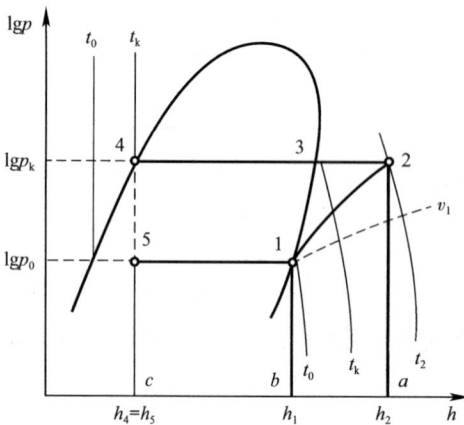

图 1-5　制冷理论循环过程表示在压焓图上

点 1：为制冷剂离开蒸发器的状态，也是进入压缩机的状态，如果不考虑过热，进入压缩机的制冷剂为干饱和蒸气。根据已知的 t_0 找到对应的 p_0，然后根据 p_0 的等压线与 $x=1$ 的饱和蒸气线相交来确定点 1。

点 2：高压制冷剂气体从压缩机排出进入冷凝器的状态。绝热压缩过程熵不变，即 $S_1=S_2$，因此，由点 1 沿等熵线（$S=C$）向上与 p_k 的等压线相交便可求得点 2。

1→2 过程为制冷剂在压缩机中的绝热压缩过程，该过程要消耗机械功。

点 4：为制冷剂在冷凝器内凝结成饱和液体的状态，也就是离开冷凝器时的状态。它是由 p_k 的等压线与饱和液体线（$x=0$）相交求得。

2→3→4 过程为制冷剂蒸气在冷凝器内进行定压冷却（2→3）和定压冷凝（3→4）过程。该过程制冷剂向冷却水（或空气）放出热量。

点 5：为制冷剂出膨胀阀进入蒸发器的状态。

4→5 为制冷剂在膨胀阀中的节流过程。节流前后焓值不变（$h_4=h_5$），压力由 p_k 降到 p_0，温度由 t_k 降到 t_0，由饱和液体进入湿蒸气区，这说明制冷剂液体经节流后产生少量的闪发气体。由于节流过程是不可逆过程，因此在图上用一虚线表示。

点 5 由点 4 沿等焓线与 p_0 等压线相交求得。

5 → 1 过程为制冷剂在蒸发器内定压蒸发吸热过程。在这一过程中 p_0 和 t_0 保持不变，低压低温的制冷剂液体吸收被冷却物体的热量使其温度降低而达到制冷的目的。

制冷剂经过 1 → 2 → 3 → 4 → 5 → 1 过程后，就完成了一个制冷理论基本循环。

1.5 单级蒸气压缩式制冷理论循环的热力计算

在压焓图上，我们可以查出制冷循环中各个状态点的状态参数。制冷理论循环热力计算，目的就是要算出制冷循环的性能指标，为实际循环计算和选择制冷设备等提供必要的数据。

1）单位质量制冷量：即 1kg 制冷剂在蒸发器内完成一次制冷循环所吸收的热量，单位为 kJ/kg。

$$q_0 = h_1 - h_5 \tag{1-10}$$

2）单位容积制冷量：即制冷压缩机每吸入 $1m^3$ 制冷剂蒸气在该制冷系统内所能吸收的热量，单位为 kJ/m^3。

$$q_v = \frac{q_0}{v_1} = \frac{h_1 - h_5}{v_1} \tag{1-11}$$

式中 v_1——压缩机吸入制冷剂蒸气的比体积，单位 m^3/kg。

3）制冷剂质量流量：压缩机每秒钟吸入制冷剂蒸气的质量，单位为 kg/s。

$$M_R = \frac{Q_0}{q_0} \tag{1-12}$$

式中 Q_0——制冷系统的制冷量，单位为 kJ/s 或 kW。

4）制冷剂体积流量：压缩机每秒钟吸入制冷剂蒸气的体积，单位为 m^3/s。

$$V_R = M_R v_1 = \frac{Q_0}{q_v} \tag{1-13}$$

5）单位冷凝热负荷：即 1kg 制冷剂在冷凝器内对外所释放的热量，单位为 kJ/kg。

$$q_k = h_2 - h_5 \tag{1-14}$$

6）冷凝器热负荷：单位时间冷凝器与冷却介质进行热交换量，单位为 kJ/s 或 kW。

$$Q_k = M_R q_k \tag{1-15}$$

7）单位理论功：制冷压缩机每压缩 1kg 制冷剂蒸气所消耗的功，单位为 kJ/kg。

$$w_0 = h_2 - h_1 \tag{1-16}$$

8）压缩机的理论耗功率：制冷压缩机在压缩制冷剂蒸气过程中所消耗的功，单位为 kW。

$$P_{th} = M_R w_0 = M_R(h_2 - h_1) \tag{1-17}$$

9）理论制冷系数：理论制冷循环中，制冷系统制冷量与所消耗功率的比值。

$$\varepsilon_{th} = \frac{Q_0}{P_{th}} = \frac{q_0}{w_0} = \frac{h_1 - h_5}{h_2 - h_1} \tag{1-18}$$

1.6　液体过冷、蒸气过热与回热循环

1.6.1　液体过冷的制冷循环

在实际制冷循环中，常常将制冷剂在冷凝器中液化后、进入节流机构降压之前进行再次降温处理，使饱和液态制冷剂降温成为过冷液体，这种处理方法叫作液体过冷。此时，液态制冷剂的温度低于冷凝压力下的饱和温度，这个温度称为过冷温度；而过冷温度与饱和温度的差值称为过冷度。带有液体过冷的制冷循环也称为过冷循环。

实现液体过冷的办法有：

① 增设专门的过冷设备（即过冷器）；

② 适当增加冷凝器的传热面积，使一部分传热面积用于过冷；

③ 采用回热循环（增加过冷度）。

图 1-6 所示为设有过冷器液体过冷的制冷循环。图 1-7 所示为液体过冷循环在压焓图（lg$p$-h 图）上的表示。其工作过程是：将冷凝器排出的饱和液体制冷剂送入过冷器中进行过冷，利用深井水使饱和液体在定压下冷却到低于冷凝温度的过冷液体状态，我们把这个再冷却的过程称为液体过冷。如图 1-7 中的点 4′ 所示，该点的温度为过冷温度 t_{rc}，其中 4 → 4′ 表示制冷剂液体在过冷器中的定压过冷过程。冷凝温度与过冷温度的差值为过冷度 Δt_{rc}（$\Delta t_{rc} = t_k - t_{rc}$）。点 4′ 由 p_k 与 t_{rc} 相交求得，点 5′ 由点 4′ 作等焓线与 p_0 相交求得。

将具有液体过冷循环 1 → 2 → 3 → 4′ → 5′ → 1 与无过冷循环 1 → 2 → 3 → 4 → 5 → 1 进行比较，可以看出，进入蒸发器的制冷剂状态点 5′ 的干度比点 5 的干度要小，说明节流后产生的闪发蒸气量减少，而采用液体过冷后，单位质量制冷量增加了 Δq_0，即 $\Delta q_0 = h_5 - h_{5'}$。由于压缩过程中耗功相同，因而提高了循环的制冷系数。

虽然应用液体过冷在理论上对改善循环是有利的，但是，采用液体过冷需要增加

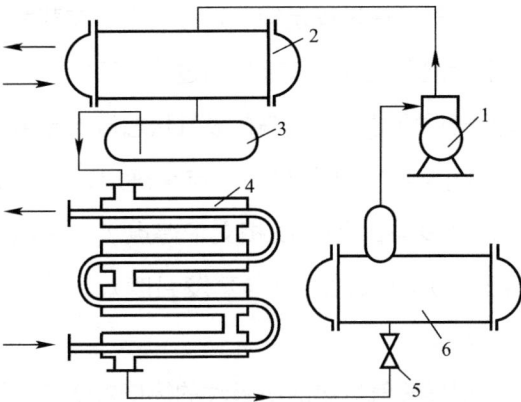

图 1-6　设有过冷器液体过冷的制冷循环

1—压缩机；2—冷凝器；3—贮液器；
4—过冷器；5—节流阀；6—蒸发器
注：→为换热介质

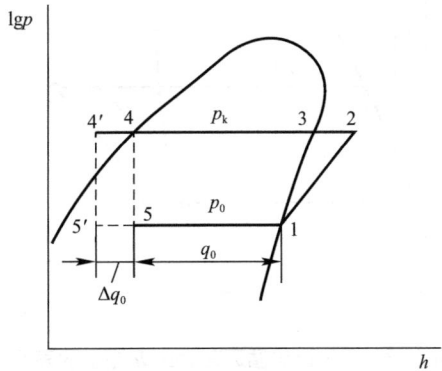

图 1-7　液体过冷循环在压焓图（lg$p$-h 图）
上的表示

初投资和设备运行费用，应进行技术经济指标的核算来确定是否采用液体过冷。一般来说，对于大型的氨制冷系统，且蒸发温度在 -5℃以下时采用液体过冷比较有利，过冷度一般取 2～3℃左右；而对于空气调节用的制冷系统一般不单独设置过冷器，而是通过适当增加冷凝器的传热面积，实现制冷剂在冷凝器内过冷。

1.6.2　蒸气过热的制冷循环

制冷循环中，制冷压缩机不可能吸入饱和状态的蒸气，因为饱和蒸气是一个临界状态，在实际工程中很难控制，为了防止制冷剂液滴进入制冷压缩机造成液击等事故，要求液体制冷剂在蒸发器中完全蒸发后继续吸收一部分热量，以此保证干压缩；另外，来自蒸发器的低温蒸气，在通过蒸发器到制冷压缩机之间的吸气管路中，由于制冷剂此时温度低于环境温度，会在流动过程中吸收周围空气的热量而使蒸气温度升高。因此，压缩机吸入的制冷剂蒸气在压缩之前已处于过热状态。

在实际制冷循环中，要求蒸发器汽化后的制冷剂蒸气，在进入制冷压缩机之前，继续吸热成为过热蒸气，这种处理方法叫作蒸气过热。这样，压缩机吸入的气态制冷剂的温度高于蒸发压力下的饱和温度，这个温度称为过热温度；而制冷剂过热温度与其饱和蒸发温度的差值称为过热度。带有蒸气过热的制冷循环也称为过热循环。

产生蒸气过热的原因主要有：① 蒸发器与压缩机之间的吸气管路吸热而过热；② 在蒸发器内汽化后的饱和蒸气继续吸热而过热。图 1-8 所示为蒸气过热循环在 lg$p$-h 图上的表示。

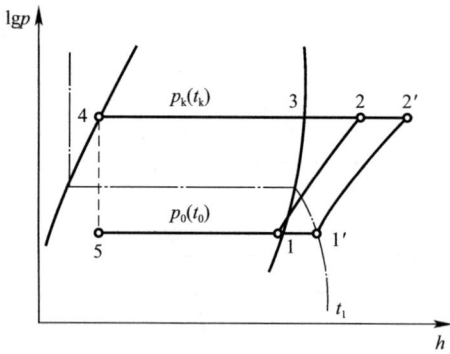

图 1-8 蒸气过热循环在 lg$p$-h 图上的表示

蒸气过热过程是等压过程，它是在蒸发压力下使饱和蒸气继续吸热而过热。图中 $1 \rightarrow 1'$ 是蒸气过热过程。压缩机吸气状态点 $1'$ 是由 p_0 等压线与吸气温度 t_1' 的交点来确定，由点 $1'$ 沿等熵线与 p_k 等压线相交求得点 $2'$，过热后的压缩机吸气温度 t_1' 与蒸发温度 t_0 的差值称为过热度。

根据蒸气过热时所吸收的热量对循环性能的影响不同，蒸气过热分为无效过热和有效过热两种，下面分别介绍。

1. 无效过热（又称有害过热）：从蒸发器出来的低压低温制冷剂蒸气，在通过吸气管道进入压缩机之前，要吸收周围空气的热量而过热，这种现象称为管路过热。由于管路过热对被冷却物体没有产生任何制冷效果，所以我们把这种过热称为无效过热。如果用 lg$p$-h 图上的蒸气过热循环 $1' \rightarrow 2' \rightarrow 3 \rightarrow 4 \rightarrow 5 \rightarrow 1'$ 与理论循环进行比较，可以看出，两者的单位质量制冷量相同，但过热循环压缩机耗功 W_{sh} 增加，制冷剂比体积 v 增加，q_v 减少，导致制冷剂质量循环量减少，制冷系数降低。

由以上分析可知，无效过热对循环是不利的，而且蒸发温度越低与环境空气温差越大，无效过热也越大，循环经济性越差。因此，对吸气管道要采取很好的保温隔热措施，以减少无效过热。

2. 有效过热：在制冷循环中为了防止湿蒸气进入压缩机造成液击事故，吸气少量过热对压缩机工作比较有利，所以在设计时要考虑吸入压缩机的制冷剂蒸气有适当的过热度，如 R717 作制冷剂，其过热度一般取 5~8℃，用氟利昂作制冷剂时过热度较大，这时，吸入蒸气的过热度来调节膨胀阀的开启度，制冷剂蒸气在离开蒸发器以前就已经过热。由于上述形式的过热所吸收的热量均来自被冷却空间，因此产生了有用的制冷效果，我们把这种过热称为有效过热。这部分热量应计入单位质量制冷量内，这时，有效过热循环的单位质量制冷量为 $q_{sh} = h_1' - h_5$。因过热增加的单位质量制冷量为 $\Delta q_{sh} = h_1' - h_1$。从图 1-8 中可以看出，随着 Δt_{sh} 增加，单位质量制冷量增加，压缩机耗功也增加，而制冷系数是否也增加，它与制冷剂性质有关，应具体分析。

1.6.3　蒸气回热制冷循环

为了使膨胀阀前制冷剂液体有较大的过冷，同时又能保证压缩机吸入具有一定过热度的蒸气，常常采用蒸气回热制冷循环。

它是利用气、液热交换器（又称回热器）使节流前的制冷剂液体与蒸发器出来的低温制冷剂蒸气进行热交换，使液体过冷，低温蒸气过热，这样不仅可以增加单位质量制冷量，而且可以减少低温制冷剂蒸气与环境空气之间的传热温差，减少甚至消除蒸发器与压缩机之间吸气管道的无效过热，这种循环称为蒸气回热制冷循环。

图 1-9、图 1-10 所示为蒸气回热制冷循环的系统图和压焓图。图中 $1 \rightarrow 2 \rightarrow 3 \rightarrow 4 \rightarrow 5 \rightarrow 1$ 为理论基本循环，$1 \rightarrow 1' \rightarrow 2' \rightarrow 3 \rightarrow 4 \rightarrow 4' \rightarrow 5' \rightarrow 1$ 表示蒸气回热循环。在回热循环中，来自蒸发器的低压低温制冷剂蒸气 1 进入热交换器，在热交换器中与来自冷凝器的高压液体 4 被定压过冷到 $4'$，其中 $1 \rightarrow 1'$ 为低压蒸气的过热过程，$4 \rightarrow 4'$ 为液体的过冷过程。在无冷量损失的情况下，液体放出的热量应等于蒸气所吸收的热量，即为回热器的单位热负荷。

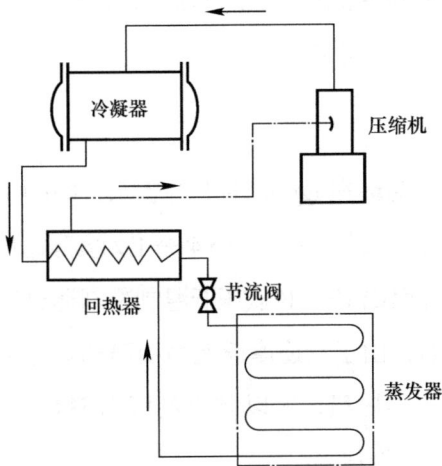

图 1-9　蒸气回热制冷循环系统图　　　　图 1-10　回热制冷循环在压焓图上的表示

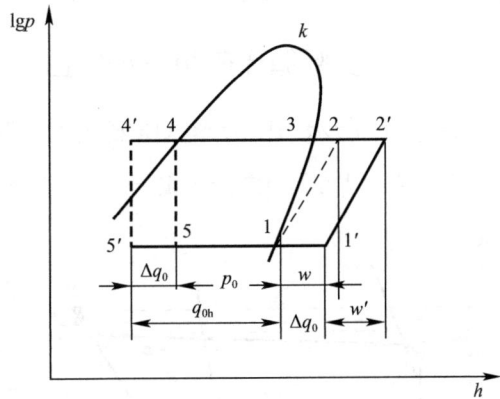

由图 1-10 可知，回热循环的单位质量制冷量增加了 Δq_0，单位压缩功也增加了 Δw，因此，回热制冷循环的理论制冷系数是否提高，必须进行详细分析，它与 t_0、t_k 和制冷性质有关。理论计算结果表明，R22 制冷剂采用回热循环是有利的，R717 制冷剂采用回热循环则不利。此外，蒸气回热循环将提高压缩机的排气温度，所以，实际制冷系数是否值得采用回热循环，应仔细考虑。

1.7 实际制冷循环

1.7.1 实际循环与理论循环的区别

前面分析讨论了单级蒸气压缩式制冷的理论循环，在讨论中我们知道制冷理论循环是由两个定压过程，一个绝热压缩过程和一个绝热节流过程组成。但是，实际制冷循环与理论制冷循环存在许多差别，其主要差别归纳如下：

（1）制冷剂在压缩机中的压缩过程不是等熵过程（即不是绝热过程）。

（2）制冷剂通过压缩机吸、排气阀时有流动阻力和热量交换。

（3）制冷剂通过管道和设备时，制冷剂与管壁或器壁之间存在摩擦阻力及与外界的热交换。

（4）冷凝器和蒸发器内存在着流动阻力，导致了高压气体在冷凝器的冷却冷凝和低温液体在蒸发器中的汽化都不是定压过程，同时与外界也有热量交换。

由上述可知，造成实际循环与理论循环差别的主要因素是：① 流动阻力（即摩擦阻力和局部阻力）；② 系统中的制冷剂与外界无组织的热交换。

1.7.2 实际循环在 $\lg p\text{-}h$ 图上的表示

图 1-11 所示为单级蒸气压缩式制冷的实际循环在 $\lg p\text{-}h$ 图上的表示，图中 $1 \rightarrow 2 \rightarrow 3 \rightarrow 4 \rightarrow 1$ 是理论循环；$1' \rightarrow 1'' \rightarrow 1^0 \rightarrow 2' \rightarrow 2'' \rightarrow 2^0 \rightarrow 3 \rightarrow 3' \rightarrow 4' \rightarrow 1'$ 为实际循环。

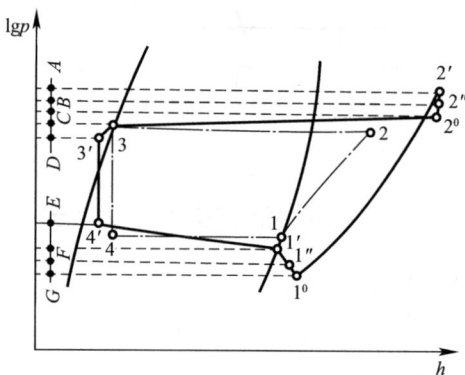

图 1-11　单级蒸气压缩式制冷的实际循环
在压焓图上的表示

A—排气阀压降；B—排气管压降；C—冷凝器
压降；D—高压液体管压降；E—蒸发器压降；
F—吸气管压降；G—吸气阀压降

过程线 $1' \rightarrow 1''$ 低压低温制冷剂通过吸气管道时，由于沿途摩擦阻力和局部阻力以及吸收外界热量，所以制冷剂压力稍有降低，温度有所升高。

过程线 $1'' \rightarrow 1^0$ 低压低温制冷剂通过吸气阀时被节流，压力降低。

过程线 $1^0 \rightarrow 2'$ 是气态制冷剂在压缩机中的实际压缩过程。压缩开始阶段，蒸气温度低于气缸壁温度，蒸气吸收缸壁的热量而使熵增加；当压缩到一定程度后，蒸气温度高于气缸壁的温度，蒸气又向气缸壁放出热量而使熵减少，再加之压缩过程中气体内部、气体与气缸壁之间的摩擦，因此实际压缩过程是一个多变的过程。

过程线 $2' \rightarrow 2''$ 制冷剂从压缩机排出，通过排气阀被节流，压力有所降低，其焓值基本不变。

过程线 $2'' \rightarrow 2^0$ 高压制冷剂气体从压缩机排出后，通过排气管道至冷凝器，由于沿途有摩擦阻力和局部阻力，以及对外散热，制冷剂的压力和温度均有所降低。

过程线 $2^0 \rightarrow 3$ 高压气体在冷凝器中的冷凝过程，制冷剂被冷凝为液体，由于制冷剂通过冷凝器时有摩擦阻力和涡流，所以冷凝过程不是定压过程。

过程线 $3 \rightarrow 3'$ 高压液体从冷凝器出来至膨胀阀前的液体管路上由于有摩擦和局部阻力；其次，高压液体的温度高于环境温度，因此要向周围环境散热，所以压力、温度均有所降低。

过程线 $3' \rightarrow 4'$ 高压液体在膨胀阀的节流降压、降温后，通过管道进入蒸发器，由于节流后温度降低，尽管管道、膨胀阀采取保温措施，制冷剂还会从外界吸收一些热量而使焓有所增加。

过程线 $4' \rightarrow 1'$ 低压低温的制冷剂吸收热量而汽化，由于制冷剂在蒸发器中有流动阻力，所以，蒸发过程也不是定压过程，随着蒸发器形式的不同，压力有不同程度的降低。

综上所述，由于制冷剂存在着流动阻力以及与外界的热量交换等，实际循环中四个基本热力过程（即压缩、冷凝、节流、蒸发）都是不可逆过程，其结果必然是制冷量减少，耗功增加，因此实际循环的制冷系数小于理论循环的制冷系数。

单级蒸气压缩式制冷的实际循环过程比较复杂，很难详细计算，所以，在实际计算中以理论循环作为计算基准，即先进行理论循环计算，然后在选择设备和机房设计时考虑上述因素再进行修正，以保证实际需要，提高制冷系统的经济性。

思考题与练习题

1. 简述蒸气压缩式制冷系统组成及其功能。
2. 蒸气压缩式制冷采用逆卡诺循环有哪些困难？其制冷系数如何表达？
3. 理论制冷循环与逆卡诺循环有哪些区别？各由哪些过程组成？
4. 简述蒸气压缩式制冷理论循环中各个热力过程的特点，实际循环与之差别。

5. 蒸气压缩式制冷循环为什么要采用干压缩？如何保证干压缩？

6. 蒸气压缩式制冷循环为什么要采用液体过冷？如何实现液体过冷？

7. 蒸气过热有哪几种形式？蒸气过热对制冷循环有什么作用？

8. 为什么称压缩机吸气管内的过热为有害过热？是否对制冷循环不利？

9. 制冷循环的制冷系数和热力完善度有什么区别？

10. 冰箱储物需要低温，是否温度越低越好？为什么？

11. 家用空调器和大厦集中空调系统，所用制冷循环一样，是什么原因造成它们的制冷量差别巨大？

12. 某一氨理论制冷循环，在7℃时吸收热量2.8kW，而放热温度为40℃。计算所需理论功耗。

13. 有一单级蒸气压缩式制冷循环用于空调，假定为理论制冷循环，工作条件如下：蒸发温度5℃，冷凝温度40℃，制冷剂为R32。空调房间需要的制冷量是3kW，试对该理论制冷循环进行热力计算。

14. 某氨压缩制冷装置制冷量20kW，蒸发器出口温度为−20℃的干饱和蒸气，被压缩机绝热压缩后，进入冷凝器，冷凝温度为30℃，冷凝器出口温度25℃的氨液，试对该制冷装置进行热力学计算。

第 2 章

制冷剂、载冷剂、润滑油

本章知识目标：

1. 明确制冷剂和载冷剂的含义及功能。
2. 熟练掌握制冷剂和载冷剂的选择原则。
3. 掌握制冷剂的命名方法。
4. 了解常用制冷剂和载冷剂。
5. 了解制冷剂替代问题及未来研究方向。

本章思政目标：

强化学生环境保护、有效利用能源的理念，倡导尊重自然、保护自然，牢固树立绿色发展的理念，提倡经济社会发展与生态环境保护协同发展。

2.1　制冷剂

制冷剂是制冷装置中进行制冷循环的工作物质，又称为"工质"。自 1834 年 Jacob Perkins（雅各布·珀金斯）获得了采用乙醚为制冷剂的蒸气压缩式制冷装置发明专利后，人们尝试采用 CO_2、NH_3、SO_2 作为制冷剂；到 20 世纪初，一些碳氢化合物也被用作制冷剂，如乙烷、丙烷、氯甲烷、二氯乙烯、异丁烷等；直到 1928 年 Midgley（米奇利）和 Henne（亨内）研发出 R12，氟利昂族制冷剂引起制冷技术真正的革新，人类开始从采用天然制冷剂步入采用合成制冷剂时代。20 世纪 50 年代出现了共沸混合工质，如 R502 等；20 世纪 60 年代开始研究与试用非共沸混合工质。但是，20 世纪 70 年代发现含氯或溴的合成制冷剂对大气臭氧层有破坏作用，而且造成温室效应的程度非常严重。所以，环境保护特性是当今选用制冷剂的重要考虑因素。

制冷剂在蒸发器内吸收被冷却物体（水、盐水、食品）的热量而制冷，在冷凝器中经过水或空气的冷却放出热量而冷凝。所以说制冷剂是实现制冷循环不可缺少的物质，它的性质直接关系制冷装置的特性及运行管理。为了能根据不同制冷装置的要求来选取合适的制冷剂，我们需要对制冷剂的种类、性质及要求有一个基本的了解。

2.1.1　对制冷剂的要求

目前，制冷剂虽说种类很多，但并不是任何液体都能用作制冷剂，它要具备下列一些基本的要求。

（1）环境方面的要求：目前评价制冷剂的环境指标主要有 ODP 值（Ozone Depletion Potential）和 GWP 值（Global Warming Potential）。ODP 值是指大气臭氧层损耗潜能值。当制冷剂、发泡剂、灭火剂、消毒剂排放到大气中去之后，这种含氯的化合物扩散到大气同温层后，被太阳的紫外线照射而分解，放出氯原子，氯原子与同温层中的臭氧发生连锁反应，使臭氧层遭到破坏，严重危及人类的健康及生态平衡。以 R11 的臭氧层损耗潜能值为 1，其他物质与它相比较得到的数值为其他物质的臭氧层损耗潜能值。因此，ODP 值越小越好。GWP 值是指全球温室效应潜能值。人类在生产和生活过程不断地向大气排放大量的温室气体，如二氧化碳（CO_2）、甲烷（CH_4）、氩气（Ar）、制冷剂中的氯氟碳化合物等。它们可以让短波太阳光不受阻挡地通过，而将从地球表面反射出来的长波辐射热挡住，使地球表面保持了一定的温度。当过量的温室气体排放到大气中后，会影响气温和降雨量，导致气候暖和，海平面升高，全球变暖，产生温室效应。同样规定 R11 的温室效应潜能值为 1，其他物质与它比较得到的数值为其他物质的 GWP 值。因此，制冷剂的 GWP 值也是越小越好。所选制冷剂的 ODP 值与 GWP 值必须是零或尽可能小。如果有必要采用 ODP 值或 GWP 值大于零的制冷剂，那么必须尽量减少其充灌量，并使系统的设计和安装能防止泄漏。所选制冷剂不危害水，不形成雾，能重新使用或易于处置。

（2）热力学方面的要求：① 在大气压力下制冷剂的蒸发温度要低，便于在低温下蒸发吸热。② 常温下制冷剂的冷凝压力不宜过高，这样可以减少制冷装置承受的压力，也可减少制冷剂向外渗漏的可能性。③ 单位容积制冷量要大，这样可以缩小压缩机尺寸。④ 制冷剂的临界温度要高，便于用一般的冷却水或空气进行冷凝；同时凝固温度要低，便于获得较低的蒸发温度。⑤ 绝热指数应低些。绝热指数越小，压缩机排气温度越低，有利于提高压缩机的容积效率，对压缩机的润滑有好处。

（3）物理化学方面的要求：① 制冷剂在润滑油中的可溶性。根据制冷剂在润滑油中的可溶性可分为有限溶于润滑油和无限溶于润滑油的制冷剂。有限溶于润滑油的制冷剂，其优点是在制冷设备中制冷剂与润滑油易于分离，蒸发温度比较稳定；缺点是蒸发器和冷凝器的传热面上会形成油膜从而影响传热。无限溶于润滑油的制冷剂，其优点是润滑油随制冷剂一起渗透到压缩机的各个部件，为压缩机的润滑创造了良好的条件，在蒸发器和冷凝器的传热面上不会形成油膜而阻碍传热；缺点是制冷剂中溶有较多润滑油时，会引起蒸发温度升高使制冷量减少，润滑油黏度降低，制冷剂沸腾时泡沫多，蒸发器的液面不稳定。② 溶水性。氟利昂和烃类物质都很难溶于水，而氨易溶于水。对于难溶于水的制冷剂，若系统中的含水量超过制冷剂中水的溶解度，系统中则存在游离态的水，当蒸发温度低于 0℃时，就会在节流阀等通道截面较小处形成"冰塞"，影响制冷系统的正常工作。对于溶水性强的制冷剂，尽管不会出现上述冰塞现象，但制冷剂溶水后发生水解作用，生成酸性物质，腐蚀金属材料，而且单位制冷量有所降低。所以，制冷剂中的含水量应有一定的限制。③ 制冷剂的黏度和密度尽可能小，这样可以减少制冷剂在管道中的流动阻力，可以降低压缩机的耗功率和缩小管道直径。④ 热导率和放热系数要高，这样便于提高蒸发器和冷凝器的传热效率，减少其传热面积。⑤ 对金属和其他材料不产生腐蚀作用。⑥ 具有化学稳定性。制冷剂在高温下不分解、不燃烧、不爆炸。

（4）其他方面的要求：① 制冷剂对人体健康无损害，不具有毒性、窒息性和刺激性。制冷剂的毒性级别分为六级，一级毒性最大，六级毒性最小。② 价格便宜，容易购买。上述对制冷剂的要求，仅作为选择制冷剂时参考。完全满足上述所有要求的制冷剂是不存在的，目前所采用的制冷剂都存在一些缺点，因此在设计选用制冷剂时，根据实际情况，保证主要要求来选用。

2.1.2 制冷剂的命名

我国国家标准《制冷剂编号方法和安全性分类》GB/T 7778—2017 中规定了各种通用制冷剂的简单编号方法，以代替其化学名称、分子式或商品名称。相关标准规定用字母 R（英文 Refrigerant 的首位字母）和它后面的一组数字及字母作为制冷剂的简写编号。字母 R 作为制冷剂的代号，后面数字或字母则根据制冷剂的种类及分子组成按一定规则编写。

1. 无机化合物

属于无机化合物的制冷剂有水、空气、NH_3、CO_2、SO_2 等。其编号用序号 700 表示，化合物的相对分子质量加上 700 就得到制冷剂的识别编号。如氨（NH_3）的相对分子质量为 17，其编号为 R717。水（H_2O）和二氧化碳（CO_2）的编号分别为 R718 和 R744。如两种或多种无机化合物制冷剂具有相同的相对分子质量时，用 A、B、C 等字母予以区别。

2. 卤代烃

卤代烃是一种烃的衍生物，含有一个或多个卤族元素：Br、Cl 或 F。目前用作制冷剂的主要是甲烷、乙烷、丙烷和环丁烷系的衍生物。卤代烃是饱和烃类（饱和碳氢化合物）的卤族衍生物的总称，也称为氟利昂。

氟利昂作为制冷剂，同样也用 R 和数字表示它的代号，氟利昂的化学分子式为 $C_mH_nF_xCl_yB_z$，氟利昂的代号用 "R（$m-1$）（$n+1$）xBz" 表示。R 后面第一位数字为（$m-1$），即氟利昂分子式中碳原子数 m 减去 1，该值为零时则省略不写。R 后面第二位数字 $n+1$。R 后面第三位数字为 x。R 后面第四位数字为 z。如果溴原子数 z 为零时，与字母 B 一起省略。代号中氯原子数 y 不表示。例如，一氯二氟甲烷化学分子式为 CHF_2Cl，因为碳原子数 $m=1$，$m-1=0$，氢原子数 $n=1$，$n+1=2$，氟原子数 $x=2$，溴原子数 $z=0$，故代号为 R22。又如一溴三氟甲烷化学分子式为 CF_3Br，因为碳原子数 $m=1$，$m-1=0$，氢原子数 $n=0$，$n+1=1$，氟原子数 $x=3$，溴原子数 $z=1$，故代号为 R13B1。

3. 碳氢化合物（烃类）

碳氢化合物称烃。烃类制冷剂有烷烃类制冷剂（甲烷 CH_4、乙烷 C_2H_6），烯烃类制冷剂（乙烯 C_2H_4、丙烯 C_3H_6）等。

烷烃类制冷剂的代号表示方法与氟利昂相同。如甲烷 CH_4，$m=1$，$x=0$，$z=0$，则 $m-1=0$、$n+1=5$、$x=0$、$z=0$，代号为 R50；乙烷代号为 R170，丙烷为 R290。但丁烷不按上述规则写，而写成 R600。此外，对于同分异构体，在代号后加小写字母 "a""b""c"，或在个位数上加一个数字以示区别。如异丁烷（CH_3）CH 的代号为 R600a 或 R601。

对于乙烯、丙烯等的表示方法，是在 R 后面先写一个 "1"，其余数字按氟利昂的编号规则书写。如乙烯 C_2H_4，$m=2$，$n=4$，$x=0$，$z=0$，则 $m-1=1$，$n+1=5$，$x=0$、$z=0$，代号为 R1150。丙烯代号为 R1270。

4. 混合制冷剂

混合制冷剂又称多元混合溶液。它是由两种以上制冷剂按比例相互溶解而成的混合物，可分为共沸溶液和非共沸溶液。

共沸溶液是指固定压力下蒸发或冷凝时，其蒸发温度和冷凝温度恒定不变，而且它的气相和液相具有相同组分的溶液。共沸溶液制冷剂代号 R 后的第一个数字均为 5，5 后面的数字按使用的先后顺序编号。目前作为共沸溶液制冷剂的有 R500、R502 等。

非共沸溶液是指在固定压力下蒸发或冷凝时，其蒸发温度和冷凝温度是不断变化的，气、液相的组成成分也不同的溶液。非共沸溶液制冷剂代号 R 后的第一个数字为 4，4 后面的数字按使用的先后顺序编号。如果构成非共沸混合工质的纯物质种类相同，但成分不同，则分别在代号末尾加上大写英文字母以示区别。例如 R401、R402……R407A、R407B、R407C。

2.1.3　制冷剂的分类

1. 氟利昂

氟利昂是饱和碳氢化合物卤族衍生物的总称，是 20 世纪 30 年代出现的一类合成制冷剂，它的出现解决了对制冷剂有各种要求的问题。氟利昂主要有甲烷族、乙烷族和丙烷族三组，其中氢、氟、氯的原子数对其性质影响很大。氢原子数减少，可燃性也减少；氟原子数越增加，对人体越无害，对金属腐蚀性越小；氯原子数多，可提高制冷剂的沸点，但是，原子越多对大气臭氧层破坏作用越严重。

大多数氟利昂本身无毒、无臭、不燃、与空气混合遇火也不爆炸，因此，适用于公共建筑或实验室的空调制冷装置。氟利昂中不含水分时，对金属无腐蚀作用；当氟利昂中含有水分时，能分解生成氯化氢（HCl）、氟化氢（HF），不但腐蚀金属，在铁质表面上还可能产生"镀铜"现象。

氟利昂的放热系数低，价格较高，极易渗漏、又不易被发现，而且氟利昂的吸水性较差，为了避免发生"镀铜"和"冰塞"现象，系统中应装有干燥器。此外，卤化物暴露在热的铜表面，则产生很亮的绿色，故可用卤素喷灯检漏。

另外，由于对臭氧层的影响不同，根据氢（H）、氟（F）、氯（Cl）组成情况可将氟利昂分为全卤化氯氟烃（CFCs）、不完全卤化氯氟烃（HCFCs）和不完全卤化氟烃化合物（HFCs）三类。其中全卤化氯氟烃（CFCs），如 R11、R12 等，对大气臭氧层破坏严重，自 1987 年《蒙特利尔议定书》及其修订案执行以来，CFCs 淘汰进程已结束；不完全卤化氯氟烃（HCFCs），如 R22、R123 等，由于氢、氯共存，原子对大气臭氧层的破坏作用虽有所减缓，但目前全球也进入了 HCFCs 加速淘汰阶段；不完全卤化氟烃化合物（HFCs），如 R125、R134A，由于不含氯原子，对大气臭氧层无破坏作用，但由于其 *GWP* 较大，1997 年的《京都议定书》已将 HFCs 定为需限制排放的温室气体范围。因此，制冷剂的替代问题已成为当今全球共同面临的难题，需要世界科技工作者付出艰苦卓绝的努力。

（1）R22（或 HCFC-22）

R22 化学性质稳定、无毒、无腐蚀、无刺激性，并且不可燃，广泛用于空调用制冷装置，目前，房间空调器和单元式空调机仍较多采用此种制冷剂，它也可满足一些需要 −15℃以下较低蒸发温度的场合。

R22 是一种良好的有机溶剂，易于溶解天然橡胶和树脂材料；虽然对一般高分子化合物几乎没有溶解作用，但能使其变软、膨胀和起泡，故制冷压缩机的密封材料和采用制冷剂冷却的电动机的电器绝缘材料，应采用耐腐蚀的氯丁橡胶、尼龙和氟塑料等。另外，R22 在温度较低时与润滑油有限溶解，且比油重，故需采取专门的回油措施。由于 R22 属于 HCFC 类制冷剂，对大气臭氧层仍有破坏作用，我国将在 2030 年完全淘汰 R22。

（2）R134A（或 HFC-134a）

R134A 的热工性能接近于 R12（CFC-12）。R134A 液体和气体的导热系数明显高于 R12，在冷凝器和蒸发器中的传热系数比 R12 分别高 35%～40% 和 25%～35%。

R134A 是低毒不燃制冷剂，它与矿物油不相溶，但能完全溶解于多元醇酯（POE）类合成油；R134A 的化学稳定性很好，但吸水性强，只要有少量水分存在，在润滑油等因素的作用下，将会产生酸、CO 或 CO_2，对金属产生腐蚀作用或产生"镀铜"现象，因此 R134A 对系统的干燥和清洁性要求更高，且必须采用与之相容的干燥剂。

（3）R32（或 HFC-32）

制冷剂 R32 的分子式为 CH_2F_2，无毒，具有工作压力与 R410A 相近，制冷剂充注量小、热工性能优良、价格便宜等优点，虽然具有轻微的可燃性，但其综合的优良性质，仍被业内认为是中、小容量空调用制冷设备的可行替代制冷剂。

（4）R123（或 HCFC-123）

R123 沸点为 27.87℃，目前是一种较好的替代 R11（CFC-11）的制冷剂，用于离心式制冷机。但是，R123 具有一定毒性，安全级别列为 B1。

2. 碳氢化合物

R290（或 HC-290）就是丙烷（C_3H_8），是一种可以从液化气中直接获得的天然制冷剂。R290 与 R22 的标准沸点、凝固点、临界点等基本物理性质非常接近，且与铜、钢、铸铁、润滑油等均具有良好的相容性，具备替代 R22 的基本条件。在饱和液态时，R290 的密度比 R22 小，因此相同容积下 R290 的充注量更小；另外，R290 的汽化潜热大约是 R22 的 2 倍，故采用 R290 的制冷系统制冷剂循环量更小。R290 虽然具有上述优势，但其"易燃易爆"的缺点是限制其推广应用的最大阻碍。R290 与空气混合能形成爆炸性混合物，遇热源和明火有燃烧爆炸的危险。提高 R290 制冷系统安全性的主要手段包括减小充注量、隔绝火源、防止制冷剂泄漏及提高泄漏后的安全防控能力。

3. 无机化合物

（1）氨（R717）

氨（NH_3）除了毒性大以外，是一种很好的天然制冷剂，从 19 世纪 70 年代至今一直被广泛使用。氨的最大优点是单位容积制冷能力大，蒸发压力和冷凝压力适中，制冷效率高，而且，ODP 和 GWP 均为 0；氨的最大缺点是有强烈刺激作用，对人体有危害，目前规定氨在空气中的浓度不应超过 $20mg/m^3$。氨是可燃物，空气中氨的体积百分比达 16%～25% 时，遇明火有爆炸危险。

氨的吸水性强，但要求液氨中含水量不得超过 0.12%，以保证系统的制冷能力。氨几乎不溶于润滑油。氨对黑色金属无腐蚀作用，若氨中含有水分时，对铜和铜合金（磷青铜除外）有腐蚀作用。但是，氨价廉，在一般生产企业中采用较多。

（2）二氧化碳（R744）

二氧化碳（CO_2）是地球生物圈的组成物质之一，它无毒、无臭、无污染、不爆、不燃、无腐蚀，$ODP=0$，$GWP=1$。除了对环境方面的友好性外，它还具有优良的热物性质。如：CO_2 的容积制冷能力是 R22 的 5 倍，高的容积制冷能力使压缩机进一步小型化；它的黏度较低，在 $-40℃$ 下其液体黏度是 $5℃$ 水的 1/8，即使在相对较低的流速下，也可以形成湍流流动，有很好的传热性能；采用 CO_2 的制冷循环具有较小的压缩比，可以提高绝热效率。此外，CO_2 来源广泛、价格低廉，并与目前常用材料具有良好的相容性。基于 CO_2 用作制冷剂的上述优点，研究人员在不断尝试将其应用于各种制冷、空调和热泵系统中。但是由于 CO_2 的临界温度较低，仅为 $31.1℃$，故当冷却介质为冷却水或室外空气时，制取普通低温的制冷循环一般为跨临界循环，只有当冷凝温度低于 $30℃$ 时，CO_2 才可能采用与常规制冷剂相似的亚临界循环。由于 CO_2 的临界压力很高，为 $7.375MPa$，处于跨临界或亚临界的制冷循环，系统内的工作压力都非常高，因此对压缩机、换热器等部件的机械强度有较高的要求。

4. 混合溶液

混合制冷剂是由两种以上的氟利昂组成的混合物。混合制冷剂分为共沸制冷剂和非共沸制冷剂。由于混合制冷剂的热力性质较组成它的原单一制冷剂的热力性质要好，从而有利于改善和提高制冷剂的工作特性。

（1）R407C

R407C 由质量百分比为 23% 的 R32、25% 的 R125 和 52%R134a 组成的三元非共沸混合工质。其标准沸点为 −43.77℃，温度滑移较大，为 4～6℃。与 R22 相比，蒸发温度约高 10%，制冷量略有下降，且传热性能稍差，制冷效率约下降 5%；此外，由于 R407C 温度滑移较大，应改进蒸发器和冷凝器的设计。目前 R407C 作为 R22 的替代制冷剂，已用于房间空调器、单元空调器以及小型冷水机组中。

（2）R410A

R410A 由质量百分比各 50% 的 R32 和 R125 组成的二元近共沸混合工质。其标准沸点为 −51.5℃，温度滑移仅 0.1℃左右。与 R22 相比，系统压力为其 1.5～1.6 倍，制冷量达 40%～50%；R410A 具有良好的传热特性和流动特性，制冷效率较高，目前是房间空调器、多联式空调机组等小型空调装置的替代制冷剂。

制冷剂一般装在专用的钢瓶中，钢瓶应定期进行耐压试验。装存不同制冷剂的钢瓶不要互相调换使用，也切勿将存有制冷剂的钢瓶置于阳光下暴晒或靠近高温处，以免引起爆炸。一般氨瓶漆成黄色，氟利昂瓶漆成银灰色，并在钢瓶表面标有装存制冷剂的名称。

2.2   载冷剂

空调工程、工业生产和科学试验中，常常采用制冷装置间接冷却被冷却物，或者将制冷装置产生的冷量远距离输送，这时需要一种中间物质，在蒸发器内被冷却降温，然后再用它冷却被冷却物，这种中间物质称为载冷剂。

2.2.1   对载冷剂物理化学性质的要求

载冷剂的物理化学性质应尽量满足下列要求：① 在使用温度范围内，不凝固，不汽化；② 无毒，化学稳定性好，对金属不腐蚀；③ 比热大，输送一定冷量时所需流量小，温度变化不大；④ 密度小，黏度小，以减小流动阻力，降低循环泵消耗功率；

⑤ 导热系数大，以减少换热设备的传热面积；⑥ 来源充裕，价格低廉。

常用的载冷剂是水，但只能用于高于 0℃的条件，如冷水机组就采用水为载冷剂，广泛用于各种制冷空调系统。当要求低于 0℃时，一般采用盐水，如氯化钠或氯化钙盐水溶液，或采用乙二醇或丙三醇等有机化合物的水溶液。

2.2.2　盐水溶液

盐水溶液是盐和水的溶液，它的性质取决于溶液中盐的浓度，如图 2-1 和图 2-2。图中曲线为不同浓度盐水溶液的凝固温度曲线，溶液中盐的浓度低时，凝固温度随浓度增加而降低，当浓度高于一定值以后，凝固温度随浓度增加反而升高，此转折点为冰盐合晶点。曲线将图分为四区，各区盐水的状态不同。曲线上部为溶液区；曲线左部（虚线以上）为冰 - 盐溶液区，就是说当盐水溶液浓度低于合晶点浓度、温度低于该浓度的析冰温度而高于合晶点温度时，有冰析出，致使溶液浓度增加，故左侧曲线也称为析冰线；曲线右部（虚线以上）为盐 - 盐水溶液区，就是说当盐水浓度高于合晶点浓度、温度低于该浓度的析盐温度而高于合晶点温度时，有盐析出，溶液浓度降低，故右侧曲线也称为析盐线。低于合晶点温度（虚线以下）部分为固态区。

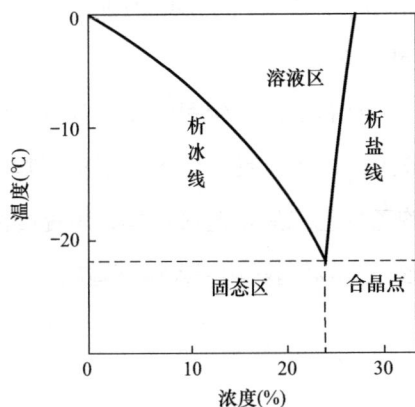

图 2-1　氯化钠盐水溶液

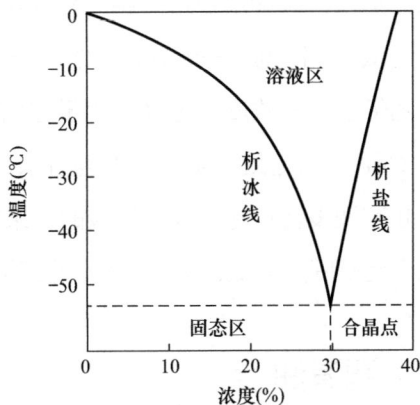

图 2-2　氯化钙盐水溶液

选择盐水溶液浓度时应注意，盐水溶液浓度越大，其密度越大，流动阻力也越大，而比热减小，输送相同冷量时，需增加盐水溶液的流量。因此，只要保证蒸发器中盐水溶液不冻结，凝固温度不要选择过低，一般比蒸发温度低 4～5℃（敞开式蒸发器）或 8～10℃（封闭式蒸发器），而且浓度不应大于合晶点浓度。

盐水溶液在制冷系统中运转时，有可能不断吸收空气中的水分，使其浓度降低，凝固温度升高，所以应定期向盐水溶液中增补盐量，以维持要求的浓度。

氯化钠等盐水溶液最大的缺点是对金属有强烈腐蚀性，盐水溶液系统的防蚀是突出问题。实践证明，金属被腐蚀与盐水溶液中含氧量有关，含氧量越大，腐蚀性越强，为此最好采用闭式系统，减少与空气的接触。此外，为了减轻腐蚀作用，可在盐水溶液中加入一定量的缓蚀剂，缓蚀剂可采用氢氧化钠（NaOH）和重铬酸钠（NaCrO$_7$）。加缓蚀剂的盐水应呈碱性（pH 保持在 7.5～8.5）。重铬酸钠对人体皮肤有腐蚀作用，调配溶液时需加以注意。

2.2.3　乙二醇

由于盐水溶液对金属有强烈腐蚀作用，所以，一些场合常采用腐蚀性小的有机化合物，如甲醇、乙二醇等。乙二醇有乙烯乙二醇和丙烯乙二醇之分，由于乙烯乙二醇的黏度大大低于丙烯乙二醇，故载冷剂多采用乙烯乙二醇。

乙烯乙二醇是无色、无味的液体，挥发性低，腐蚀性低，容易与水和许多有机化合物混合使用；虽略带毒性，但无危害，广泛应用于工业制冷和冰蓄冷空调系统中。

虽然，乙烯乙二醇对普通金属的腐蚀性比水低，但乙烯乙二醇水溶液则表现出较强的腐蚀性。在使用过程中，乙烯乙二醇氧化呈酸性，因此，乙烯乙二醇水溶液中应加入添加剂。添加剂包括防腐剂和稳定剂。防腐剂可在金属表面形成阻蚀层；而稳定剂可为碱性缓冲剂——硼砂，使溶液维持碱性（pH＞7）。

乙烯乙二醇浓度的选择取决于应用的需要。一般而言，以凝固温度比蒸发温度低 5～6℃确定溶液浓度为宜，浓度过高，不但投资大，而且对其物性也有不利影响。为了防止空调设备在冬季冻结损毁时，采用 30% 的乙烯乙二醇水溶液足矣，再提高浓度虽然会使凝固点降低，但溶液黏性急剧增大将导致循环泵消耗功率大幅度增加。

2.3　润滑油

2.3.1　使用润滑油的目的

对于制冷压缩机而言，润滑油对保证制冷压缩机的运行可靠性和使用寿命起着重要的作用，其作用主要有以下三个方面。

（1）减少摩擦。制冷压缩机具有各种运动摩擦面，由于摩擦，一方面需要消耗更多的能量，另一方面，致使摩擦面磨损，影响压缩机正常运行。润滑油的注入，在摩擦面形成油膜，既减少摩擦，又可减少能耗。

（2）带走摩擦热。摩擦产生热量，致使部件温度升高，影响压缩机正常运行。注入润滑油，可以带走摩擦热，使温度保持在合适范围，同时，还可以带走各种机械杂质，起到防锈和清洁作用。

（3）减少泄漏。制冷压缩机的摩擦面具有一定间隙，是气态制冷剂泄漏的主要通道。在摩擦面间隙中注入润滑油可以起到密封作用。

此外，润滑油还起到消声（降低机器运行中产生的机械噪声和启动噪声）等作用；在一些压缩机中，润滑油还是一些机构的动力油，如：在活塞式压缩机中，润滑油为卸载机构提供液压动力，控制投入运行的气缸数量，以调节压缩机的输气量。

2.3.2　润滑油的种类

选用润滑油时应注意润滑油的性能，评价润滑油性能的主要因素有：黏度、与制冷剂的相溶性、倾点（流动性）、闪点、凝固点、酸值、化学稳定性、与材料的相容性、含水量、含杂质量以及电击穿强度等。

制冷压缩机用润滑油可分为天然矿物油和人工合成油两大类：① 天然矿物油（MO，简称：矿物油）。矿物油是从石油中提取的润滑油，一般由烷烃、环烷烃和芳香烃组成，它只能与极性较弱或非极性制冷剂相互溶解。② 人工合成油（简称：合成油）。合成油弥补了矿物油的不足，通常都有较强的极性，能溶解在极性较强的制冷剂中。常用的合成油有聚烯烃乙二醇油（PAG）、烷基苯油（AB）、聚酯类油（POE）和聚醚类油（PVE）。表 2-1 给出了几类主要制冷用润滑油的适用范围。

几类主要制冷润滑油的适用范围　　　　　　　　　　　　表 2-1

项目	MO	PAG	AB	POE	PVE
适用压缩机	往复式、旋转式、涡旋式、螺杆式、离心式	往复式、斜盘式、涡旋式、螺杆式、离心式	往复式、旋转式	往复式、旋转式、涡旋式、螺杆式、离心式	往复式、旋转式、涡旋式、螺杆式、离心式
使用制冷剂	CFCs、HCFCs、氨、HCs	HFC-134a、HCs、氨	CFCs、HCFCs、氨、HFC-407C	HCFCs 及其混合物	HCFCs 及其混合物
典型应用例	家用空调、电冰箱、冷冻冷藏设备、中央空调冷水机组、汽车空调	汽车空调、家用空调、电冰箱	空调设备、冷冻冷藏设备	冷冻冷藏设备、空调器	汽车空调、家用空调、中央空调冷水机组

一般而言，选择制冷润滑油时对制冷剂的考虑要比压缩机形式多一些。MO 类润滑油可用于使用 CFCs、HCFCs、氨、HCs 等制冷剂的系统，PAG 油多用于汽车空调，

POE 油和 PVE 油配合 HFCs 制冷剂及其混合物使用。虽然目前在使用 HFCs 制冷剂的系统中多采用 POE 油，但 PVE 油在许多方面的性能都优于 POE 油，故 PVE 油在未来会逐步得到推广应用。

2.3.3　润滑油的选用

润滑油的选择主要取决于制冷剂种类、压缩机类型、运行工况（蒸发温度、冷凝温度等），一般应使用制造厂家推荐的牌号。选择时首要考虑的是润滑油的低温性能和与制冷剂的互溶性。

1. 低温性能

润滑油的低温性能主要包括黏度和流动性。

（1）黏度。润滑油的低温性能主要是润滑油的黏度，黏度过大，油膜的承载能力大，易于保持液体润滑，但流动阻力大，压缩机的摩擦功率和启动阻力增大；黏度过小，流动阻力小，摩擦热量小，但不易在运动部件摩擦面之间形成具有一定承载力的油膜，油的密封效果差。故使用中当润滑油的黏度降低 15% 时，应予更换。

（2）流动性。要求润滑油的凝固点要低，最好比蒸发温度低 5～10℃以上，且在低温工况下仍应具有良好的流动性。若低温流动性差，则润滑油会沉淀在蒸发器内影响制冷能力，或凝结在压缩机底部，失去润滑作用而导致运动部件损坏。

2. 与制冷剂的互溶性

前文已述，制冷剂可分为有限溶于润滑油的制冷剂和无限溶于润滑油的制冷剂两大类。但是有限溶解和无限溶解是有条件的，随着润滑油的种类不同和温度的降低，无限溶解可以转化为有限溶解。

思考题与练习题

1. 制冷剂的作用是什么？

2. 制冷剂有哪些类型？

3. 无机化合物制冷剂的命名是怎样的？

4. 选择制冷剂时有哪些要求？

5. 家用的冰箱、空调用什么制冷剂？

6. 常用制冷剂有哪些？它们的工作温度、工作压力怎样？

7. 什么叫 CFC？对臭氧层有何作用？

8. 使用 R134a 时，应注意什么问题？

9. 什么叫载冷剂？对载冷剂的要求有哪些？

10. 常用载冷剂的种类有哪些？它们的适用范围怎样？

11. 水作为载冷剂有什么优点？

12. "盐水的浓度越高，使用温度越低"。这种说法对吗？为什么？

13. 说明润滑油的作用及特性。

第 3 章

蒸气压缩式制冷系统的组成与图示

本章知识目标：

1. 熟悉蒸气压缩式制冷系统的组成。
2. 理解氨及氟利昂蒸气压缩式制冷系统的工作特点。
3. 掌握氨及氟利昂系统的工作流程。
4. 理解制冷剂管道的设计步骤和方法。

本章思政目标：

一个制冷系统由多种设备和管道组成，每个设备、管道、阀门甚至一个小小的控制螺母出现问题都会影响整个系统的运行，强化学生们协作共进的团队精神，坚持自信、友善，用乐观的心态投入到学习和工作中，坚持到底、永不放弃。

由于制冷系统选用的制冷剂不同，会造成该系统组成及运行要求不同，因此不同的制冷系统特点各不相同。蒸气压缩式制冷系统根据其所采用的制冷剂不同可以分为氨制冷系统和氟利昂制冷系统两大类，下面分别介绍这两大类制冷系统的组成和工作情况。

3.1 氨制冷系统

氨蒸气压缩式制冷循环是采用低沸点的物质氨作为制冷剂，利用氨液体汽化吸热的效应来实现制冷。由于氨的汽化潜热数值较大，所以它的单位制冷剂的制冷能力强。

氨蒸气压缩式制冷系统包括的子系统有制冷剂循环系统、润滑油循环系统、冷却水循环系统以及冷水循环系统等，其主体为制冷剂循环系统，其他部分是为保证制冷剂循环系统安全稳定、经济有效工作服务的。

氨蒸气压缩式制冷系统的制冷剂循环系统由制冷压缩机、冷凝器、节流阀和蒸发器四个基本部分组成。为了保障制冷系统的安全性、可靠性、经济性和操作的方便，系统还包括辅助设备：油分离器、贮液器、气液分离器、集油器、不凝性气体分离器、紧急泄氨器、仪表、控制器件、阀门和管道等。图 3-1 为空调用氨制冷系统流程图，其中可分为氨、润滑油、冷水和冷却水等四种管道系统。

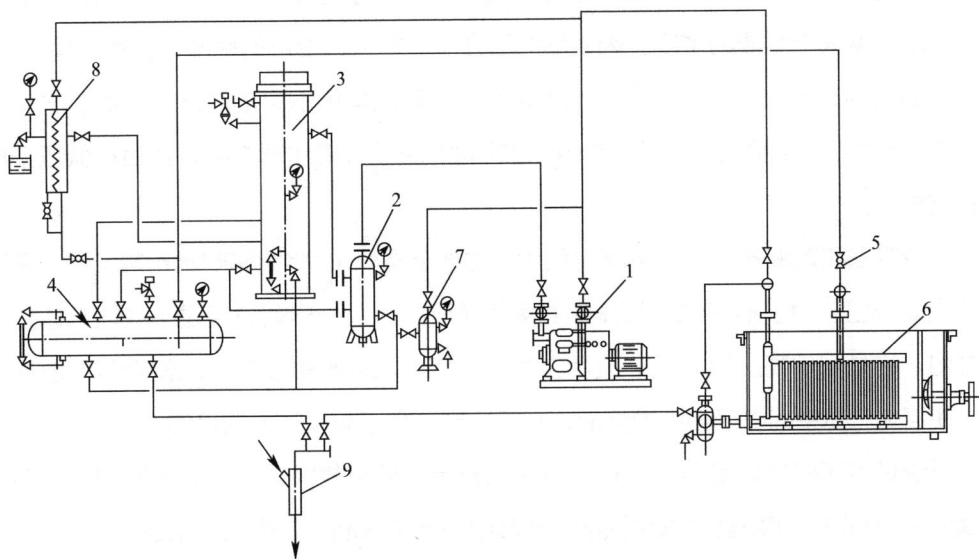

图 3-1　空调用氨制冷系统流程图

1—压缩机；2—氨油分离器；3—冷凝器；4—贮液器；5—浮球膨胀阀；
6—蒸发器；7—集油器；8—空气分离器；9—紧急泄氨器

其工作过程是：压缩机 1 将蒸发器内所产生的低压、低温的氨蒸气吸入气缸内，经压缩后成为高压、高温的氨气，先经过氨油分离器 2，将氨气中所携带的少量润滑油分离出来，再进入冷凝器 3，高压、高温的氨气在冷凝器中把热量放给冷却水后而使自身凝结为氨液，并不断地贮存到贮液器 4 中，使用时贮液器的高压氨液由供液管送至氨液过滤器过滤其杂质后经浮球膨胀阀 5 节流降压，送入蒸发器 6。低压、低温氨液在蒸发器中不断吸收空调回水的热量而汽化，空调回水放出热量而温度降低，降温后的冷水送入空调喷淋室喷淋空气，吸收空气的热量，吸热后再用泵打入蒸发器继续冷却，循环使用，汽化后形成的低压氨气又被压缩机 1 吸走，如此往复循环，实现制冷。

在制冷系统中，氨压缩机的排气部分至膨胀阀以前属于高压（高温）部分，膨胀阀后至压缩机的吸气部分属于低压（低温）部分，所以膨胀阀是制冷系统高、低压力的分界线。

为了保证压缩机的安全运转，就要使进入压缩机的氨蒸气先经过氨液分离器，将其中的氨液分离出来。这里需要指出，用于空调的制冷装置一般不装氨液分离器，因为立管式蒸发管组上的粗竖管可以起到氨液分离器的作用。

氨气从压缩机气缸带出的润滑油，虽然大部分被氨油分离器分离出来，但是还会有部分润滑油被带入冷凝器、贮液器和蒸发器内。由于氨制冷剂不溶于润滑油，而且润滑油的密度大于氨液的密度，因此润滑油会积存在上述设备的底部，必须定期排出，否则会影响制冷系统的正常工作。在本系统中，蒸发器内积存的油从小集油包直接排出。氨油分离器、冷凝器、贮液器中积存的润滑油送入集油器 7 中，然后在低压条件下将它放出。

在冷凝器和贮液器中，有不凝性气体（主要是空气），将会影响其正常工作，所以必须定期排出。为了不使混合气体中氨蒸气随同排出，排出前应经过不凝性气体分离器排出。它是利用高压氨液经节流后在蒸发盘管内汽化吸热使管间的混合气体温度降低，使混合气体中的氨气凝结为氨液，从而达到分离不凝性气体的目的。

系统设置了紧急泄氨器。当机房发生火警等意外事故时，可将贮液器和蒸发器中的氨液分为两路迅速排至紧急泄氨器，在其中与自来水混合，排入下水道。

3.2　氟利昂制冷系统

图 3-2 所示为氟利昂压缩制冷系统图，它与氨制冷系统主要区别在于，增设了过滤干燥器、气液热交换器、热力膨胀阀、电磁阀等部件。

氟利昂制冷系统的工作过程是：低压、低温的氟利昂制冷剂蒸气进入压缩机 1 内进行压缩，压缩后的高压制冷剂气体经氟油分离器 2 将携带的润滑油分离出来，然后进入冷凝器 3，在其中制冷剂被冷凝为液体，氟利昂液体由冷凝器下部的出液管排出并经过滤干燥器 4，将所含的水分和杂质过滤掉，再经电磁阀 5，并流经气液热交换器 6，经气液热交换器过冷后的氟利昂液体进入热力膨胀阀 7 节流降压，并经分液器 8 将低压、低温的氟利昂液体均匀地送往蒸发器 9，在蒸发器内，氟利昂液体吸收被冷却物体

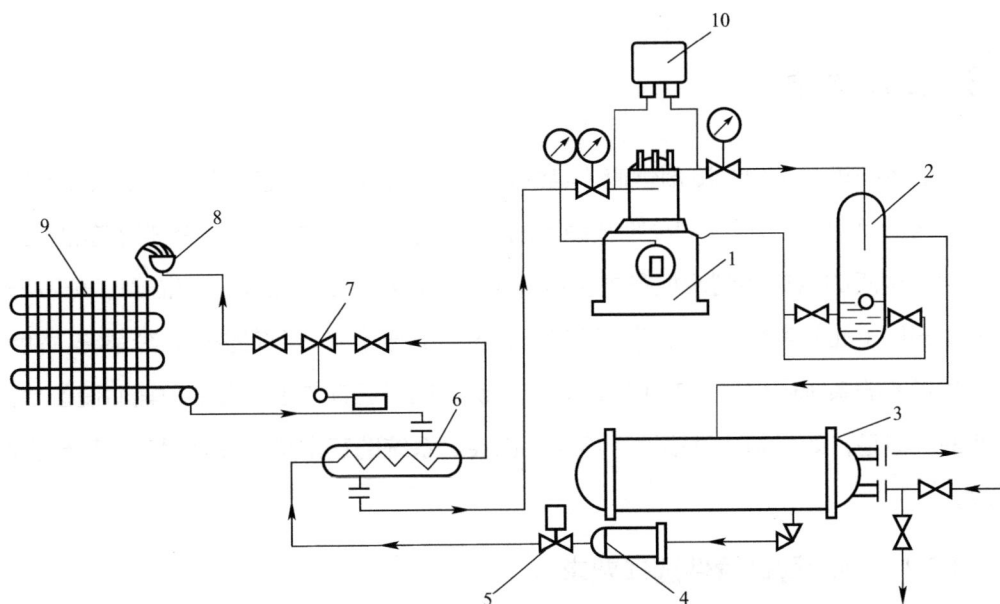

图 3-2　氟利昂压缩制冷系统图

1—氟利昂压缩机；2—氟油分离器；3—冷凝器；4—过滤干燥器；5—电磁阀；
6—气液热交换器；7—热力膨胀阀；8—分液器；9—蒸发器；10—高低压力继电器

的热量而汽化。汽化后的低压、低温的制冷剂蒸气进入气液热交换器 6，在气液热交换器中吸收管内高压、高温液体的热量而过热，过热后又重新被压缩机吸入，再次被压缩。如此往复循环，以达到制冷的目的。

在系统中设置了高低压力继电器 10，与压缩机的吸排气管道相连接，当排气压力超过额定数值时，可使压缩机自动停机，以免发生事故；当吸气压力低于额定数值时，可使压缩机自行停机，以免压缩机在不必要的低温下工作而浪费电能。

在冷凝器与蒸发器之间的管路上还装设有电磁阀 5，它可控制液体管路的启闭，当压缩机启动时，电磁阀自动打开，液体制冷剂进入蒸发器；当压缩机停转时，电磁阀自动关闭，防止大量液体制冷剂流入蒸发器，以免压缩机再次启动时液体被抽入压缩机而造成冲缸事故。

热力膨胀阀 7 是装在蒸发器前的供液管路上（它的感温包紧扎在靠近蒸发器的回气管路上），它除了对氟利昂液体进行节流降压外，还根据感温包感受到的低压气体的温度高低，来自动调节进入蒸发器液体的数量。

冷凝器冷却水进水管路上有的还装有水量调节阀，它可根据冷凝器工况的变化，自动调节进入冷凝器的冷却水量，使冷凝压力和温度保持大致不变。

3.3　制冷管道

制冷系统管道是由制冷剂管道（氨或氟利昂）、载冷剂管道（水或盐水）、冷却水管道（水）、润滑油管道（制冷剂及润滑油）组成。本节主要介绍制冷剂管道的设计，即用相应材质的管道将制冷机各主要组成部件（压缩机、冷凝器、节流阀、蒸发器）及辅助部件（油分离器、贮液器、气液分离器等）连接成一个完整的制冷系统，使制冷剂在封闭的系统中循环。对于制冷系统来说，选择适宜的主要设备和辅助设备是很重要的。但是，如果制冷管路设计不当，也会给系统的正常运行带来困难，甚至引发事故。

3.3.1　制冷管材管件选择要求

1. 制冷管材的选择要求

不同工质应采用不同材质的管道，其连接方式也不同。氨制冷系统管道一律采用无缝钢管，它的连接方式除设备、附件连接处采用法兰连接外，一律采用焊接连接。无缝钢管的质量应符合现行国家标准《输送流体用无缝钢管》GB/T 8163—2018 的要求，并根据管内的最低工作温度选用型号。由于氨对铜、锌等有色金属有腐蚀性，故不允许采用铜管，另外与氨制冷剂接触的表面不允许镀锌。氨制冷系统工作压力一般不超过 1.47MPa，气密性试验压力规定高压为 1.76MPa，低压为 1.17MPa。因此，通常采用 10 号或 20 号碳素无缝钢管。

氨制冷系统采用法兰连接时，法兰垫圈一般选择天然橡胶，也常用石棉纸板或青铅。

氟利昂制冷系统管材常常采用紫铜管或无缝钢管，当系统容量较小时（DN < 25mm）采用紫铜管，当系统容量较大时（$DN \geqslant 25$mm）则采用无缝钢管。

2. 管路附件要求

制冷管路的附件主要包括阀门和连接件。

（1）阀门

各种阀门应采用符合制冷剂的专用产品。氨系统使用阀门应符合以下要求：第一，阀体是灰铸铁、可锻炼铁或铸钢。强度试验压力为 2.9～3.9MPa，密封性试验压力为 1.9～2.5MPa。一般公称压力为 2.45MPa 的阀即可满足要求。第二，氨系统所用阀类不允许有铜质和镀锌、镀锡的零配件。第三，阀门应有倒关阀座，并且当阀开足后能在运行中更换填料。

（2）连接件

氨系统管道主要采用焊接，且管壁厚小于 4mm 者用气焊，4mm 以上者用电焊，必要的地方也可采用法兰连接，但法兰应带凸凹口；弯头一律采用揻弯；阀门与管道丝扣连接不得使用白油麻丝，应采用纯甘油与黄粉调和的填料；支管与集管相接时，支管应开弧形叉口与集管平接，以免造成配液不均匀。在氟利昂制冷系统中，它的连接方式为钢管与钢管采用焊接、钢管与铜管采用银焊、铜管与铜管采用银焊，且管壁内不宜镀锌，法兰处不得用天然橡胶，也不得涂矿物油，它的密封材料要选用耐腐蚀材料，一般用丁腈橡胶。

（3）管件及附件的安装要求

管件及附件的安装要求见表 3-1。

管件及附件的安装要求   表 3-1

名称	安装要求
弯头	冷弯时，曲率半径不应小于 4 倍的管外径
三通	宜采用顺流三通，丫形羊角弯头也可采用斜三通
阀门	各种阀门应符合制冷剂的专用产品。氟利昂制冷系统中用的膨胀阀应垂直放置，不得倾斜，更不得颠倒安装
温度计	要有金属保护套，在管道上安装时，其水银（或乙醇）球应处在管道中心线上，套管的感温端应迎着流体运动方向
压力表	高压容器及管道应安装 0~2.5MPa 的压力表，中、低压容器及管道应安装 0~1.6MPa 的压力表
感温包	安装在离制冷机吸气管道 1.5m 以外的平直管道上

3. 管道规格要求

常用无缝钢管规格见表 3-2。

常用无缝钢管规格   表 3-2

外径 × 壁厚（mm×mm）	内径（mm）	理论重量（kg/m）	1m 长容量（l/m）	1m 长外表面积（m^2/m）	$1m^2$ 外表面积管长（m/m^2）
6×1.5	3	0.166	0.0071	0.019	52.63
8×2.0	4	0.296	0.0126	0.025	40.00
10×2.0	6	0.395	0.0283	0.031	32.26
14×2.0	10	0.592	0.0785	0.044	22.75

外径 × 壁厚 （mm×mm）	内径 （mm）	理论重量 （kg/m）	1m 长容量 （l/m）	1m 长外表面积 （m²/m）	1m² 外表面积管长 （m/m²）
18×2.0	14	0.789	0.1540	0.057	17.54
22×2.0	18	0.986	0.2545	0.069	14.49
25×2.0	21	1.13	0.3464	0.079	12.66
25×2.5	20	1.39	0.3142	—	—
25×3.0	19	1.63	0.2835	—	—
32×2.5	27	1.76	0.5726	0.101	9.90
32×3.0	26	2.15	0.5309	—	—
38×2.2	33.6	1.94	0.8867	0.119	8.40
38×2.5	33	2.19	0.8553	—	—
38×3.0	32	2.59	0.8042	—	—
38×3.5	31	2.98	0.7548	—	—
45×2.5	40	2.62	1.2566	0.141	7.09
57×3.0	51	4.00	2.0428	0.179	5.59
57×3.5	50	4.62	1.9635	—	—
76×3.0	70	5.40	3.8485	0.239	4.18
76×3.5	69	6.26	3.7393	—	—
89×3.5	82	7.38	5.2810	0.280	3.57
89×4.0	81	8.38	5.1530	—	—
89×4.5	80	9.38	5.0265	—	—
108×4.0	100	10.26	7.8540	0.339	2.95
133×4.0	125	12.73	12.2718	0.418	2.39
133×4.5	124	14.26	12.0763	—	—
159×4.5	150	17.15	17.6715	0.500	2.00
159×6.0	147	22.64	16.9717	—	—
219×6.0	207	31.52	33.6535	0.688	1.45
219×8.0	203	41.63	32.3655	—	—

制冷剂管道的压力降是指制冷压缩机吸气管路和排气管路的压力损失，它将引起该制冷系统的制冷能力降低和单位制冷量的耗电量增加。常见制冷剂管道允许的压力降见表 3-3。

制冷剂管道允许的压力降　　　　　表 3-3

类别	工作温度（℃）	允许压力降（kPa）
回气管或吸气管	−45	2.99
	−40	3.75
	−33	5.05
	−28	6.16
	−15	9.86
	−10	11.63
排气管	90～150	19.59

注：1. 回气管或吸气管允许压力降相当于饱和温度降低 1℃。
　　2. 排气管允许压力降相当于饱和温度升高 0.5℃。

3.3.2　制冷剂管道的设计

制冷剂管道设计包括管径确定、管道与管件的布置和管道的保温。管道设计的好坏，关系到制冷装置运行的安全可靠性、经济合理性和安装操作的简单方便程度，本节主要介绍制冷剂管路设计步骤及管径的确定方法。

1. 制冷剂管道设计应考虑的问题

① 管道的材质应与制冷剂相容。② 管道与管道、管道与设备连接处必须可靠密封，采用焊接或可拆连接（法兰或螺纹连接）。③ 连接处采用密封材料时，密封材料也必须与制冷剂相容。④ 管道与外界环境接触，将与管内制冷剂发生热交换。⑤ 制冷剂在管道中流动会产生管道压降。

2. 制冷剂管道设计的步骤

① 制冷方案的确定。② 冷负荷计算。③ 制冷系统管道直径计算。④ 制冷系统管道设备隔热层厚度计算。⑤ 制冷系统制冷剂充注量计算。⑥ 制冷工艺施工图的绘制。⑦ 设计说明书。

3. 制冷剂管道管径的确定方法

管径确定是制冷系统设计中的重要一环，管径确定的合理与否直接影响到整个系统的设计质量。管径的选择取决于管内控制压力降和流速的大小，它实际上是一个初次投资和经常运转费用的综合问题。

制冷剂管道直径的确定应综合考虑经济、压力降和回油三个因素。例如，从投资上看，当然希望管径越小越好，但是，这将造成较大的压力损失，从而引起压缩机吸气压力的降低和排气压力的增高，降低该制冷系统的制冷能力，并且提高了单位制冷量所消耗的电能。又如，对于氟利昂制冷系统来说，如果吸气管管径选择不当，则会造成润滑油回油不良，使系统的运行和制冷能力的充分发挥受到影响。

在工程设计中，一般是采用限定管段流动阻力损失来确定对应管径的大小，对应阻力所产生的饱和温度降约为 0.5～1℃。制冷管道允许流速和允许压力降是管径选择计算的依据，其数值见表 3-3～表 3-5。制冷剂管道的确定方法有多种，常见的有公式计算法和线算图法。

氨制冷管道允许流速　表 3-4

管道名称	允许流速 （m/s）	管道名称	允许流速 （m/s）
吸气管	10～16	节流阀至蒸发器液体管	0.8～1.4
排气管	12～25	溢流管	0.2
冷凝器到贮液器下液管	<0.6	蒸发器至氨液分离器回气管	10～16
冷凝器至节流阀液体管	1.2～2.0	氨液分离器至液体分配站供液管 （重力）	0.2～0.25
高压供液管	1.0～1.5	低压循环桶至氨泵进液管	0.4～0.5
低压供液管	0.8～1.0		

R22 制冷管道允许流速　表 3-5

制冷剂	吸入管 （m/s）	排气管 （m/s）	液体管（m/s）	
			冷凝器到贮液器	贮液器到蒸发器
R22	5.8～20	10～20	0.5	0.5～1.25

3.3.3　制冷剂管道的布置

1. 制冷剂管道布置的基本原则

（1）制冷剂管道布置应力求简单，符合工艺流程，流向应通畅，同时应考虑操作和检修方便，适当注意整齐。

（2）供液管道布置要求保证各蒸发器充分供液。

（3）吸气管道布置要防止液态制冷剂进入压缩机。

（4）水平管道注意坡度、坡向的设计。

（5）氟利昂系统应保证回油良好，管道设计时应注意带油问题。

（6）缩短管线，便于操作管理，并应留有适当的设备部件拆卸检修所需要的空间，减少部件，以达到减少阻力、泄漏及降低材料消耗的目的。

（7）设备及辅助设备（泵、集水器、分水器等）之间的连接管道应尽量短而平直，便于安装，节约建筑面积，降低建筑费用。制冷设备间的距离应符合要求，见表 3-6。

设备布置的净间距要求　　　　　　　　　　表 3-6

项目	净间距（m）
主要通道和操作走道宽度	1.5～2
两台冷水机组之间	≥2.0
两台水泵之间	≥1.0（低压电动机）～1.5（高压电动机）
泵组与配电盘或仪表之间	≥1.2
非主要通道和操作走道宽度	≥1.0
总调节站后面距墙	0.6～0.8

（8）主机与辅助设备之间连接管道的布置应注意留有安装管路附件的位置（如水泵进出口软接头、止回阀、压力表、温度计、主机进出口的阀门、水流量开关等），还要注意仪表应安装在便于观察的地方。

（9）管路布置应便于装设支架，一般管路应尽可能沿墙、柱、梁布置，而且应考虑便于维修，不影响室内采光、通风及门窗的启闭。

（10）管道的敷设高度应符合要求，机房内架空管道通过人行道时，管底离地面净高不小于 3.2m，通过行车道时净高不得小于 4.5m。

（11）膨胀水箱应放在高出冷水系统最高点 1m 处，其膨胀水管（冷水系统补水管）应接入冷水泵的吸水侧或直接接在集水器上。

（12）机房水系统的最低点应注意设排水阀，水平管路的最高点应设自动排气阀。

2. 氨管道设计

氨具有剧毒，易挥发，并有腐蚀性和爆炸性，为保证人身和设备的安全，对氨系统管道的强度和严密性试验是首先要考虑的。另外，由于压缩机的润滑油不溶于氨液中，当润滑油带到冷凝器、蒸发器时就会降低传热效率，影响系统的制冷能力，所以氨系统管道应有排油措施，布置时应注意以下几方面：

（1）压缩机的吸气管至蒸发器之间管道应有大于 0.003 的坡度，且坡向蒸发器，以防止氨的液滴进入压缩机，产生湿冲程甚至液击事故。

（2）对压缩机的排气管应有不小于 0.01 的坡度，坡向油分离器。并联工作的压缩机排气管上宜设止回阀。装有洗涤式油分离器的制冷系统，止回阀应装在油分离器的进气管上，且每台并联压缩机的支管与总管的连接应防止 T 形连接，以减少流动阻力，

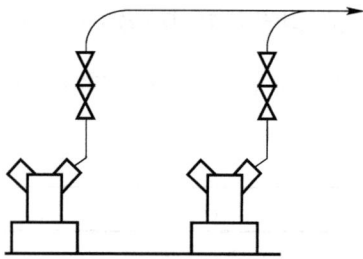

图 3-3　并联压缩机排气管接法

如图 3-3 所示。

（3）设计要点。

① 冷凝器至贮液器的液体管。立式冷凝器至贮液器的液体管，如冷凝器出口管道上装设阀门，则出口管与阀门之间应有大于等于 200mm 的高差。水平管应有坡向贮液器大于等于 0.05 的坡度。管内液体流速为 0.5～0.75m/s，均压管管径应大于等于 DN20，如图 3-4（a）所示。

另外，立式冷凝器也可配用从下部进液的通过式贮液器或贮存式贮液器。如因条件限制，需要降低冷凝器的安装高度时可参见图 3-4（b），贮液器进液口的阀门可改为角阀。如采用贮存式贮液器，则冷凝器出口至贮液器内最高液位的距离符合表 3-7 的要求。

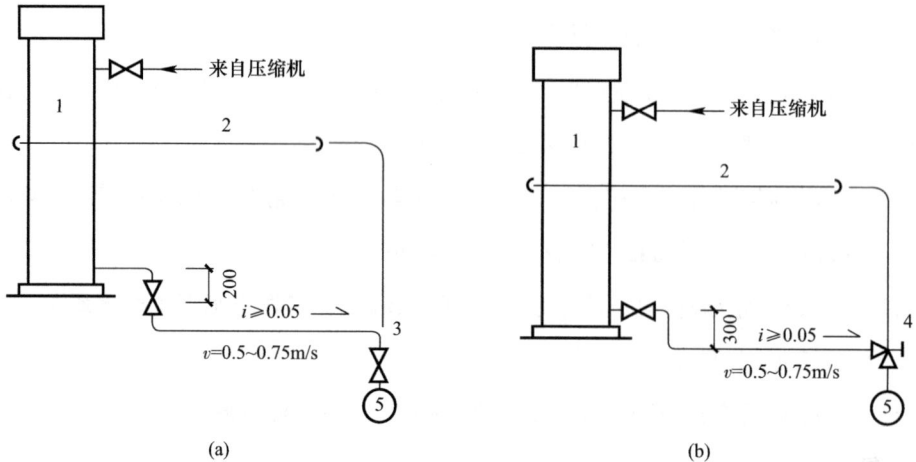

图 3-4　立式冷凝器至贮液器液体管的连接

1—冷凝器；2—均压管；3—直通阀；4—角阀；5—贮液器

冷凝器与贮液器最小间距　　　　　　表 3-7

液体最高流速（m/s）	冷凝器与贮液器之间的阀门	最小间距（mm）
0.75	无阀门	350
0.75	角阀	400
0.75	直通阀	700
0.5	无阀门、角阀、直通阀	350

一般卧式冷凝器至贮液器液体接管图如图 3-5 所示。卧式冷凝器与贮液器之间应有一定的高差，以保证液体借自重流入贮液器。采用通过式贮液器时，从冷凝器至贮

液器进液间的最小间距为 200mm，进液管流速小于 0.5m/s。当采用贮存式贮液器时，为防止液体倒灌入冷凝器，其出口至贮液器最高液位间距也应满足表 3-7 中所列的数值。如冷凝器的出液管上需装设阀门，其安装高度必须低于贮液器的最低液面。

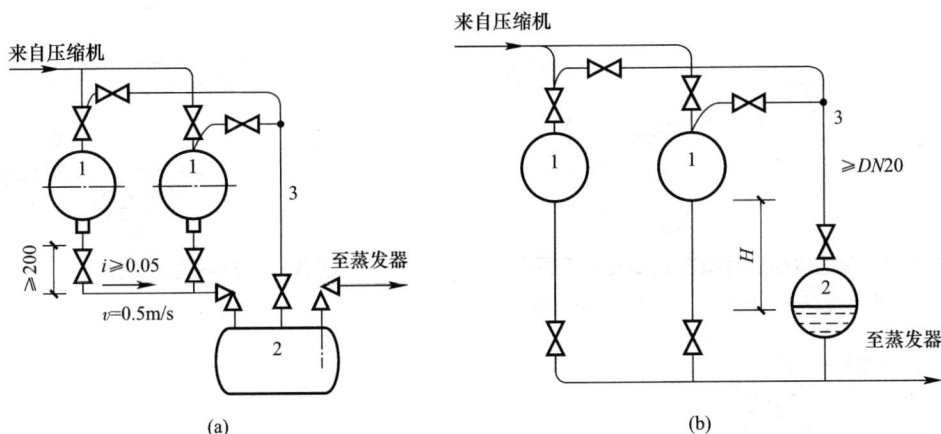

图 3-5　卧式冷凝器至贮液器液体接管图
（a）采用通过式贮液器　（b）采用贮存式贮液器
1—卧式冷凝器；2—贮液器；3—均压管

蒸发式冷凝器至贮液器的液体管内的最高流速为 0.5m/s，坡度为 0.05，坡向贮液器，单组冷却排管的蒸发式冷凝器可利用液体管本身均压，液体管应有大于 0.2 的坡度，且管径适当加大以减少阻力，使来自贮液器的气体沿液体管回至冷凝器，如图 3-6 所示。

② 贮液器至蒸发器的液体管。贮液器通常直接接管到蒸发器，充氨管也接在贮液器至蒸发器的液体管道上，如图 3-7 所示。浮球阀的接管应使液体能通过过滤器、浮球阀而进入蒸发器。

③ 空气分离器的接管。空气分离器一般按制造厂提供的阀门来配置管道，其安装高度可根据情况灵活确定。立式空气分离器和卧式空气分离器接管分别如图 3-8、图 3-9 所示。放出的空气一般通入水池后再散到大气。

3. 氟利昂管道的布置要求

氟利昂能溶解不同数量的润滑油，在管路配置时应注意解决两个问题，即系统应保证润滑油能顺利地由吸气管返回制冷机曲轴箱；当多台制冷机并联运行时，润滑油应能均匀地回到每台制冷机。另外在进行管道设计时还应注意带油问题，对于有坡度的管道，都应坡向制冷剂流动的方向。

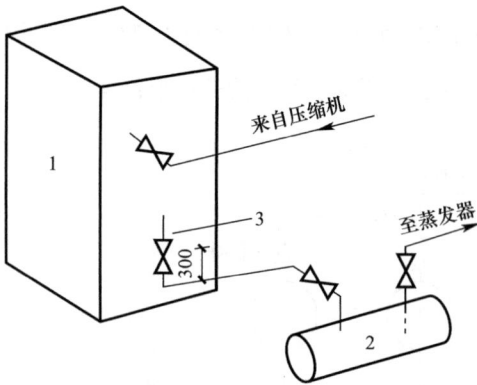

图 3-6 单组冷却排管蒸发式冷凝器接管图

1—蒸发式冷凝器；2—贮液器；3—放空气阀

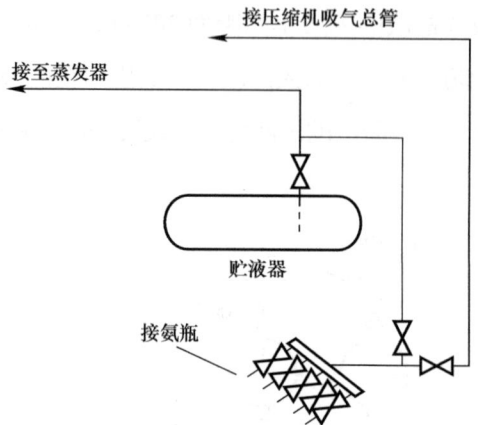

图 3-7 充氨管的连接

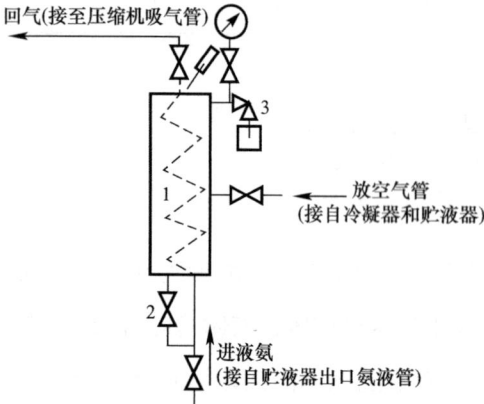

图 3-8 立式空气分离器接管

1—立式空气分离器；2—手动膨胀阀；3—放空气

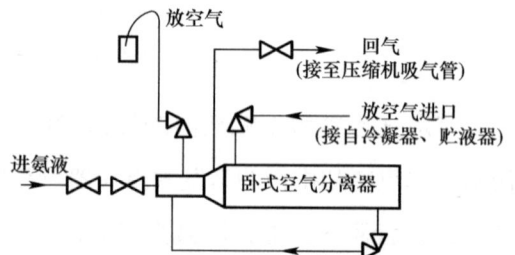

图 3-9 卧式空气分离器接管

4. 氟利昂管道设计

（1）回气管。氟系统的回气管不仅要完成向压缩机输送低压气体的任务，而且还要借助管内气体流速将蒸发器内的润滑油带回压缩机。回气管布置方式很多，总的目的都是在工作时使润滑油能均衡地返回压缩机且不发生回液现象。布置时应从以下几方面考虑。

1）坡度与坡向。为了便于回油，回气管水平部分应有 0.5%～1.0% 的坡度，坡向压缩机。

2）液囊。回气管上避免出现"液囊"。如布置中出现液囊，在轻负荷或停机时，油和氟液就会滞留于此形成液封，增大管道压降，重新启动时油和液体就容易进入压缩机而引起油击或液击。

3）回油弯（即存油弯）。上升回气立管中的带油速度，只有在建立了必要的带油条件时才便于将油带走。一般是在蒸发器出口上升回气立管的底部设置一个 U 形弯头，俗称"回油弯"，如图 3-10 所示。蒸发器内积存的油流入回油弯内，积在弯头底部，使回油弯与立管连接处附近流通截面积减少，流速加快，以利于连续带油上升至水平回气管。在设计制作回油弯时，要尽量做小，以便于油的提升和避免产生较大的压降。

4）双上升回气立管。对于带有卸载装置的压缩机或几个压缩机并联运行时，用最小负荷选配上升立管管径，虽能满足最小带油速度，但在满负荷工作时压降很大，在机器负荷变化不大的情况下，可通过增大水平管段、下降管段管径的办法来维持回气管总压降不变，这时只要水平管内流速不太小，并有一定的坡度坡向压缩机，油就可顺利返回。但在机器负荷变化较大的系统中，用上述方法就难以维持总压降不变，这时宜采用"双上升回气立管"加以解决，如图 3-11 所示。

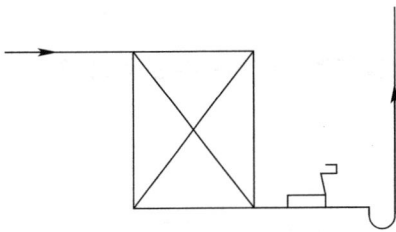

图 3-10　回油弯示意图

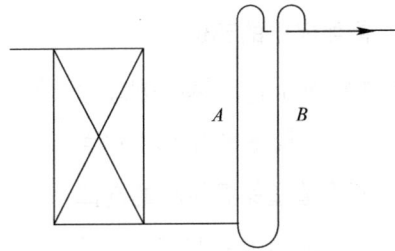

图 3-11　双上升回气立管
注：A、B 为立管；→为回油方向

（2）排气管。排气管是指从压缩机排气口至冷凝器进气口之间的高压气体管道。对将压缩机、油分离器、冷凝器等组装成一整体的压缩冷凝机组来说，无须对排气管进行设计布置。

1）压缩机停止运转时，排气管内冷凝下来的氟液和油不得流回压缩机，排气管较长或环境温度较低的地方更应注意。

2）多台并联压缩机的排气不应互相碰撞，以减少流动阻力。

3）随工作压缩机排气排出的油不得流入停止工作压缩机的机头，以免造成机器启动困难。

4）水平管段应有大于等于 1% 的坡度，坡向油分离器或冷凝器。

（3）液体管

1）高压液体管。高压液体管是指贮液器或冷凝器至节流阀段的液体管。在这段管路中，氟液和润滑油处于互溶状态，即使是流速很低也还会分离。本管段需要解决的是如何防止或减少闪发气体产生的问题。

2）低压液体管。低压液体管是指由节流阀到蒸发器的供液管段。这段管道设计中应注意能向各蒸发器均匀供液，且有利于回油。

3.3.4　制冷剂管道的保温

制冷系统中为了减少制冷系统的冷损失，应采取相应的保温措施。保温结构的好坏直接影响到保温效果，为了保证保温效果，保温材料一般包在管道和设备的外侧，且在保温层外设防潮层（密封），常用的防潮材料有沥青油毡、塑料薄膜、铝箔等，另外在安装保温层时应防止产生冷桥。

1. 保温的目的

在制冷管道及其附件表面敷设保温层的目的是减少（冷）媒介在输送过程中的无效损失，并使冷（热）媒介维持一定的参数以满足使用要求。

2. 需要保温的部位

一般情况下，应保温的部位有制冷压缩机的吸气管、膨胀阀后的供液管、间接供冷的蒸发器以及冷水管和水箱等。

3. 制冷管道保温材料的选择

制冷系统使用的保温材料应具备导热系数小、吸湿性小、密度小、抗冻性能好，而且使用安全（如不燃烧、无刺激味、无毒等）、价廉易购买、易于加工等特性。目前制冷系统中常用的保温材料有玻璃棉、软木、硅酸铝、聚苯乙烯泡沫塑料、聚氨酯泡沫塑料、膨胀珍珠岩、岩棉、微孔硅酸钙、硅酸铝纤维制品以及泡沫石棉等，这些保温材料一般先加工成形，这样施工方便，效果较好。常用保温材料的性能见表3-8。

常用保温材料的性能　　　　　　　　　　表3-8

材料名称		一般性能				主要优缺点	
		密度 （kg/m³）	导热系数 [W/（m·K）]	耐冷热度 （℃）	吸水性	优点	缺点
软木板		＜180	0.058	—	＜8%（质量）	强度大、不腐蚀	能燃烧、易被虫蛀且密度大
		＜200	0.07	—	＜10%（质量）		
玻璃纤维板	纤维 D：18～25	90～105	0.04～0.046	−50～250		耐冻、密度小、无臭、不燃、不腐	吸湿性大、耐压力很差
	纤维 D＜16	70～80	0.037				
	纤维 D＝4	40～60	0.031～0.035				
矿渣棉		100～130	0.04～0.046	−200～250		耐火、成本低	吸湿性大、松散易沉陷

续表

材料名称		一般性能				主要优缺点	
		密度（kg/m³）	导热系数[W/（m·K）]	耐冷热度（℃）	吸水性	优点	缺点
泡沫塑料	自熄聚苯乙烯	25~50	0.029~0.035	−80~75	—	导热系数小、吸水性低、无臭、无毒、不腐	能燃烧、但可自熄
	自熄聚氯乙烯	<45	<0.043	−35~80	50mm 厚板材<0.2kg/m²		
	聚氨酯硬质泡沫塑料	<40	0.043~0.046	−30~80	—	就地发泡、施工方便	发泡时会产生有毒气体

4. 保温结构的组成

保温结构由防锈层、保温层、隔汽层和色层组成。防锈层是为了防止管道或设备表面锈蚀，一般在管道或设备外表面涂樟丹漆或沥青漆。隔汽层是在保温层外面缠包油毡或塑料布等，使保温层与空气隔开，以防止空气中的水蒸气透入保温层造成保温层内部结露，从而保证保温性能和使用寿命，如有必要，还可在隔汽层外敷以铁皮等保护层，使保温层不致被碰坏。色层是在保护层外表面涂以不同颜色的调和漆，并标明管路的种类和流向，方便确认制冷剂工质。

思考题与练习题

1. 氨制冷系统由哪些设备组成？试简述它的工作原理。

2. 氟利昂制冷系统由哪些设备组成？试简述它的工作原理。

3. 氨制冷系统与氟利昂系统的主要区别有哪些？

4. 常用的氨制冷管道及氟利昂制冷管道的管材是什么？

5. 制冷管道设计包括哪些内容？

6. 制冷管道设计应考虑的问题是什么？

7. 制冷管道布置的基本原则是什么？

8. 氨制冷系统和氟利昂制冷系统的压缩机吸、排气管水平管段坡度有何不同？为什么？

9. 制冷剂管道阻力对制冷压缩机的吸、排气压力有什么影响？制冷系统吸、排气管的允许压力降是多少？

第4章

蒸气压缩式制冷系统的主要设备（制冷压缩机）

本章知识目标：

1. 理解制冷压缩机的基本概念和分类。

2. 掌握活塞式制冷压缩机的详细构造和工作原理；了解回转式制冷压缩机和离心式压缩机的工作原理和特点。

3. 能够分析制冷压缩机的性能参数和工况，掌握制冷压缩机的输气量、输气系数、制冷量、耗功率等性能参数及其影响因素。了解制冷压缩机的工况，包括名义工况、标准工况和空调工况等，以及它们对制冷压缩机性能的影响。

本章思政目标：

培养工程伦理意识：引导学生认识到在设计、制造和使用过程中，应遵守工程伦理规范，确保产品的安全性、可靠性和环保性。

增强环保意识：结合制冷压缩机在制冷系统中的作用，引导学生思考节能减排的重要性。

4.1 制冷压缩机概述

在制冷循环中，制冷压缩机是一种用于压缩和输送制冷剂气体的动力装置。它通过将低温低压的制冷剂气体从蒸发器吸出，压缩成高温高压的气体送入冷凝器中，从而实现制冷剂在制冷系统中的循环流动，以达到制冷的目的。

制冷压缩机主要有以下几种分类方式：

1. 按工作原理分类

（1）容积型压缩机：通过对运动机构做功，减少压缩空间容积来提高蒸气压力，以完成压缩功能。常见的容积型压缩机有：

1）活塞式压缩机：是研制最早的压缩机，工作时活塞在气缸中作上下往复运动，完成吸气、压缩、排气、膨胀的循环过程。其技术成熟、应用广泛，但振动和噪声相对较大，运动部件多，可靠性和效率略低于一些新型压缩机。

2）回转式压缩机：通过一个或几个转子在气缸内作回转运动，使工作容积产生周期性变化，从而实现气体压缩。包括滚动转子式、滑片式、涡旋式、单螺杆式和双螺杆式等。

（2）速度型压缩机：由旋转部件连续将角动量转换给蒸气，再将该动量转换为压力，提高蒸气压力，达到压缩气体的目的。常见的是离心式压缩机，它应用比较广泛，制造技术成熟，结构简单，对加工材料和加工工艺要求较低，造价比较低，适应性强，能适应广阔的压力范围和制冷量要求，可维修性强。但存在无法实现较高转速、机器大而重、排气不连续、气流容易出现波动、工作时有较大振动等缺点。

常用制冷压缩机的分类及其应用范围如表 4-1 所示。

常用制冷压缩机的分类及应用范围　　　　　　　　　　　表 4-1

压缩机形式	家用冷藏箱、冻结箱	房间空调器	汽车空调器	住宅用空调器	商用制冷和空调设备	大型空调设备
活塞式	100W ←				200kW	
滚动转子式	100W ←			10kW		
涡旋式		5kW ←			335kW	
螺杆式					106kW ←	1920kW
离心式						700kW 以上

注：1. 大型空调设备主要指冷水机组和大型风冷热泵等，螺杆式压缩机在国内大型空调设备中应用时制冷量多在 352kW（100RT）以上，美国约克公司的 YS 型冷水机组应用的双螺杆式压缩机单台制冷量可达 1920kW。

2. 离心式压缩机主要在大型冷水机组上应用，国内目前可生产的离心式冷水机组一般容量在 700kW（200RT）以上，实际应用时通常制冷量大于 1408kW（400RT），低于 1408kW 的一般采用螺杆式冷水机组。

2. 按密封结构形式分类

（1）开启式压缩机：压缩机的曲轴通过轴封装置伸出机壳外与电动机相连，这种结构使得压缩机的维护和修理相对方便，但轴封处容易泄漏制冷剂，且占地面积较大。除了在氨制冷机、汽车空调器和发动机驱动等场合使用外，在其他的制冷和空调工程中使用逐渐减少。

（2）半封闭式压缩机：电机外壳往往是气缸体曲柄箱的延伸部分，以减少连接面并保证压缩机和电动机之间的同心度。半封闭压缩机既保持了开启式压缩机易于拆卸、修理的优点，同时又取消了轴封装置，改善了密封情况，机组更加结构紧凑，噪声低。

（3）全封闭式压缩机：压缩机和电动机装在一个由熔焊或钎焊焊死的外壳内，共用一根主轴，取消了轴封装置，减少了泄漏的可能性，具有结构紧凑、密封性好、噪声低、运转平稳等优点，但一旦出现故障，维修难度较大。

3. 按工作的蒸发温度范围分类

（1）高温制冷压缩机：一般蒸发温度在 $-10\sim+10$℃，常用于空调等制冷设备。

（2）中温制冷压缩机：蒸发温度范围大致为 $-20\sim-10$℃，适用于一些中型制冷设备，如冷藏展示柜等。

（3）低温制冷压缩机：蒸发温度在 $-45\sim-20$℃，主要用于冷冻、冷藏等低温制冷系统，如冷库等。

（4）超低温制冷压缩机：蒸发温度低于 -45℃，用于一些对温度要求极低的特殊场合，如生物医学、科研等领域。

4. 按制冷量大小分类

（1）小型制冷压缩机：制冷量相对较小，通常用于家用冰箱、小型空调等小型制冷设备。比如全封闭活塞式压缩机在小型制冷设备中应用广泛。

（2）中型制冷压缩机：制冷量适中，适用于中型的商用制冷设备，如中型冷库、超市的制冷展示柜等。

（3）大型制冷压缩机：具有较大的制冷量，主要用于大型的工业制冷、中央空调系统等大型制冷场所。例如离心式压缩机、大型螺杆式压缩机等常用于大型制冷系统。

4.2　活塞式制冷压缩机

活塞式制冷压缩机曾是使用最为广泛的一种制冷压缩机，它是利用气缸中活塞的往复运动来压缩气缸中气体的装置。它主要由气缸、活塞、连杆、曲轴和气阀等组成，如图 4-1 所示。气缸是活塞式制冷压缩机的工作腔，活塞靠连杆和曲轴拖动在气缸中做往复运动，曲轴由电动机驱动做旋转运动，曲轴连杆机构将电动机的旋转运动转变为活塞的往复运动，气阀控制气体的吸入与排出。由于活塞及连杆惯性力大，限制了活塞的运行速度，排气量一般不能太大。因此，活塞式制冷压缩机一般适用于中、小型制冷。

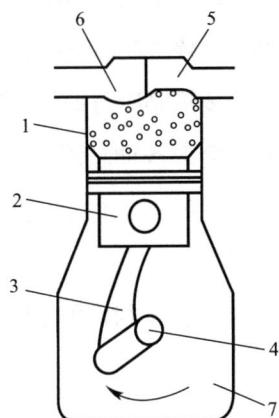

图 4-1　活塞式制冷
压缩机

1—气缸；2—活塞；3—连杆；
4—曲轴；5—排气阀；6—吸
气阀；7—曲轴箱

4.2.1　活塞式制冷压缩机的分类

活塞式制冷压缩机的机型种类很多，主要可以按以下几种方式分类。

1. 按气缸排列和数目不同，可分为立式、卧式和多缸式压缩机，如图 4-2 所示。

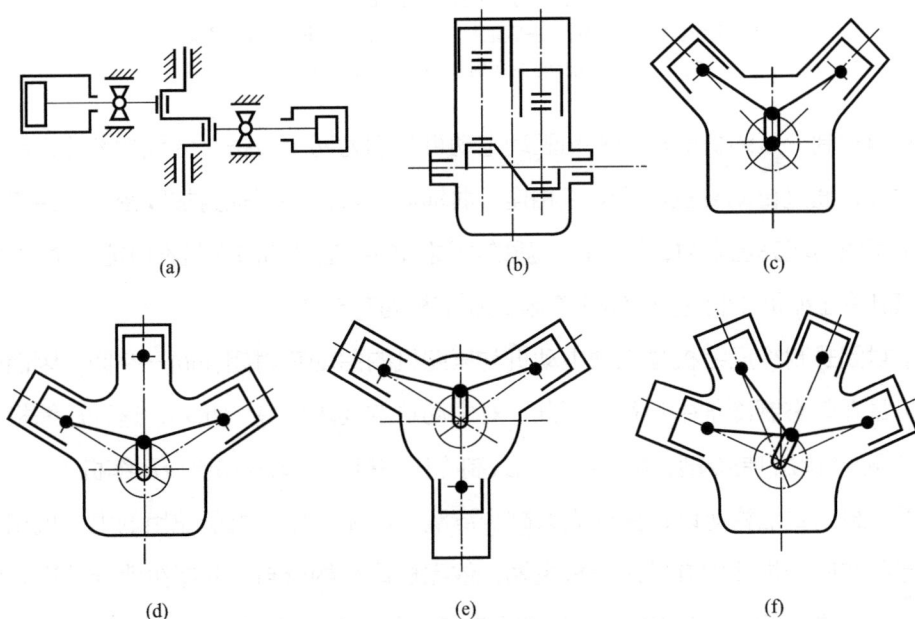

(a)　(b)　(c)

(d)　(e)　(f)

图 4-2　活塞式压缩机实际工作过程

（a）卧式；（b）立式；（c）多缸 V 形；（d）多缸 W 形；（e）多缸 Y 形；（f）多缸扇形（S 形）

立式活塞制冷压缩机气缸在曲轴正上方并列垂直放置，多为两个气缸，转数一般在 750r/min 以下。

卧式活塞压缩机气缸为水平放置，有单作用（单向压缩）和双作用（双向压缩）两种。该种制冷压缩机转数低（200～300r/min），制冷量大，属于早期产品。

多缸制冷压缩机气缸的排列与气缸数目有关，有V形、W形、Y形、扇形（S形）和十字形多种。该种制冷压缩机的气缸小而多，转数高，故压缩机质轻体小，平衡性能好，噪声和振动较低，易于调节压缩机的制冷能力，空调制冷装置多采用此种压缩机。

2. 按密封结构不同，可分为开启式、半封闭式和全封闭式压缩机。如图4-3所示。

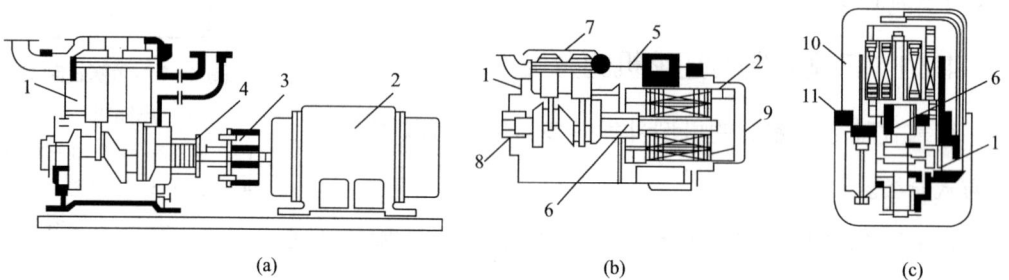

图4-3　开启式、半封闭式、全封闭式压缩机结构图

（a）开启式；（b）半封闭式；（c）全封闭式

1—压缩机；2—电机；3—联轴器；4—轴封；5—机体；6—主轴；
7、8、9—可拆卸密封盖板；10—罩壳；11—弹性支撑

开启式制冷压缩机的压缩机和驱动电动机分别为两个设备，曲轴功率输入端伸出机体之外，通过传动装置与原动机相连。曲轴伸出机体处用轴封加以密封。由于轴封装置不可能实现完全密封，机体内工质的泄漏和外界空气的渗入是不可能完全避免的。一般氨制冷压缩机和制冷量较大的氟利昂压缩机为开启式。

半封闭式制冷压缩机是驱动电动机与压缩机的曲轴箱封闭在同一空间，因而驱动电动机是在气态制冷剂中运行，因此，对电动机的要求较高。此外，这种压缩机不适用于有爆炸危险的制冷剂，所以半封闭式制冷压缩机均为氟利昂制冷压缩机。

采用封闭式结构可以避免或大大减少渗漏。封闭式压缩机所配用的电动机和压缩机一起装在同一机体内并共用一根主轴，依靠机体结构密封。除减少泄漏外还降低了噪声，吸入的低温制冷工质还可以冷却电动机，使电动机体积大为减小。

半封闭式和全封闭式压缩机的区别是前者机体的密封面以法兰连接，靠垫片或垫圈密封，维修时可拆卸；后者的机壳分为两部分，压缩机与电动机装入后，壳体两部分焊接密封。除车辆等场合外，目前空调设备中应用的小型制冷压缩机一般均为封闭式。

3. 按气体流动情况不同，可分为顺流式和逆流式压缩机。

（1）顺流式制冷压缩机，如图 4-4 所示。活塞式压缩机的机体由曲轴箱、气缸体和气缸盖三部分组成。曲轴箱内的主要部件是曲轴，曲轴通过连杆带动活塞在气缸内做往复运动来压缩气体。活塞为一空心圆柱体，它的内腔与进气管连通，进气阀设在活塞顶部。当活塞向下移动时，气缸内的气体从活塞顶部进入气缸；当活塞向上移动时，气缸内的气体被压缩，并由上部排出。气缸内气体顺同一方向流动，称顺流式。

顺流式活塞制冷压缩机由于进气阀设在活塞上，因而增加了活塞的重量及长度，限制了压缩机转速的提高，因自重大，占地面积大，目前已不再使用这种压缩机。

（2）逆流式活塞制冷压缩机，如图 4-5 所示。这种压缩机的进、排气阀均设置在气缸顶部。当活塞向下移动时，低压气体由顶部进入气缸；活塞向上移动时，被压缩的气体仍从顶部排出。由于气体进入气缸及排出气缸的运动路线相反，称逆流式制冷压缩机。

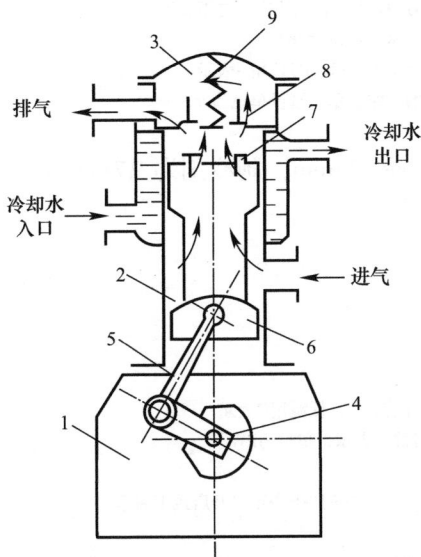

图 4-4　顺流式活塞压缩机
1—曲轴箱；2—气缸体；3—气缸盖；4—曲轴；5—连杆；
6—活塞；7—进气阀；8—排气阀；9—缓冲弹簧

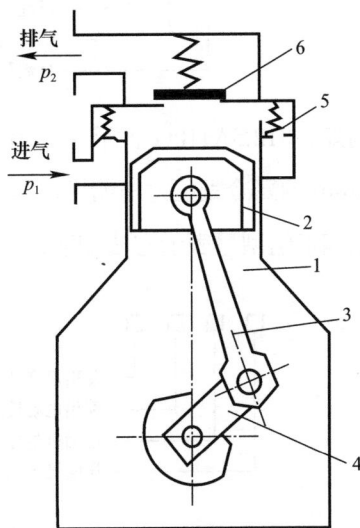

图 4-5　逆流式活塞压缩机
1—气缸；2—活塞；3—连杆；
4—曲轴；5—进气阀；6—排气阀

逆流式制冷压缩机的活塞尺寸小、重量轻、便于提高压缩机转速，一般为 1000～1500r/min，最高达 3500r/min，因而其重量及尺寸大为减少。

4. 按压缩机使用的工质分类，压缩机可分为氨压缩机、氟利昂压缩机等。不同制冷剂对压缩机的材料及结构要求不同。

5. 按压缩机的级数分类，压缩机可分为单级和多级（多为双级）制冷压缩机，双级压缩机又分为双机双级和单机双级制冷压缩机。

6. 按制冷量的大小分类，可分为大、中、小型三种。但它们彼此之间并无严格界限，我国也没有统一规定。一般认为标准（或名义）制冷量在 600kW 以上者为大型制冷压缩机，制冷量在 60kW 以下者为小型制冷压缩机，而中型制冷压缩机的制冷量则居于大、小型两者之间。

4.2.2　活塞式制冷压缩机的型号

制冷压缩机都用一定的型号表示，我国活塞式制冷压缩机的型号及基本参数的制定可参照《活塞式单级制冷剂压缩机（组）》GB/T 10079—2018。

压缩机型号表示方法如下：

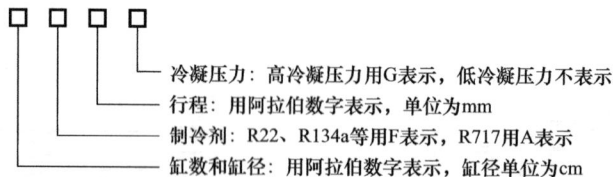

冷凝压力：高冷凝压力用G表示，低冷凝压力不表示
行程：用阿拉伯数字表示，单位为mm
制冷剂：R22、R134a等用F表示，R717用A表示
缸数和缸径：用阿拉伯数字表示，缸径单位为cm

例如，812.5A110G 表示 8 缸扇形，气缸直径 125mm，制冷剂为 R717，活塞行程为 110mm 的高冷凝压力压缩机。

压缩机组型号表示方法如下：

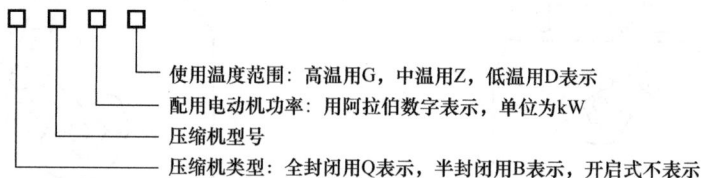

使用温度范围：高温用G，中温用Z，低温用D表示
配用电动机功率：用阿拉伯数字表示，单位为kW
压缩机型号
压缩机类型：全封闭用Q表示，半封闭用B表示，开启式不表示

例如，Q24.8F50-2.2D 表示全封闭 2 缸 V 形缸径 48mm，制冷剂为氟利昂，活塞行程 50mm，配用电动机功率为 2.2kW，低温用全封闭式压缩机。

B47F55-13Z 表示半封闭 4 缸扇形（或 V 形），缸径 70mm，以氟利昂为制冷剂，活塞行程 55mm，配用电动机功率为 13kW 的中温用低冷凝压力半封闭式压缩机组。

610F80G-75G 表示开启式 6 缸 W 形，缸径 100mm，制冷剂为氟利昂，行程 80mm、配用电动机功率为 75kW 的高温用高冷凝压力开启式压缩机组。

目前国内许多厂家仍有沿用制冷压缩机老的型号表示方法，即

压缩机类别：全封闭用Q表示，半封闭用B表示，开启式不表示
气缸直径：用阿拉伯数字表示，单位为cm
气缸布置形式：Z形、V形、W形、S形等
制冷剂种类：氟利昂用F表示，氨用A表示
气缸数目

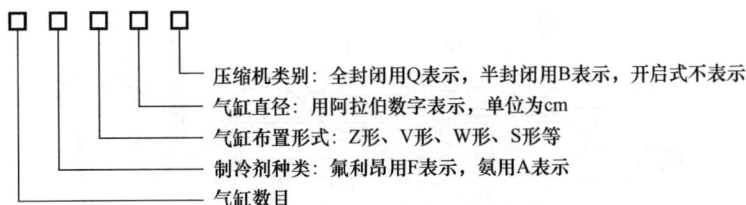

例如，8AS12.5 表示 8 缸、氨制冷剂，气缸呈扇形布置，缸径 12.5cm 的开启式制冷压缩机。

对于单级双机制冷压缩机，在单机型号前面加"S"表示双级。

例如，S8AS12.5 制冷压缩机，该压缩机为双级、8 缸、氨制冷剂，气缸排列形式为 S 形，气缸直径为 12.5cm 的开启式制冷压缩机。

我国目前生产的制冷压缩机系列产品为高速多缸逆流式压缩机，根据缸径不同，有 50mm、70mm、100mm、125mm、170mm，再配上不同缸数，共有 22 种规格，以用来满足不同制冷量的要求。

4.2.3　活塞式制冷压缩机的构造

1. 开启式活塞制冷压缩机的构造

开启式活塞制冷压缩机由机体、活塞及曲轴连杆机构、气缸套及进排气阀组合件、卸载装置、润滑系统五个部分组成。以常见的 812.5A100G（8AS12.5）型制冷压缩机为例来介绍其构造，如图 4-6 所示。

812.5A100G 型制冷压缩机是一种典型的开启式中型制冷压缩机，可根据负荷大小进行制冷量调节。该压缩机属于 125 系列产品，共有 8 个气缸，分 4 列排成扇形，气缸直径为 125mm，活塞行程为 100mm，转速为 960r/min。

（1）机体

机体由曲轴箱、气缸体、气缸盖以及进排气管组成，主要用来支撑运动部件，如曲轴。下部曲轴箱用来装润滑油，机体上部为气缸体，上面镗有 8 个孔，除了装气缸套外，还有吸、排气阀组合件与活塞等部件，排气阀上装有缓冲弹簧组成气缸盖，气缸盖上装有冷却水套，使用 R22 或 R717 等排气温度较高的工质时，可接通水源来降低排气温度。各气缸套外圈的气缸体空间为公用吸气腔。

气缸体下部为曲轴箱，主要用来装润滑油及固定压缩机各机件的机座，它起着机架的作用。曲轴箱两端设有两个轴承用来放曲轴，下部留有一定容积装润滑油、油冷却器及油过滤网、油泵等。箱的两侧设有侧盖，便于装卸和修理内部的机件。在侧盖

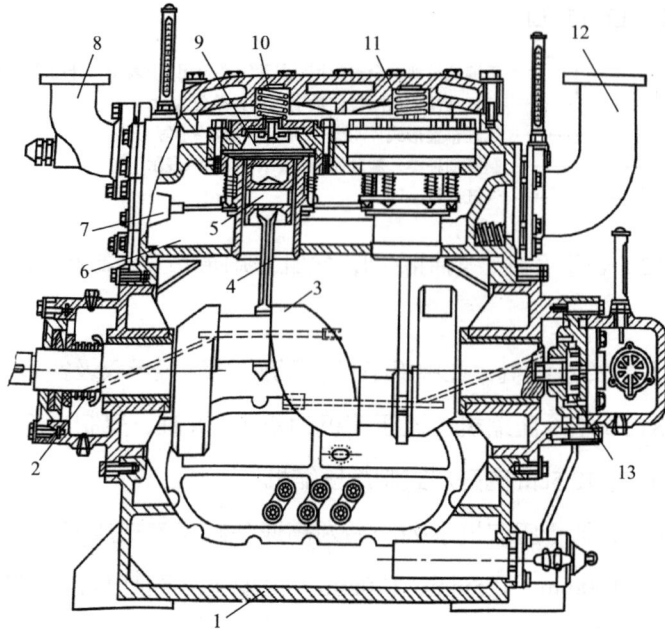

图 4-6 812.5A100G（8AS12.5）型制冷压缩机

1—曲轴箱；2—轴封；3—曲轴；4—连杆；5—活塞；6—吸气腔；7—卸载装置；8—排气管；
9—气缸套及吸、排气阀组合件；10—缓冲弹簧；11—气缸盖；12—吸气管；13—油泵

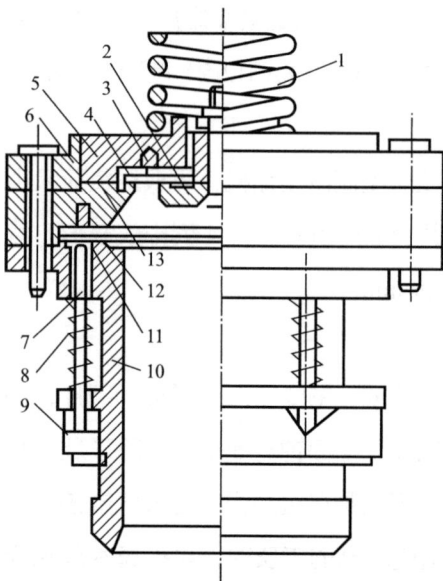

图 4-7 气缸套及吸、排气阀组合件

1—缓冲弹簧；2—内阀座；3—排气阀片弹簧；
4—排气阀片；5—阀盖；6—导向环；7—顶杆；
8—顶杆弹簧；9—转动环；10—气缸套；
11—吸气阀片；12—吸气阀片弹簧；13—外阀座

上装有油面指示玻璃。如为两块油面玻璃，正常油面应在两块油面玻璃中心线之间；如为一块油面玻璃，则正常油面在油面玻璃的 1/2 处。

（2）气缸套及吸排气阀组合体

吸气阀片采用环形阀片。如图 4-7 所示气缸套 10 上装有外阀座 13，外阀座 13 与气缸套 10 之间装有吸气阀片 11 和吸气阀片弹簧 12。内阀座 2 在外阀座的中间，被固定在阀盖 5 上。排气阀片 4 及排气阀片弹簧 3 安装在内、外阀座和阀盖之间。阀盖 5 与内、外阀座 2 和 13 靠缓冲弹簧 1 压在气缸体上。阀盖外圈的导向环 6 可使阀盖上下移动而无横向移动，保证排气阀片 4 与阀座的密封线不致错位。

吸排气阀是活塞式压缩机的重要部件之一，它控制着压缩机的吸气、压缩、排气和

膨胀四个过程。吸排气阀都是受阀片两侧气体压力差控制而自行启闭的自动阀。如图 4-7 所示，气缸套的顶部外缘的四周有一圈进气孔，吸气阀片 11 盖在这些小孔上。活塞在气缸内向下运动时，缸内压力降低，当吸气腔与气缸内的压力差大于吸气阀片弹簧 12 的压力时，吸气阀片自动开启，低压蒸气就由吸气腔进入气缸。当活塞向上运动，缸内气体被压缩时，吸气阀片在弹簧力和内外压差作用下，落在进气孔上，并将进气孔紧紧盖严。活塞继续向上移动，气缸内的压力大于排气腔的压力时，缸内高压气体克服排气阀片弹簧 3 的弹力，冲开排气阀片 4 而排出气缸。

（3）活塞及曲轴连杆机构

曲轴是传递能量的构件，能够把电动机的旋转运动通过连杆转化为活塞的往复直线运动，以达压缩气体的目的。曲轴上的油道兼作供油润滑作用。

连杆是将曲轴旋转运动转化为活塞直线运动，有整体式与剖分式两种。连杆通过活塞销与活塞相连的一头称为小头，与曲轴相连一头称为大头，如图 4-8 所示。

活塞与气缸组成一个可变的封闭工作腔，使气体在此工作容积内被压缩。8S12.5 活塞结构，如图 4-9 所示。

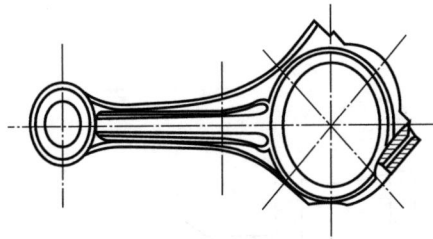

图 4-8　连杆结构

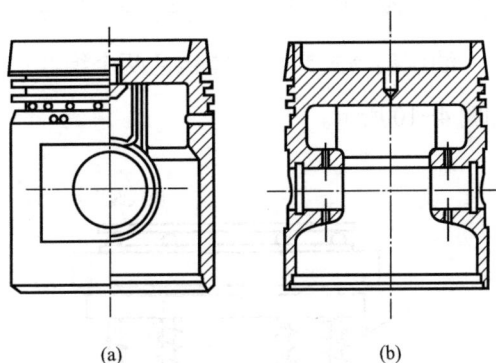

(a)　　　　　　　(b)

图 4-9　8S12.5 活塞结构

（a）结构图；（b）剖视图

活塞式制冷压缩机的曲轴一般采用球墨铸铁，两侧的主要轴颈支承在曲轴箱两端的滑动轴承上，每个曲拐上装有几个连杆与活塞。曲轴上钻有油孔。以保证轴承的润滑与冷却。

活塞式制冷压缩机的连杆采用可铸锻铁制成，连杆的大头一般为剖分式，带有可拆下的薄壁轴瓦，在轴瓦上钻有油孔，与曲轴油孔相通。连杆小头均为不剖分式，内镶有铜衬套，依靠活塞销与活塞相连。连杆体内也钻有油孔，以使润滑油输送到小头轴承。

活塞式制冷压缩机的活塞多采用铝镁合金铸制，质量轻、组织细密。活塞顶部的形状应与气缸顶部的阀座形状相适应，以便尽量减少余隙容积。活塞上设有两道密封环，以保证气缸壁与活塞之间的密封。密封环下部还设一道油环，活塞向上运动时，靠油环布油，保证润滑；活塞向下运动时，将气缸壁上的润滑油刮下，以减少被排气带出的润滑油数量。

活塞顶部为凹形，上部有环槽称为环部，并装有两道气环，保证气缸壁与活塞之间的密封性。气环下面还有一道刮油环，当活塞向下运动可将气缸壁上润滑油刮下，刮油环的环槽中有回油孔，润滑油通过回油孔流回曲轴箱。

（4）卸载装置

高速多缸活塞式制冷压缩机的卸载装置是用来使压缩机在运转条件下停止部分气缸的排气，以改变压缩机的制冷能力。例如：8 缸制冷压缩机，可以采用停止 2 缸、4 缸、6 缸的工作，使压缩机的制冷能力为总制冷量的 75%、50%、25%。此外，卸载装置还可用作降载启动装置，减小启动转矩，简化电动机的启动设备和操作运行手续。

中小型活塞式制冷压缩机普遍采用油压启阀式卸载装置，它包括两个组件，一个是顶杆启阀机构，另一个是油压推杆机构。

油压启阀式卸载装置包括两个组件：一为顶杆启阀机构。另一为油压推杆机构，如图 4-10 所示。

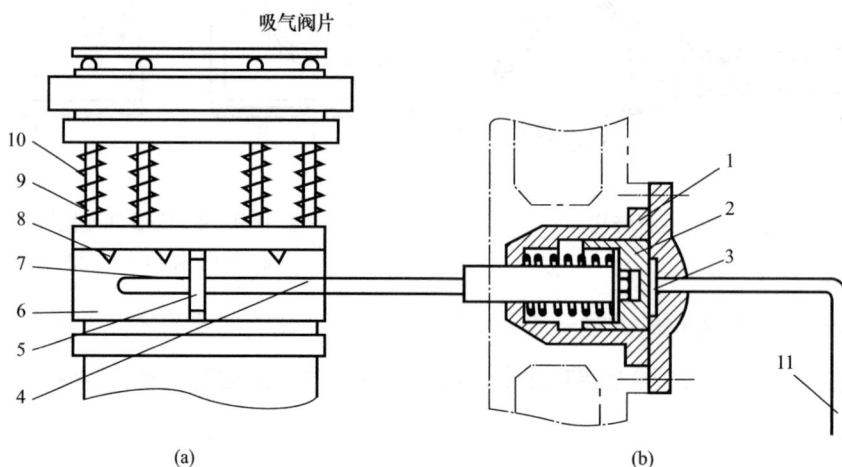

图 4-10　油压启阀式卸载装置

（a）顶杆启阀机构；（b）油压推杆机构

1—油缸；2—活塞；3—弹簧；4—推杆；5—凸缘；6—转动环；7—缺口；
8—斜面切口；9—顶杆；10—顶杆弹簧；11—油管

1）顶杆启阀机构：顶杆启阀机构就是在吸气阀片下设有几根顶杆（一般为 6 幅），顶杆上套有弹簧，其下端分别置于转动环上具有一定倾斜的斜槽内，如图 4-10（a）所示。这样，当顶杆位于斜槽底部，顶杆与阀片不接触，阀片可以自由上下运动，该气缸处于正常工作状态；如果旋转转动环，则顶杆沿斜面上升，将吸气阀片顶开，此时，尽管活塞仍在气缸内进行往复运动，但气缸内气体不被压缩，故该气缸处于不工作状态。

2）油压推杆机构：油压推杆机构是使气缸套外部的转动环旋转的机构，见图 4-10（b）。当油管内供入一定压力的润滑油时，油缸内的小活塞和推杆被推压向前移动，带动转动环将稍微旋转，这时靠顶杆弹簧可将顶杆推至斜槽底部；反之，油管内没有压力油供入，则油缸内的小活塞和推杆在弹簧作用下向后移动，并带动转动环将顶杆推至斜面高点，顶开吸气阀片。

活塞式制冷压缩机制冷能力的控制，除采用卸载法调节制冷能力外，还有节流法、旁通法、调速法。

① 节流法。靠节流降低吸气压力，减小制冷剂质量流量，以调节压缩机制冷能力；

② 旁通法。将部分排气返回吸气管，以减少压缩机制冷能力；

③ 调速法。改变压缩机转速，以调节压缩机制冷能力。

（5）润滑系统

润滑油系统由机体下部曲轴箱、箱内油过滤器、油冷却器、油压差继电器、油泵、油压调节阀、曲轴上润滑油道，油分配阀、油缸推杆机构组成。

润滑油系统的作用是一方面润滑轴与轴承、活塞环与气缸壁等运动部件接触面，带走摩擦产生的热量，提高零件寿命，另一方面向卸载装置供油控制制冷量，如图 4-11 所示。

压缩机曲轴箱下部盛有一定数量的润滑油，通过油粗滤器 6 被内齿轮油油泵 3 吸入并压出。一路被压送至油泵端的曲轴进油孔，润滑后主轴承、连杆大小头轴承；另一路送至轴封处、润滑油封，前主轴承和连杆大小头轴承；此外，由轴封外还引一条油管至压缩机的卸载装置的油分配阀 7；至于活塞与气缸壁之间则是通过连杆大头的喷溅进行润滑。整个油路的油压可用油泵上部的油压调节器调节螺钉调节，油压也就是油泵出口压力与吸气压力之差应为 0.15~0.3MPa。

活塞式制冷压缩机曲轴箱的油温应不超过 70℃。制冷能力较大的压缩机的曲轴箱内设有油冷却器，内通冷却水，以降低润滑油的温度。此外，用于低温条件下的活塞式氟利昂制冷压缩机，曲轴箱中还应装设电加热器，启动时加热箱中的润滑油，以减

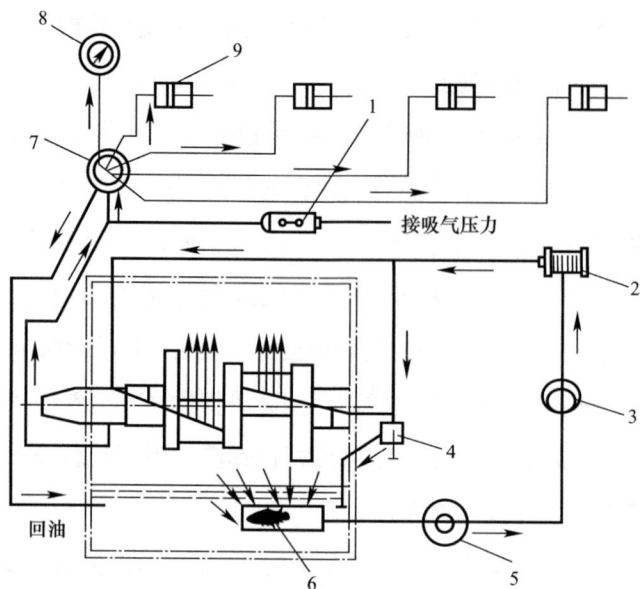

图 4-11　812.5A100G（8AS12.5）型压缩机润滑油系统示意图

注：→为回油方向

1—油压继电器；2—油细滤器；3—内齿轮油泵；4—油压调节阀；

5—三通阀；6—油粗滤器；7—油分配阀；8—油压表；9—液压缸推杆机构

少其中氟利昂的溶解量，防止压缩机的启动润滑不良。

2. 半封闭式活塞制冷压缩机的构造

半封闭压缩机和开启式压缩机结构上最明显的差别在于电动机外壳和压缩机曲轴箱共同构成一个密闭空间，从而可以取消轴封装置，且可以利用吸入低温制冷工质蒸气来冷却电动机绕组，改善了电动机的冷却条件。然而压缩机部分是可拆卸的，便于检修。国产半封闭活塞式制冷压缩机，如图 4-12 所示。

比泽尔进口半封闭活塞式制冷压缩机的外形和结构模型照片，如图 4-13、图 4-14 所示。

半封闭式压缩机的特点：

（1）压缩机的机体与电动机的壳体铸成一体，压缩机和电动机同一根轴，消除了开启式压缩机轴封易漏的弊病，密封性能好。

（2）低温制冷剂蒸气通过电动绕组，改善了电动机的冷却条件，提高了电动机的效率。

（3）压缩机的吸气被电动机所预热，气缸吸入液体产生液击的可能性减少，有利于制冷剂润滑油的分离，运行比较安全。

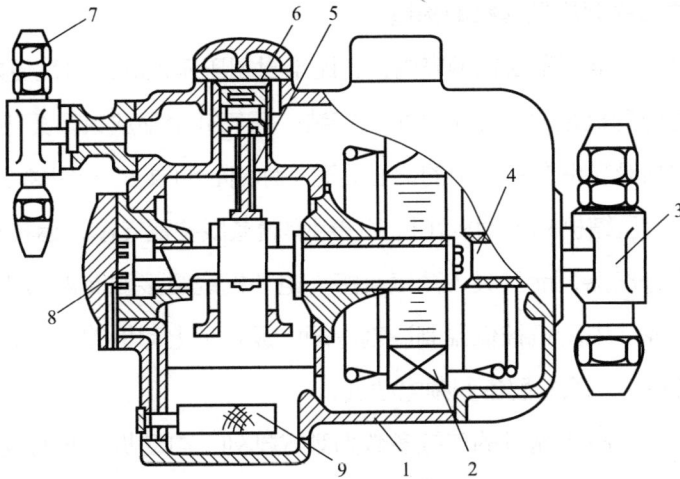

图 4-12　半封闭活塞式制冷压缩机

1—外壳；2—电动机；3—进气管；4—进气过滤器；5—连杆；6—阀板；7—排气管；8—油泵；9—油过滤器

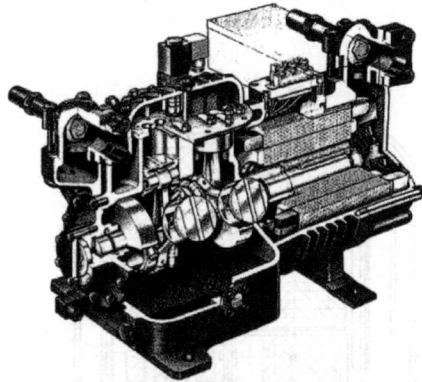

图 4-13　进口半封闭活塞式制冷压缩机外形　　**图 4-14　进口半封闭活塞式制冷压缩机结构模型**

（4）有工作孔，用螺栓紧固的盖板加上密封，容易拆卸更换易损件。

（5）电机绕组与制冷剂及润滑油直接接触，易起腐蚀。因此，要求采用特殊漆包线。

（6）体型小，重量轻，安装的占地面积及空间小，容易与空调机、冷藏柜等装成一体。

半封闭压缩机兼有开启式和全封闭式压缩机的优点，在民用空调制冷应用方面已大量取代过去的开启式压缩机。但其价格高于全封闭压缩机，因此在小型制冷机组应用上受到限制。

近年受到螺杆式压缩机和涡旋式压缩机迅猛发展的影响，半封闭式活塞式压缩机的应用范围受到了非常大的影响，目前仅在制冷量为 50～200kW 的工业应用领域有一定应用，在民用空调领域已经基本退出市场。

3. 全封闭式活塞制冷压缩机的构造

压缩机和电动机全部密封在钢壳内，它比半封闭压缩机的密封性更好，重量更轻，结构更紧凑。与电动机是同一根轴，垂直安装，而气缸水平放置。无齿轮油泵或转子油泵，压缩机的润滑靠设在主轴中的偏心油道（称偏心油泵），利用离心力的作用将润滑油送到摩擦面。压缩机和电动机在机壳内用弹簧减振装置支撑，运转平稳，噪声小。机壳相当于气液分离器，而且吸入蒸气直接与电动机绕组接触而被预热，因此一般不会发生湿压缩现象。电动机被低温制冷剂冷却，提高了电动机的效率。但全封闭压缩机没有能量调节机构，除非配备变频电动机。

全封闭活塞式制冷压缩机的气缸多数为卧式排列，电动机轴垂直安装。压缩机主轴为偏心轴，下端开设偏心油道，靠主轴高速旋转离心上油，活塞为平顶，不装活塞环，仅有两道环形槽，使润滑油充满其中，起密封和润滑作用。连杆为整体式，直接套在偏心轴上，如图 4-15 所示，为 CRHH 型全封闭活塞式制冷压缩机的结构图。

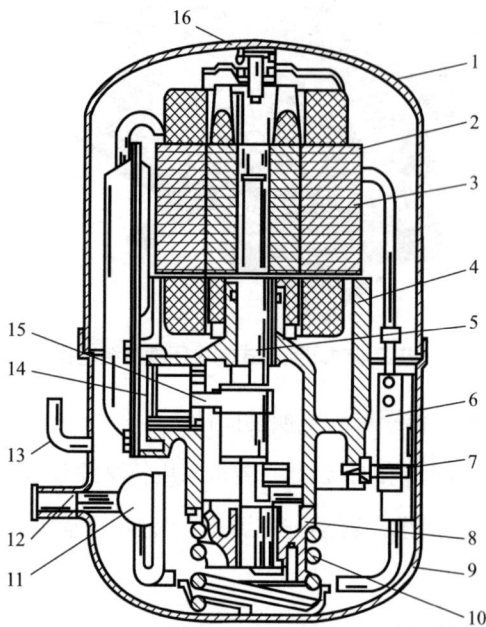

图 4-15　CRHH 型全封闭活塞式制冷压缩机的结构图

1—上壳体；2—电动机转子；3—电动机定子；4—曲轴箱（机体）；5—曲轴；6—抗扭弹组；7—抗扭螺杆；8—轴承座；9—下壳体；10—下支撑弹簧；11—排气汇集管；12—排气总管；13—工艺管；14—气阀组；15—活塞连杆组；16—上支撑弹簧

气阀结构往往采用各种形状的簧片阀。簧片阀结构简单、余隙容积小，阀片质量轻、启闭迅速，噪声低。但簧片阀的阀隙通流面积小，对材质和加工工艺要求高。

小型全封闭活塞式制冷压缩机大多配电容式单相感应电动机，启动电流较大（约为正常电流的 5～7 倍），但启动转矩小，使用时注意在停机后不宜立即启动，因刚停机时高低压差较大，压缩机启动较困难。全封闭活塞式制冷压缩机受到涡旋式压缩机推广的影响，应用范围也受到很大限制，目前多用于冰箱、小型冷库和小型空气调节机组等场合。

4.2.4　活塞式制冷压缩机的工作性能

1. 活塞式压缩机的工作过程

活塞式制冷压缩机通过气缸的吸气阀

片将蒸发器中的制冷剂气体吸入气缸，随着气缸内活塞的往复运动，将气体压缩，并通过排气阀片排向冷凝器。如图 4-16 所示。

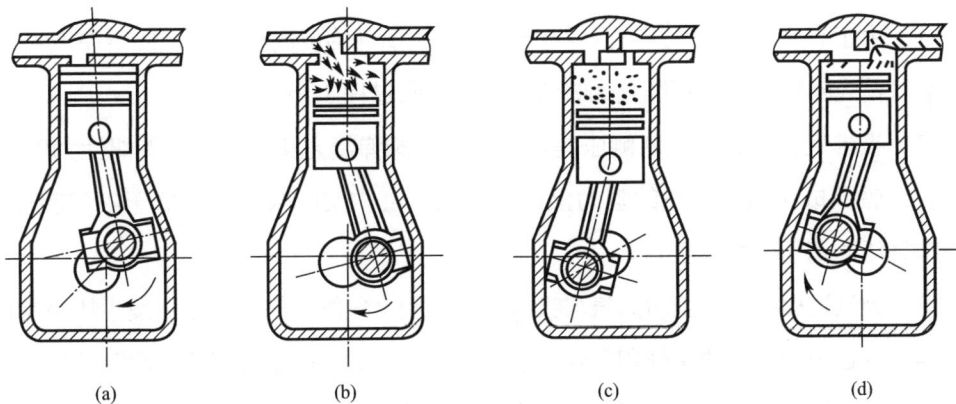

图 4-16　活塞式压缩机实际工作过程

（a）膨胀；（b）吸气；（c）压缩；（d）排气

将活塞式压缩机实际工作过程绘制 P-V 图。如图 4-17 所示。

（1）膨胀过程：活塞向下移动，气缸内剩余气体体积增大，压力降低，当缸内压力低于吸气管内压力时；吸气阀片被顶开，进入吸气过程。

（2）吸气过程：活塞继续向下移动，气体持续进入气缸，当缸内压力大于吸气管内的压力时，吸气阀片落下，关闭吸气。

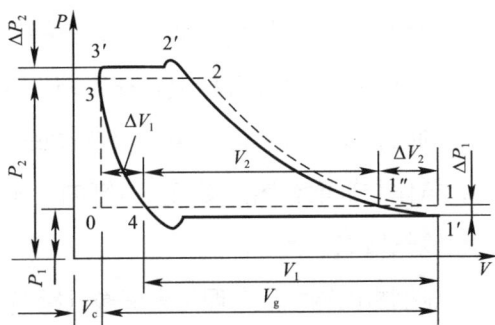

图 4-17　活塞式压缩机的实际工作过程 P-V 图

（3）压缩过程：活塞向上移动，压缩气体，当缸内气体压力高于排气管内压力（冷凝压力）时，排气阀片被冲开，进入排气过程。

（4）排气过程：活塞向上移动，排气阀片打开，气缸内气体排向冷凝器，当缸内气体压力低于冷凝器内压力，关闭排气阀片。由于活塞未顶满气缸，存在余隙容积 V_c，这时气缸内仍残留少量高压气体，活塞向下运动，进入膨胀过程。

由此可见，曲轴旋转一周，活塞往复运动一次，压缩机完成了膨胀、吸气、压缩、排气 4 个过程。

压缩机的实际工作过程比理想过程复杂得多。为了便于比较，把具有相同吸、排气压力，吸气温度和气缸工作容积的压缩机的实际工作循环示功图（即 p-v 图）$1' \rightarrow 2' \rightarrow 3' \rightarrow 4' \rightarrow 1'$ 和理论工作循环示功图 $1 \rightarrow 2 \rightarrow 3 \rightarrow 4 \rightarrow 1$ 对照，发现其间有下述主要方面的区别：

（1）由于有余隙容积 V_c 存在，排气结束，活塞开始反向移动时，残留在气缸中的高压蒸气首先膨胀，因而不能立即吸气，形成膨胀过程 $3' \rightarrow 4'$。

（2）吸排气阀片必须在两侧压差足以克服气阀弹簧力和运动零件的惯性力时才能开启。这就造成了吸、排气的阻力损失，导致气缸内实际吸气压力低于吸气腔压力，实际排气压力高于排气腔压力。

（3）吸气过程中制冷工质蒸气与吸入管道、腔、气阀、气缸等零件发生热量交换。

（4）气缸内部的不严密处和气阀可能因发生延迟关闭而引起气体的泄漏损失。

（5）运动机构的摩擦，消耗一定的摩擦功。

由于以上因素影响，压缩机实际工作过程较为复杂，其实际输气量低于理论输气量，实际功耗要大于理论功耗。

2. 输气量、输气系数及其影响因素

由于活塞式压缩机的活塞气缸在结构、加工及安装上的原因，使活塞不能与气缸完全顶满，存在余隙容积 V_c，在压缩机吸气时，残留气体膨胀，占据了一部分气缸体积，同时，要打开吸排气阀片，必须使缸内与缸外有一定气压差，以克服阀片弹簧阻力，气体与缸壁有热量交换，气缸内气体有少量向外泄，故压缩机实际排气量 V_s 小于理论输气量 V_h。

压缩机的输气量有理论容积输气量 V_h 和质量输气量 M_R，见式（4-1）

$$M_R = \frac{V_h \cdot \lambda}{V_{s0}} (\text{kg} / \text{s}) \tag{4-1}$$

式中　V_{s0}——进口处吸气状态下制冷工质蒸气的比容，m^3/kg；

实际排气量 V_s：压缩机实际压缩的气体体积。V_s 与 V_h 之比用输气系数 λ 表示。

$$V_s = \lambda V_h \tag{4-2}$$

实际上，由于各种因素影响，压缩机的实际输气量（V_s）总是小于理论输气量（V_h），两者的比值称为压缩机的输气系数，即

$$\lambda = \frac{V_s}{V_h} \tag{4-3}$$

理论输气量 V_h（m^3/s）：根据气缸几何尺寸计算得到的压缩气体体积。

$$V_{h} = \frac{\pi}{240} D^2 snz \qquad (4-4)$$

式中　D——气缸直径（内径），m；

$\quad\quad s$——活塞行程，m；

$\quad\quad n$——压缩机转速，r/min；

$\quad\quad z$——气缸个数。

输气系数是综合了压缩机实际工作时各方面因素对压缩机输气量的影响，不同的压缩机，λ 数值是不同的。影响压缩机输气系数的因素主要有：

（1）压缩机的结构与质量，如余隙的大小、吸排气阀的结构与通道面积、压缩机转速、气缸的冷却方式、磨损程度等。余隙越大，气体进出气缸的摩擦阻力越大，实际吸气量就越小。

（2）压缩机的运行工况，如压缩比越大、蒸发压力越低、吸入蒸气过热度越大，则实际吸气量就越小。

（3）制冷剂的性质，如密度越大，热导率越大，排气温度越高，则实际吸气量就越小。

3. 活塞式制冷压缩机的制冷量和耗功率

（1）活塞式制冷压缩机的制冷量

压缩机在某一工况下的制冷量等于它的实际吸气量 V_{R} 与制冷剂的单位容积制冷量 q_{v} 的乘积，即

$$Q_0 = V_{R} q_{v} \qquad (4-5)$$

式中　Q_0——压缩机实际制冷量。

（2）活塞式制冷压缩机的耗功率

压缩机的耗功率是指由电动机传至压缩机轴上的功率，也称为压缩机的轴功率 P_{e}。压缩机的轴功率消耗在两方面，一部分直接用于压缩气体，称为指示功率 P_{i}；另一部分用于克服运动机构的摩擦阻力，称为摩擦功率 P_{m}。因此，压缩机的轴功率为

$$P_{e} = P_{i} + P_{m} (kW) \qquad (4-6)$$

通过理论循环热力计算求得压缩机的理论功率 P_{th} 后，可用下式计算压缩机的指示功率为

$$P_{i} = \frac{P_{th}}{\eta_{i}} (kW) \qquad (4-7)$$

式中 η_i——压缩机的指示效率。

压缩机的功率为

$$P_e = P_{th} / (\eta_i \eta_m \eta_d) \tag{4-8}$$

式中 P_{th}——压缩机的理论耗功量；

η_i——压缩机的指示效率；

η_m——压缩机的机械效率；

η_d——压缩机的电动机传动效率。

制冷压缩机的 η_i 和 η_m 值均随其运行时的压缩比和转速变化，这两个效率值可通过图 4-18 和图 4-19 查得。

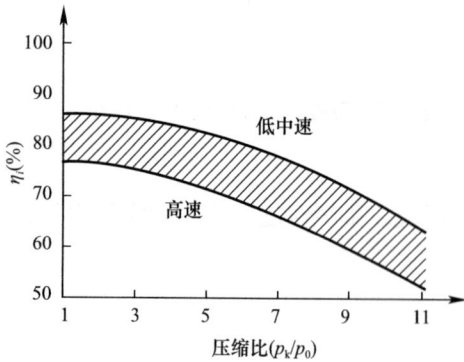

图 4-18　活塞式制冷压缩机的指示效率

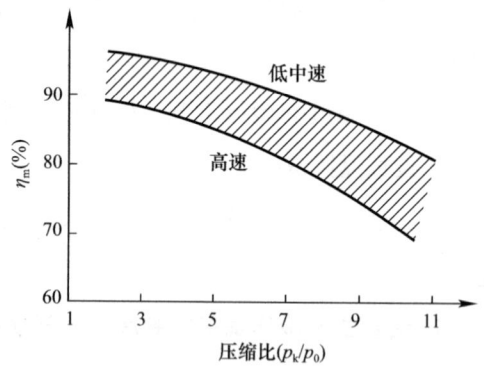

图 4-19　活塞式制冷压缩机的机械效率

4. 活塞式制冷压缩机的性能

影响活塞式制冷压缩机性能的因素很多，但当制冷压缩机的结构形式和制冷工质确定以后，运行工况的压缩比（p_k/p_0）就成为最主要的因素，而 p_k 和 p_0 对应的就是制冷压缩机的冷凝温度和蒸发温度。活塞式制冷压缩机一般采用性能曲线来说明其制冷量和轴功率在不同工况下的变化规律，可以将其整理成性能参数表的形式。

图 4-20 为 6FWSB 型全封闭式制冷压缩机的性能曲线图。表 4-2 为国外某品牌半封闭式制冷压缩机一个型号的性能参数表。在选型或近似计算时，可直接根据运行工况查用。

6G-40.2 型半封闭式制冷压缩机的性能参数　　　　　　　　　表 4-2

冷凝温度（℃）	制冷量 Q_0（kW）功耗 P_e（kW）	蒸发温度（℃）										
		12.5	10	7.5	5	0	−5	−10	−15	−20	−25	−30
30	Q_0	171.2	157.2	144.1	131.9	109.9	90.8	74.3	60.0	47.8	37.35	28.55
	P_e	24.8	24.4	24.0	23.6	22.6	21.4	20.1	18.61	17.02	15.31	13.51

续表

冷凝温度 （℃）	制冷量 Q_0（kW）	蒸发温度（℃）										
	功耗 P_e（kW）	12.5	10	7.5	5	0	−5	−10	−15	−20	−25	−30
40	Q_0	154.9	142.2	130.3	119.1	99.1	81.6	66.5	53.5	42.3	32.8	24.8
	P_e	29.6	29.2	28.7	28.1	26.7	25.2	23.4	21.4	19.28	16.97	14.52
50	Q_0	139.1	127.6	116.8	106.8	88.6	72.8	59.1	47.25	37.15	28.55	—
	P_e	35.0	34.2	33.4	32.5	30.6	28.5	26.3	24.0	21.7	19.34	—

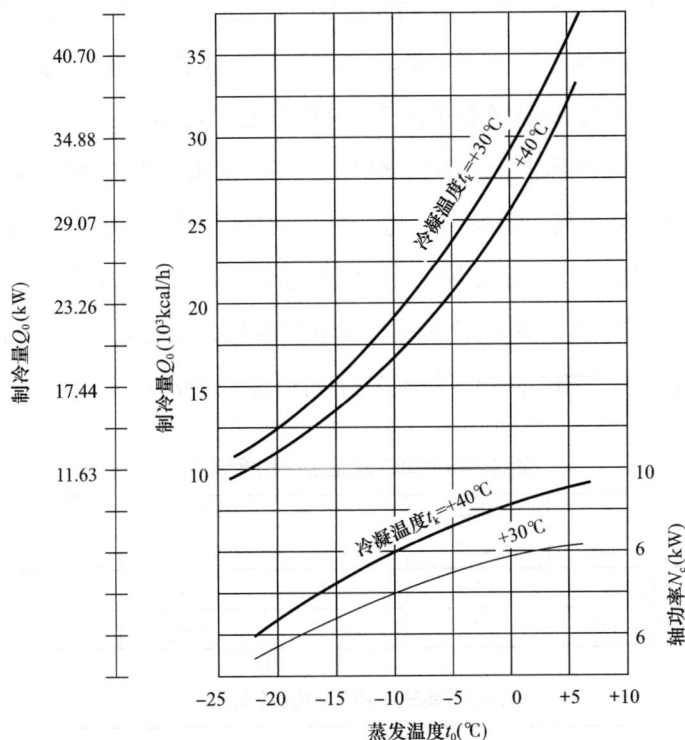

图 4-20　6FWSB 型全封闭式制冷压缩机的性能曲线图

从上述图表中可以看出，当蒸发温度一定时，随着冷凝温度的升高，制冷量减少，而轴功率增大；当冷凝温度一定时，随着蒸发温度的降低，制冷量减少，轴功率也相应减少。评价活塞式制冷压缩机消耗能量方面的指标有两个：一个是单位轴功率的制冷量 COP（或称为制冷压缩机的性能系数）；另一个是能效比 EER，它是制冷压缩机单位输入功率的制冷量，该指标多用于评价封闭式制冷压缩机。两个指标的计算公式分别如下：

单位轴功率的制冷量 COP 为

$$COP = \frac{Q_0}{P_e}(\text{kW} / \text{kW}) \tag{4-9}$$

能效比 *EER* 为

$$EER = \frac{Q_0}{P_{in}}(\mathrm{kW} / \mathrm{kW}) \qquad (4\text{-}10)$$

P_{in}——电动机输入功率，kW。

5. 活塞式制冷压缩机的工况

活塞式制冷压缩机的制冷量随着蒸发温度的升高或冷凝温度的降低而增大；反之，随着蒸发温度的降低、冷凝温度的升高而减少。因此，要说明同一台压缩机的制冷量，只讲它的数值大小是不够的，还应同时指出是在什么工作温度（主要是指蒸发温度和冷凝温度）下的制冷量，这样才有了进行比较的标准，否则是没有什么意义的。

为了能在一个共同标准下说明压缩机的性能，根据我国的具体情况，对制冷压缩机规定了三种名义工况，即高温工况、中温工况和低温工况。各工况的具体条件，如表 4-3～表 4-5 所示。老标准规定了两个名义工况，即标准工况和空调工况，如表 4-6 所示。在标准工况下的制冷量称为标准制冷量，在空调工况下的制冷量称为空调制冷量。有些生产厂在样本中仍给出了这两个工况的制冷量。

全封闭压缩机的高温工况和低温工况　　　　表 4-3

工况名称	制冷剂	蒸发温度 t_0（℃）	吸气温度 t_1（℃）	冷凝温度 t_k（℃）	过冷温度 t_{rC}（℃）	环境温度 t_a（℃）
高温工况	R22	+7.2	+35	+54.4	+46.1	+35±3
低温工况	R22、R502	-15	+15	+30	+25	+35±3

小型活塞式制冷压缩机名义工况　　　　表 4-4

工况名称	制冷剂	蒸发温度 t_0（℃）	吸气温度 t_1（℃）	冷凝温度 t_k（℃）	过冷温度 t_{rC}（℃）
高温	R22	+7	+18	+49	+44
中温	R22	-7	+18	+43	+38
低温	R22、R502	-23	+5	+43	+38

中型活塞式制冷压缩机名义工况　　　　表 4-5

工况名称	制冷剂	蒸发温度 t_0（℃）	吸气温度 t_1（℃）	冷凝温度 t_k（℃）		过冷温度 t_{rC}（℃）	
				低冷凝压力	高冷凝压力	低冷凝压力	高冷凝压力
高温	R22	+7	+18	+43	+55	+38	+50
中温	R22	-7	+18	+35	+55	+30	+50
	R717	-7	+1	+35	+55	+30	+50
低温	R22、R502	-23	+5	+35	—	+30	—
	R717	-23	-15	+35	—	+30	—

标准工况和空调工况的工作温度　　　　　　　表 4-6

工作温度 （℃）	标准工况			空调工况		
	R717	R12	R22	R717	R12	R22
蒸发温度 t_0	−15	−15	−15	+5	+5	+5
冷凝温度 t_k	+30	+30	+30	+40	+40	+40
吸气温度 t_1	−10	+15	+15	+10	+15	+15
过冷温度 t_{rC}	+25	+25	+25	+35	+35	+35

由于空调工况下的蒸发温度高于标准工况下的蒸发温度，所以同一台压缩机，在空调工况下运行时制冷量大于标准工况下的制冷量。在我国，目前冷藏库和冷饮食品制冷装置所要求的蒸发温度一般都低于标准工况下的蒸发温度，所以，对于同一台制冷压缩机，若用于冷库时其制冷量要小于标准工况下的制冷量。

4.3　回转式制冷压缩机

回转式制冷压缩机是通过一个或几个部件的旋转运动来完成压缩腔内部容积变化的容积式制冷压缩机。与往复式制冷压缩机相比，它的容积在周期性地扩大和缩小的同时，空间位置也在不断变化。回转式制冷压缩机主要包括螺杆式、滚动转子式和涡旋式等类型。

4.3.1　螺杆式制冷压缩机

螺杆式制冷压缩机是一种容积型回转式制冷压缩机。它是利用一个或两个螺旋形转子（螺杆）在气缸内旋转，从而完成对气体的压缩。按照转子数量的不同，螺杆式制冷压缩机分为双螺杆和单螺杆两种形式。双螺杆式制冷压缩机由两个转子组成；单螺杆式制冷压缩机由一个转子和两个星轮组成。近年来，螺杆式制冷压缩机的制造技术发展迅速，结构日趋完善。

1. 螺杆式制冷压缩机的构造

螺杆式制冷压缩机由阴、阳转子、机体（包括气缸体和吸、排气端座）、轴承、轴封、平衡活塞及能量调节装置组成，如图 4-21 所示。气缸体轴线方向的一侧为进气口，另一侧为排气口，与活塞式制冷压缩机设进气阀和排气阀不同。阴阳转子之间以及转子与气缸壁之间需喷入润滑油。喷油的作用是冷却气缸壁，降低排气温度，润滑转子，并在转子及气缸壁面之间形成油膜密封，减小机械噪声。螺杆式制冷压缩机运转时，由于转子上产生较大轴向力，所以必须采用平衡措施，通常在两转子的轴上设置推力轴承。另外，阳转子上轴向力较大，还要加装平衡活塞予以平衡。

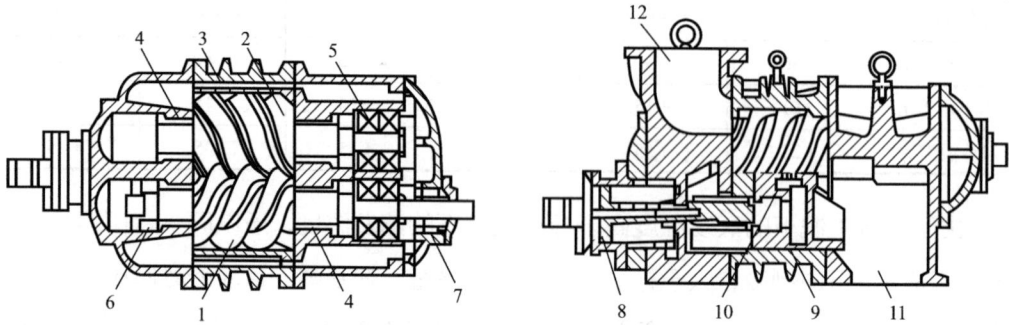

图 4-21　螺杆式制冷压缩机示意图

1—阳转子；2—阴转子；3—机体；4—滑动轴承；5—止推轴承；6—平衡活塞；7—轴封；
8—能量调节用卸载活塞；9—卸载滑阀；10—喷油孔；11—排气口；12—进气口

2. 工作原理及过程

螺杆式制冷压缩机的气缸体内装有一对互相啮合的螺旋形转子，阳转子和阴转子。阳转子有 4 个凸形齿，阴转子有 6 个凹形齿，两转子按一定速比啮合反向旋转。一般阳转子由原动机直连，阴转子为从动。

气缸体、啮合的螺杆和排气端座组成的齿槽容积变小，而且位置向排气端移动，完成了对蒸气压缩和输送的作用，如图 4-22（b）所示。当齿槽与排气口相通时，压缩终了，蒸气被排出，如图 4-22（c）所示。每一齿槽空间都经历着吸气、压缩、排气三个过程。

（1）吸气：当阳转子及阴转子回转时，其啮合部分在吸入口侧逐转脱开，齿与齿沟形成的基元容积逐步变大，由于基元容积吸入口与吸气管相通，所以随着基元容积的变大，压缩机进行吸气过程。当这个基元容积增大到最大时（即阳转子的齿和阴转子的齿沟完全脱开），转子虽继续回转，基元容积也不变化。当基元容积绕过吸入口后，被端座封闭，与吸气隔开，成为一封闭容积，从而完成了吸气过程。

（2）压缩：转子继续回转，脱开了的阳转子齿和阴转子齿沟在排出口侧又开始了一个新的啮合过程，因其啮合点沿着轴向逐渐向排气口处移动，使基元容积越来越小，而将制冷剂气体加以压缩。

（3）排气：由于转子继续回转，使基元容积继续减少，气体的压力不断增加，当阳转子齿与阴转子齿沟及机体上的排气口相通（即基元容积与排气口相通）时，排出

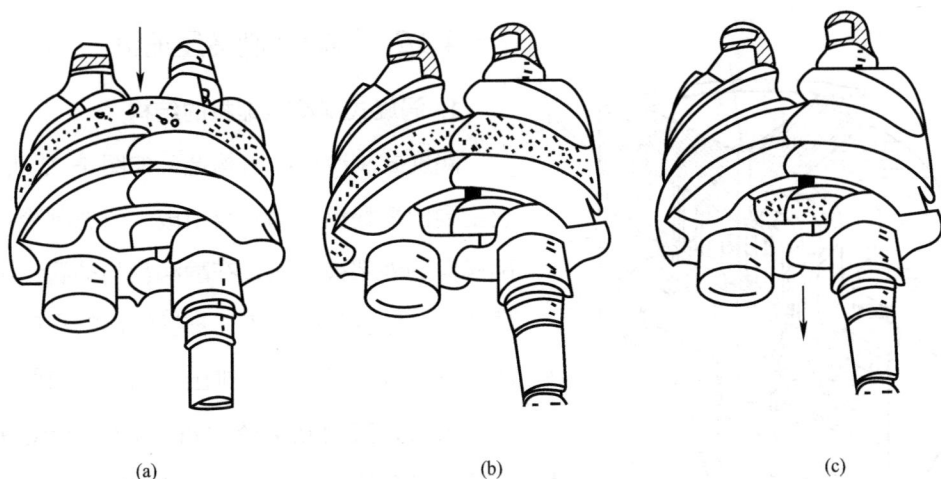

图 4-22　螺杆式制冷压缩机的工作过程

高压气体，排气过程一直进行到完全排出气体为止。制冷剂蒸气在螺杆式压缩机中吸入和排出是在转子的两端进行的，一般吸气过程是在转子的上半部分进行，压缩和排气是在转子的下半部分进行。

在同一时刻同时存在着吸气、压缩、排气三个过程，只不过它们发生在不同的齿槽空间或同一齿槽空间的不同位置。

3. 螺杆式制冷压缩机的特点

由于螺杆式压缩机只有旋转运动，没有往复运动，因此压缩机的平衡性好，振动小，压缩机转速高。排气温度低。结构简单紧凑，无吸排气阀件，易损件少，可靠性高。但对湿压缩不敏感，存在少量液体湿压缩没有液击的危险。在低蒸发温度或高压缩比下容积效率高于活塞式压缩机。油系统复杂。在低压缩比下能耗比活塞式大，噪声较大。每台螺杆式压缩机有固定的内容积比，当实际的工作条件（压力比）不符合给定的内容积比时，将导致效率下降。目前也有内容积比可调的螺杆式压缩机产品。

螺杆式压缩机适用于采用氟利昂为工质的大、中型制冷量的场所，由于螺杆式压缩机在低蒸发温度或高压缩比下容积效率高于活塞式压缩机，所以它特别多用于热泵机组中。

螺杆式压缩机按压缩机与电动机的联结方式也可分为开启式和半封闭式及全封闭式；按螺杆的个数又分为单螺杆式和双螺杆式；按使用的制冷剂不同又分为用 R22、R134a 的不同型号的螺杆式压缩机，使用 R22 的螺杆式压缩机的油分离器与压缩机封闭于同一机壳内，用 R134a 的螺杆式压缩机的油分离器则单独设置。

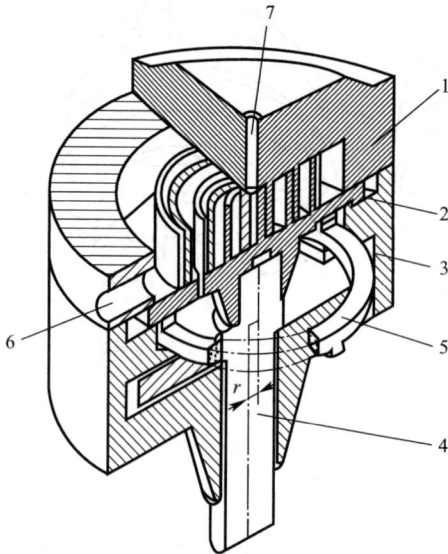

图 4-23 涡旋式制冷压缩机构造简图
1—静涡盘；2—动涡盘；3—壳体；4—偏心轴；
5—防自转环；6—吸气口；7—排气口

4.3.2 涡旋式制冷压缩机

1. 涡旋式制冷压缩机的结构

涡旋式制冷压缩机构造，如图 4-23 所示，它主要由静涡盘和动涡盘组成。气态制冷剂从静涡盘的外部被吸入，在静涡盘与动涡盘所形成的月牙形空间中压缩，被压缩后的高压气态制冷剂，从静涡盘中心排出。动涡盘随偏心轴进行公转，其旋回半径为 r；为了防止动涡盘自转，设有防自转环，该环具有同侧或异侧两对突肋，分别嵌在动涡盘下面的和上支撑（或静盘）的键槽内。

2. 工作原理

涡旋式制冷压缩机工作原理，如图 4-24 所示。当动涡盘中心位于静涡盘中心的右侧（$\theta = 0°$）时，如图 4-24（a）所示，涡盘密封啮合线在左右两侧，此时完成吸气过程，靠涡盘间的四条啮合线，组成两个封闭空间（即压缩室），从而开始了压缩过程。当动涡盘顺时针方向公转 $\theta = 90°$ 时，如图 4-24（b）所示，涡盘间的密封啮合线也顺时针转动 90°，基元容积减小，两个封闭空间内的气态制冷剂被压缩，同时涡盘外侧进行吸气过程，内侧进行排气过程。当动涡盘顺时针方向公转至 $\theta = 180°$ 时，如图 4-24（c）所示，涡盘的外、中、内三个部位，分别继续进行吸气、压缩和排气过程。动涡盘进一步顺时针方向再公转 90°，如图 4-24（d）所示，内侧部位的排气过程结束；中间部位两个封闭空间内气态制冷剂的压缩过程告终，即将进行排气过程；而外部的吸气过程仍在继续进行。动涡盘再转动，则又回到图 4-24（a）所示的位置，外侧部位吸气过程结束，内侧部位仍在进行排气过程，如此反复。

涡盘型线可以采用螺线，也可以是线段、正四边形或圆的渐开线。

采用圆渐开线所构成的涡旋型线及组成的压缩机，具有最少的涡旋型线圈数 N；最短的轴向间隙泄漏线长度 L_r；最短的特征形状几何中心至渐开线终点的距离 Δ；当吸气容积增大时，N、L_r、Δ 的增加幅度最小；加工工艺简单。因此，目前商品化的涡旋式压缩机主要采用圆渐开线及其修正曲线作为涡盘型线。

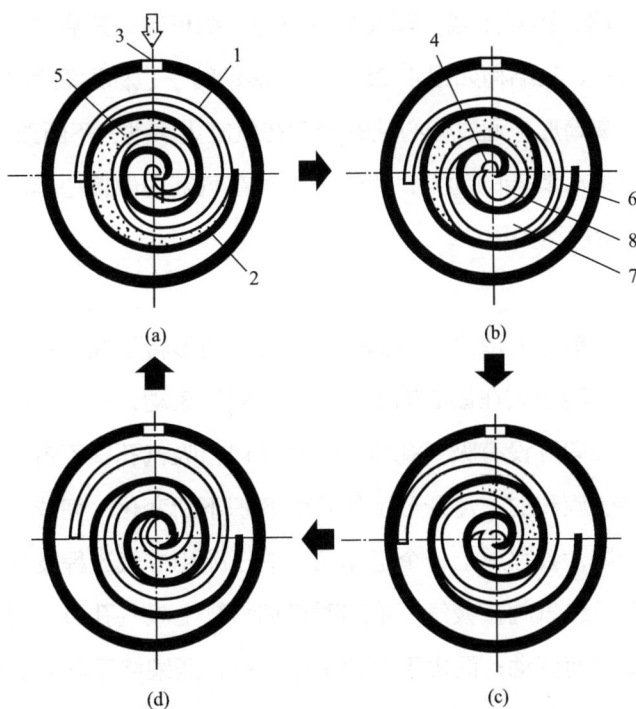

图 4-24　涡旋式制冷压缩机工作原理

1—动涡盘；2—静涡盘；3—吸气口；4—排气口；5—压缩室；6—吸气过程；7—压缩过程；8—排气过程

压缩机要求的压力比 p_k/p_o 越高，涡旋圈数则越多，圈数越多涡盘的加工越困难，通常单级压缩比不超过 8。

3. 涡旋式制冷压缩机的特点：

涡旋式制冷压缩机的优点：① 其相邻压缩腔之间的气体压差小，气体泄漏量少，容积效率高。② 结构精密，体积小，质量轻，寿命长。③ 力矩变化小，平衡性高，振动小，运转平稳。④ 无进、排气阀，可靠性高，特别适用于变频调速技术。⑤ 无余隙容积，容积效率高。

涡旋式制冷压缩机有以下缺点：① 需要高精度的加工设备及精确的调心装配技术，因此制造成本较高。② 密封要求高，且密封结构复杂。

涡旋式压缩机的上述特点，很适合小型热泵系统使用。但因需要高精度的加工设备和精确的装配技术，目前还是以小容量为主。

4.3.3　滚动转子式制冷压缩机

1. 滚动转子式压缩机的结构

全封闭式的滚动转子式压缩机由机壳、电动机、偏心轴、转子所组成。滚动转子式压缩机也分为开启式和封闭式，较大制冷量的压缩机做成开启式，小制冷量的压缩机一般做成全封闭式。其结构如图 4-25 所示。滚动转子也称为滚动活塞，是压缩机的核心运动部件，呈圆筒形，通过偏心轴的带动在气缸内滚动，不断改变工作腔的容积。偏心轴为转子提供偏心旋转的动力，使转子能够在气缸内做偏心运动，其精度和强度对压缩机的运行稳定性至关重要。

2. 工作原理

滚动转子式压缩机主要依靠一个偏心装置的圆筒形转子在气缸内的滚动来实现气缸工作容积的变化。转子装在偏心轴上，沿气缸内壁滚动，与气缸间形成一个月牙形的工作腔。气缸的径向开设有吸气孔口和排气孔口，吸气孔口不带吸气阀，排气孔口带有排气阀。当转子旋转时，月牙形工作腔的容积不断变化，完成吸气、压缩和排气过程。转子回转一周，会完成上一个工作循环的压缩和排气过程及下一个工作循环的吸气过程。由于不设进气阀，吸气开始的时机和气缸上吸气孔口位置有严格的对应关系，不随工况的变化而变动；而由于设置了排气阀，压缩终了的时机将随排气管中压力的变化而变动。

如图 4-26 所示，气缸 6 的中心和偏心轴同心，气缸内的滚动转子 8 套在主轴偏心轴段上。电动机带动主轴绕气缸中心线旋转时，弹簧 4 在其背端弹簧力和高压气体作用下，始终垂直压在滚动转子 8 的外表面上，形成一条密封线。滚动转子紧贴在气

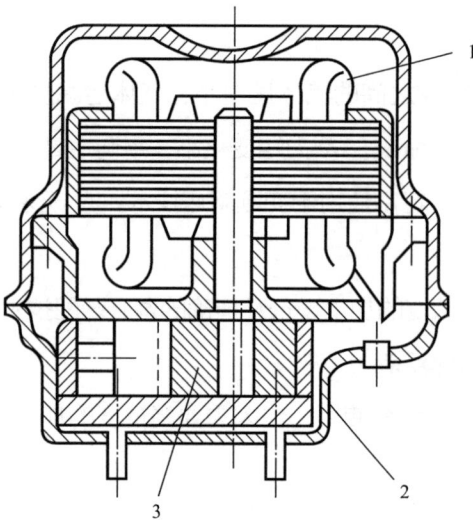

图 4-25 全封闭滚动转子式压缩机

1—电动机；2—机壳；3—转子

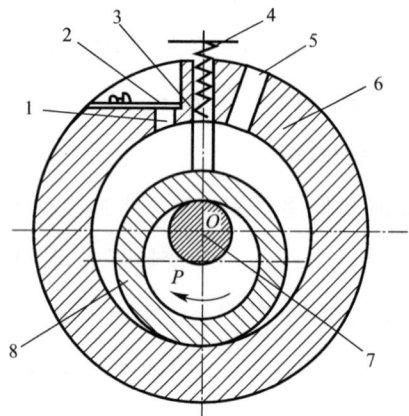

图 4-26 滚动转子式压缩机工作原理图

1—排气口；2—排气阀；3—滑板；4—弹簧；
5—吸气口；6—气缸；7—偏心轴；8—滚动转子

缸内面上滚动，转子外表面、滑板侧面、气缸两端面便形成了两个基元容积。与吸气口 5 相通的一侧称为吸气腔。通过排气阀 2 与排管相通的一侧称为排气腔。当转子与气缸的接触点转到超过吸气口 5 时，滑板右侧至接触点之间的吸气腔与吸气口 5 相通。容积随转子的转动而逐渐增大，并从吸气口 5 吸入气体。当转子接触点转到最上面位置时，吸气腔容积达到最大值，即充满了低压制冷剂蒸气，转子继续旋转，接触点再次通过吸气口位置时，吸入的低压气体因容积逐渐减小而受到压缩，达到排气压力时，则排气阀 2 开启，开始排气，直至转子接触点通过排气口 1 结束。由于气缸内有滑板分隔，吸气腔吸气的同时，排气腔也在压缩（或排气），所以，以一个基元容积为研究对象，滚动转子式压缩机的吸气、压缩、排气等过程，是在主轴转两转中完成的。而实际上转子每转一圈，即完成一个工作循环。

3. 滚动转子式压缩机的特点

滚动转子式压缩机吸气过程和压缩过程在一转内是同时进行，工作平稳，噪声较活塞式小。吸气没有阀片，流动阻力小，压缩机的余隙小，在大压缩比时具有较高的容积效率，输气系数要比往复式高。体积小，重量轻，零部件少，振动小，噪声低。与活塞式相比可靠性高，在相同制冷量及工况的前提下，小型滚动转子式压缩机的效率高于活塞式压缩机。某些零部件的材质要求较高，而且加工精度要求也高。滚动转子式压缩机广泛用于家用冰箱、空调等中小制冷量的场所。

4.4　离心式制冷压缩机

1. 离心式制冷压缩机的结构

离心式压缩机主要由机体、吸气口、叶轮、扩压器、蜗壳等组成，如图 4-27。

叶轮的叶片通常是后弯的径向型叶片，在同样的转速下径向型叶片可获得较大的出口压力，但要求扩压器中的压力升高。扩压器有两种，即无叶型的扩压器和有叶型的扩压器。无叶型的扩压器是一个简单的环形空间，占有较大的空间；有叶型的扩压器中设有导向叶片，引导蒸气的

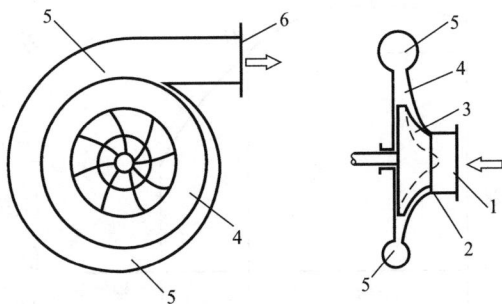

图 4-27　离心式压缩机的结构图
1—吸气口；2—叶轮；3—叶片流道；4—扩压器；
5—蜗壳；6—排气口

流动。机体为整体铸造，机体下部为油槽，轴承、齿轮、联轴器主电动机的回油均集中于油槽，通过总回油管回油泵油箱。

叶轮是离心式压缩机的核心部件，多采用精密铸造的铝合金叶轮。

蜗壳的作用是将扩压器的出口周向气流汇集在蜗壳环形流道内并引向冷凝器。

离心式制冷压缩机的制冷剂蒸气均是通过直角式进气管进压缩机的进气室，进气室做成收敛管型式（即进口截面大于出口截面），使气流速度有所增加，减少叶轮入口的弯道损失。进气室做成与蜗壳连成一体的固定元件，主要原因是承受进口导叶的安装，必须具备良好的刚性，避免由于变形而使进口导叶转动卡住，还要在外壁加筋。

2. 离心式制冷压缩机工作原理

离心式制冷压缩机是一种速度型压缩机，靠叶轮旋转产生的离心力作用，将吸入的低压气体压缩成高压状态。

离心式制冷压缩机的工作原理是利用高速旋转的叶轮对气体做功，使气体获得动能，然后在扩压器中减速，将动能转化为压力能，从而提高气体的压力。具体过程如下：

吸气过程：制冷剂气体从蒸发器通过吸气管进入离心式压缩机的叶轮中心。

压缩过程：叶轮高速旋转，带动气体一起旋转，使气体产生离心力。在离心力的作用下，气体被甩向叶轮外缘，其压力和速度都得到提高。然后，气体进入扩压器，在扩压器中，气体的速度降低，压力进一步升高。

排气过程：高压气体从扩压器流出，经过排气管进入冷凝器。

3. 离心式制冷压缩机的特性

离心式制冷压缩机叶轮的叶片为后弯曲叶片，工作特性与后弯曲叶片的离心风机相似。图 4-28 给出设计转数下离心式制冷压缩机特性曲线，横坐标为输气量，纵坐标为能量头。该曲线为排气量与有效能量头的关系。图中 D 点为设计工作点。离心式制冷压缩机在此工况下运行时的效率最高，偏离此工况，制冷压缩机的效率均要降低，偏离得越远，效率降低得越多。E 点为最大排气量点。排气量增加到此流量时，制冷压缩机叶轮进口处蒸气的流速达到声速，阻力损失增加，蒸气所获得的能量头用以克服这些阻力损失，排气量不可能再

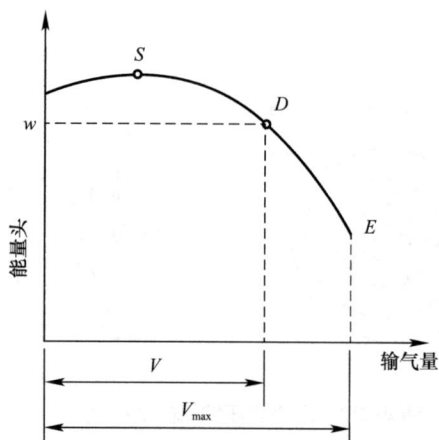

图 4-28　离心式制冷压缩机的特性曲线

继续增加。S 点为喘振点。当制冷压缩机的流量低于该点对应的流量时，由于蒸气通过叶轮流道的能量损失增加较大，离心式制冷压缩机的有效能量头将不断下降，使得叶轮不能正常排气，致使排气压力陡然下降。这样，叶轮以后高压部位的蒸气将倒流回来。当倒流的蒸气补充了叶轮中的气量时，叶轮又开始工作，将蒸气排出。而后流量仍然不足，排气压力又会下降，又出现倒流，这样周期性地重复进行，使制冷压缩机产生剧烈的振动和噪声而不能正常工作，这种现象称为喘振现象。离心式制冷压缩机在运转过程中应极力避免喘振的发生。

离心式制冷压缩机发生喘振现象的原因，主要是冷凝压力过高或吸气压力过低，所以，运转过程中保持冷凝压力和蒸发压力稳定，可以防止喘振的发生。但是，当压缩机制冷能力调节得过小时，离心式制冷压缩机也会产生喘振，这就需要进行保护性的防喘振调节。旁通调节法是防喘振的一种措施。当需要压缩机的制冷量调节到喘振点以下时，从压缩机出口引出一部分气态制冷剂，不经冷凝直接旁流至压缩机吸气管，这样，既可减少通入蒸发器的制冷剂流量，以减少制冷量，又不致使压缩机的输气量过小，从而防止喘振发生。除此之外，也可利用叶轮上游设置的导叶调节装置调节开度，配合叶轮下游的可改变流道宽度的扩压器联合调节，可有效防止离心压缩机的喘振，并扩大压缩机的运行范围。

4. 影响离心式制冷压缩机制冷量的因素

离心式制冷压缩机是根据给定的工作条件和选定的制冷剂设计制造的。当工况变化时，制冷压缩机的性能也将发生变化。

（1）蒸发温度的影响。当制冷压缩机的转速和冷凝温度一定时，蒸发温度对制冷压缩机制冷量的影响，如图 4-29 所示。由图可见，离心式制冷压缩机的制冷量受蒸发温度变化的影响比活塞式制冷压缩机明显。蒸发温度越低，制冷量下降得越剧烈。

（2）冷凝温度的影响。当制冷压缩机的转速和蒸发温度一定时，冷凝温度对制冷压缩机制冷量的影响，如图 4-30 所示。由图可见，当冷凝温度低于设计值时，随着冷凝温度的升高，制冷量略有增加；但当冷凝温度高于设计值时，随着冷凝温度的升高，制冷量急剧下降，并且

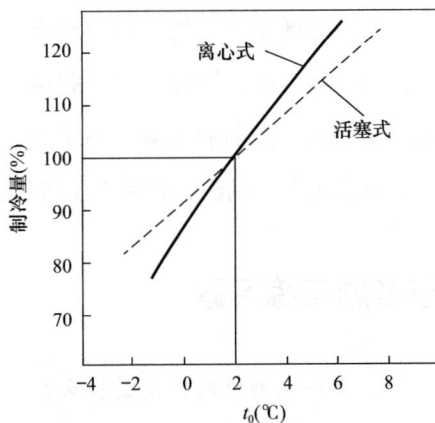

图 4-29 蒸发温度变化的影响

可能出现喘振现象。这一点在实际运行时必须给予足够的注意。

（3）转速的影响。当运行工况一定时，转速对制冷压缩机制冷量的影响如图4-31所示。由图可见，离心式制冷压缩机受转速变化的影响比活塞式制冷压缩机明显。这是因为活塞式制冷压缩机的制冷量与转速成正比，而离心式制冷压缩机的制冷量与转速的平方成正比。所以随着转速的降低，离心式制冷压缩机的制冷量急剧降低。

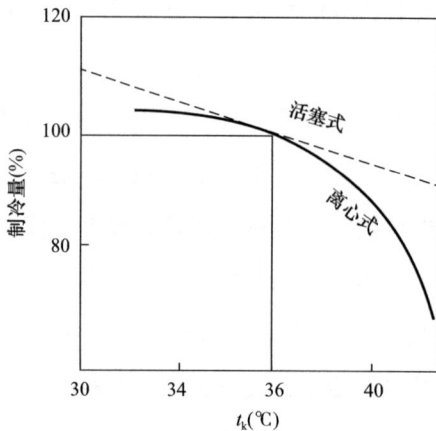

图 4-30　冷凝温度变化的影响　　　　图 4-31　转速变化的影响

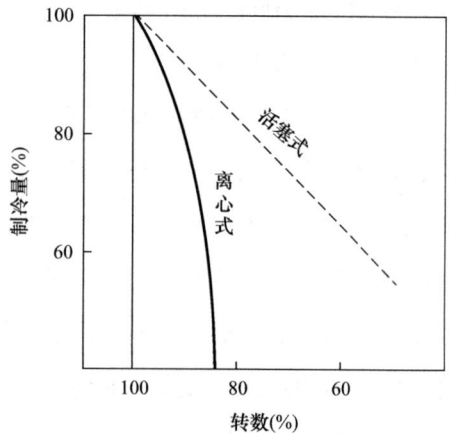

5. 离心式制冷压缩机的特点

离心式制冷压缩机的制冷量大，而且效率较高，结构紧凑，重量轻，占地面积小；易损件少，因而工作可靠，维护费用低。工作过程中无往复运动，因而运转平稳，振动小，噪声小，基础简单。制冷量可以经济地实现无级调节。可以用多种驱动机来拖动，能够经济合理地使用能源。在离心式制冷压缩机中制冷剂基本上与润滑油不接触，这样就不会影响蒸发器和冷凝器的传热。

但离心式制冷压缩机也有缺点：它能够适应的工况范围比较小，对制冷剂的适应性也差。转速高，因而对材料强度、加工精度和制造质量均要求严格。它只适用于大制冷量范围。如商业大厦、写字楼、酒店、医院等大型建筑的中央空调系统，数据中心、石油化工、制药、食品加工等行业的制冷需求等。

思考题与练习题

1. 制冷压缩机的作用是什么？
2. 简述制冷压缩机的分类。

3. 开启式、半封闭式、全封闭式制冷压缩机各有什么特点？

4. 活塞式制冷压缩机按气缸排列形式不同可分为哪几类？

5. 什么是活塞式制冷压缩机的容积效率？在工程上，活塞式制冷压缩机容积效率如何计算？

6. 影响活塞式制冷压缩机性能的主要因素是什么？

7. 试写出压缩机 8AS12.5A 型号中各符号的意义。

8. 什么是余隙容积？

9. 什么叫压缩机的总效率？它与什么参数有关？怎样确定压缩机配用电动机功率？

10. 填空题

（1）根据工作原理，制冷压缩机的形式有_____和_____两大类。

（2）活塞式制冷压缩机卸载装置包括_____、_____和_____等三部分。

（3）活塞式压缩机活塞在气缸中由_____至_____之间移动的距离称为活塞行程。

（4）活塞式压缩机的理想工作过程包括_____、_____、_____三个过程。

11. 什么是离心式制冷机组的喘振？它有什么危害？如何防止喘振发生？

12. 简述螺杆式制冷压缩机的工作原理。

13. 简述离心式制冷压缩机的工作原理。

14. 螺杆式压缩机的工作容积由哪几个部件围合而成？其压缩过程的特点是什么？

15. 说明滚动转子式压缩机的主要零部件和工作原理。

16. 说明涡旋式压缩机的主要零部件及工作原理，并说明其压缩过程的特点。

17. 试对比活塞式、螺杆式、离心式、涡旋式压缩机的特点。

18. 有一台 6FW12.5A 型压缩机，其气缸直径 $D=125mm$，活塞行程 $S=100mm$，转速 $n=960r/min$，采用 R22 作制冷剂，试估算该压缩机在空调工况下的制冷量。

第 5 章

蒸气压缩式制冷系统的主要设备（冷凝器、蒸发器、节流机构）

本章知识目标：

1. 能够识别并解释冷凝器、蒸发器、节流机构及辅助设备在蒸气压缩式制冷系统中的作用和工作原理。

2. 掌握冷凝器和蒸发器的种类与工作原理。

3. 了解节流机构与辅助设备的作用。

4. 能够进行冷凝器和蒸发器的选型计算。

本章思政目标：

弘扬工匠精神，在学习制冷系统设备的设计、选型与计算过程中，引导学生树立精益求精的工作态度，追求卓越，不断提升自己的专业技能和综合素质。

5.1 冷凝器

冷凝器是一种间壁式换热器，它的作用是将制冷压缩机排出的高温高压气态制冷剂予以冷却、使之液化，以便制冷剂在系统中循环使用。

制冷剂在冷凝器中放出的热量实际上包括三部分：液态制冷剂在蒸发器中汽化时从被冷却介质中吸取的低温汽化潜热；低温低压的制冷剂蒸气在压缩机中受压缩时接受由外加机械功转化的热量；低温的制冷剂在管道和设备中流通时从外界传入的热量。制冷剂在冷凝器中传给冷却介质的热量也包括三部分：过热蒸气在等压下被冷却为饱和蒸气而放出的显热；由饱和蒸气凝结成饱和液体而放出的潜热，这部分潜热量占冷凝器中总传热量的绝大部分；由饱和液体被进一步冷却成过冷液体而放出的显热。

根据冷却剂种类的不同，冷凝器可归纳为四类，即：水冷、空气冷（空冷）、水/空气冷却（蒸发式和淋水式）以及靠制冷剂或其他工艺介质进行冷却的冷凝器。空气调节用制冷装置中主要使用前三类冷凝器。其中水冷式又分为立式壳管式、卧式壳管式及套管式冷凝器；空冷式冷凝器分为自然对流的冷凝器和强制对流的冷凝器。自然对流的冷凝器主要用于冰箱或微型制冷机中。水/空气冷凝器以水/空气作为冷却介质，根据排出冷凝器热量的方式的不同又分为蒸发式和淋水式两种。

5.1.1　水冷式冷凝器

水冷式冷凝器是以水作为冷却介质带走冷凝热量，使高压气态制冷剂冷凝成高压液体制冷剂的设备。常用的冷却水有地下水、地面水、经冷却后再利用的循环水等。当冷却水循环使用时，需配置冷却塔或冷却水池。由于大自然中水的温度一般较低，换热系数高，因此冷凝温度较低，这对压缩机的制冷能力和运行经济性都比较有利。且水冷式冷凝器不受气象条件变化的影响，是目前应用最为广泛的冷凝器。

常用的水冷式冷凝器有壳管式冷凝器、套管式冷凝器和焊接板式冷凝器等形式。

1. 壳管式冷凝器

（1）立式壳管式冷凝器

立式壳管式冷凝器直立安装，用于大中型氨制冷装置，该冷凝器的构造如图 5-1 所示。其外壳是由钢板卷焊而成的圆筒，圆筒两端各焊一块多孔管板，板上用胀管法或焊接法固定着许多无缝钢管。冷凝器顶部装有配水箱，箱内设有均水板。冷却水自顶部进入水箱后，被均匀地分配到各个管口，每根钢管的管口上顶端装有一个带斜槽的导流管嘴，如图 5-2 所示。冷却水经导流斜槽沿，以螺旋线状沿管内壁向下流动，则会在管内壁形成一层水膜，其不但可以提高冷凝器的冷却效果，还可以节省水量。吸热后的冷却水汇集于冷凝器下面的水池中。气态制冷剂从筒体中部进入筒体内钢管之间的空间，与冷却水换热后在管外呈膜状凝结，凝液沿管外壁流下，积于冷凝器的底部，经出液管流出。此外，筒体上还设有液面指示器、压力表、安全阀、放空气阀、平衡管、放油管等管接头，以便与相应的设备和管路相连接。

立式壳管式冷凝器的优点是占地面积小，可安装在室外，无冻结危险，方便水垢清除，且清洗时不必停止制冷系统的运行，对冷却水的水质要求不高；其主要缺点是冷却水用量大、体积较卧式大、笨重、搬运不方便，制冷剂在管里泄漏不易发现。

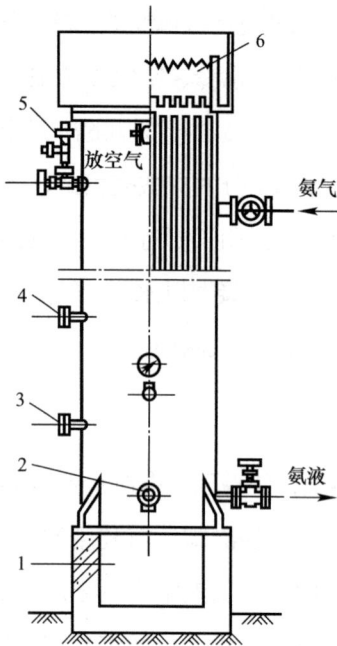

图 5-1 立式壳管式冷凝器

1—水池；2—放油阀；3—混合气体管；4—平衡管；
5—安全阀；6—配水箱

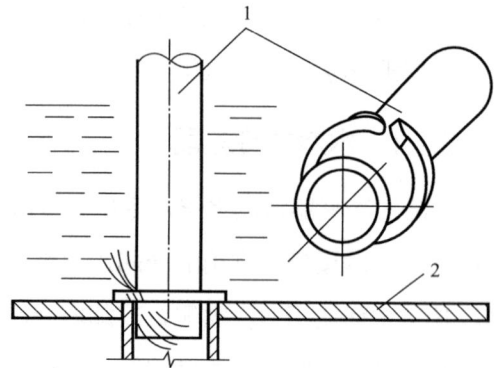

图 5-2 导流管嘴

1—导流管嘴；2—管板

（2）卧式壳管式冷凝器

卧式壳管式冷凝器主要分为氨制冷和氟利昂制冷两种类型，尽管它们在整体构造上颇为相似，但在某些细节设计以及金属材质的选用上存在差异。图 5-3 展示了卧式壳管式冷凝器的具体结构。其外壳采用钢板卷焊技术制成圆筒状，圆筒两端分别焊接有多孔管板，这些管板上通过胀管或焊接方式固定了大量传热管。在筒体两端的管板外侧，安装有端盖，端盖内部设计有隔板，这些隔板将整个管束划分为多个管组。

冷却水在传热管内流动，从一端封盖的下部入口进入，依次流经每个管组，最终从同一端封盖的上部出口流出。这种设计不仅提升了冷却水的流速，增强了传热效率，还延长了冷却水在冷凝器内的停留时间，增大了进出口的温差，从而减少了所需的冷却水量。在另一侧的端盖上，上部配备了放气旋塞，便于充水时排出空气；下部则装有放水旋塞，以便在长期停用时排尽冷却水，防止冬季水管冻裂。

气态制冷剂从上部进入筒体内的传热管间隙，与管内流动的冷却水充分进行热交换后，冷凝成液态，并从下部排出。此外，筒体上还装有安全阀、平衡管、放空气管以及压力表、冷却水进出口等管接头。同时，在封盖上还设置了多个与相应管路和设备相连的管接头。

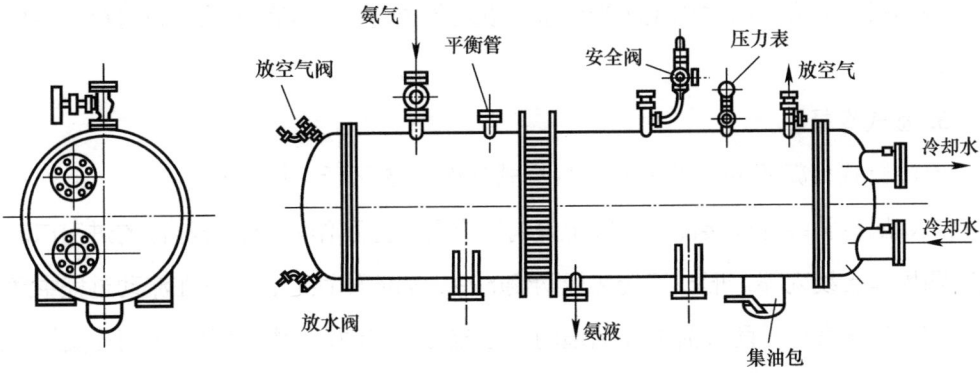

图 5-3　卧式壳管式冷凝器

卧式壳管式冷凝器显著的优势在于其较高的传热效率和较低的冷却水消耗量。然而，它也存在一些不足，比如清洁维护较为困难，进行此操作时往往需要暂停制冷系统的运行。此外，它对冷却水的水质标准有着较高的要求。

2. 套管式冷凝器

套管式冷凝器主要应用于小型氟利昂空调设备，如柜式空调机和恒温恒湿机组等，其单机制冷能力通常不超过 25kW，具体结构如图 5-4 所示。该冷凝器的外管采用直径为 50mm 的无缝钢管，内部则嵌套有一根或多根铜管或低肋铜管，内外管套在一起后，通过弯管机加工成圆螺旋形状。

冷却水在内管中流动，采用下进上出的方式；而制冷剂则在外部的大管与内嵌小管之间的空间中流动，从上部进入，凝结后的制冷剂液体从底部流出。这种设计使得制冷剂与冷却水的流动方向相反，形成逆流换热，从而提高了热传递效率。

套管式冷凝器可以方便地安装在压缩机周围，因此具有占地面积小、体积小、结构简单、制造便捷以及较高的传热系数等优点。然而，它也存在一些不足之处，如冷

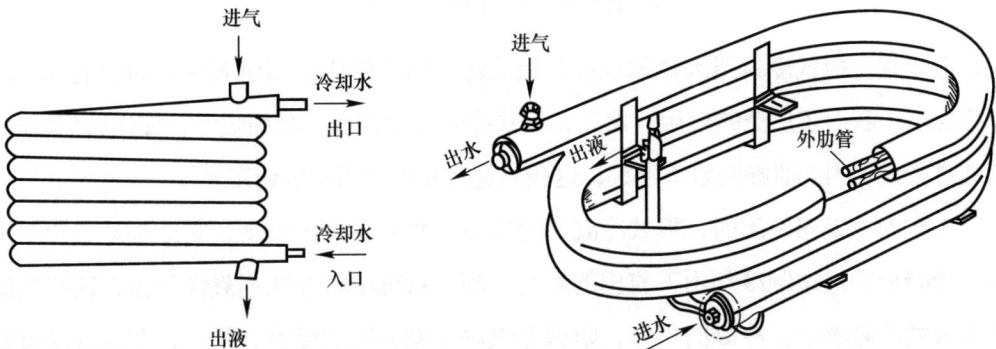

图 5-4　套管式冷凝器

却水流动阻力较大，清洗水垢较为困难，以及单位传热面积所需的金属材料消耗相对较大。

3. 板式冷凝器

焊接板式冷凝器的构造及其板片样式如图 5-5 所示。板式冷凝器由一系列不锈钢波纹金属板叠装并焊接而成；板上设有四个孔，分别作为冷、热流体的进出口。在板的四周焊接线内部，形成了传热板两侧的冷、热流体通道，流体在流动过程中通过板壁实现热量交换。两种流体在通道内呈逆流方式流动；而板片表面采用点支撑、波纹、人字等多种形状设计，有助于打破流体的层流边界层，即使在低流速下也能产生大量漩涡，形成强烈的湍流，从而增强了传热效果。由于板式冷凝器的板片间形成了众多支撑点，因此即使承压达到约 3MPa，板片的厚度仅需 0.5mm（板间距通常为 2~5mm）。这样，在相同的换热量下，板式冷凝器的体积仅为壳管式冷凝器的 1/3~1/6，重量为壳管式冷凝器的 1/2~1/5，所需的制冷剂充注量也约为壳管式冷凝器的 1/7。

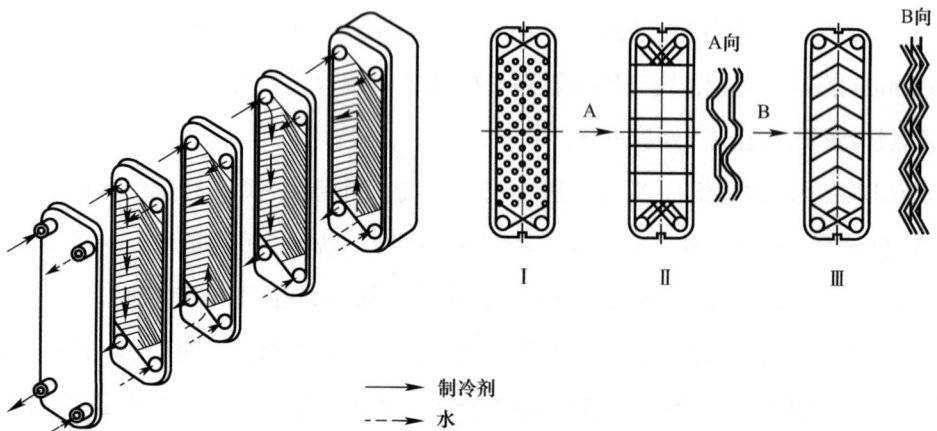

图 5-5　焊接板式冷凝器

近年来，板式冷凝器因其体积小、重量轻、高效传热、高可靠性及简便的加工流程等优点，获得了广泛的应用。然而，板式冷凝器也存在一些局限性，如内容积较小、清洁难度大、内部泄漏修复不易等，这些问题在使用时需特别留意。

在作为冷凝器使用时，板式冷凝器遵循冷却水从下往上流动，制冷剂蒸气由上进入、冷凝后的液态制冷剂由下流出的原则。制冷系统中若存在不凝性气体，这些气体会在板式冷凝器表面冷凝时积聚，阻碍蒸气与冷凝表面的接触。因此，在板式冷凝器中，即使微量的不凝性气体也会显著影响传热系数，故采用板式冷凝器的制冷系统需更加重视不凝性气体的排除。另外，由于板式冷凝器的内容积有限，冷凝后的制冷剂液体需及时排出，以防冷凝液覆盖部分传热面积。为此，系统中应配置贮液器。此外，鉴于冷凝器工作于较高温度，若冷却水水质不佳，易导致结垢和堵塞问题。因此，使用板式冷凝器时，必须确保冷却水的水质达标。

5.1.2　空冷式冷凝器

空冷式冷凝器，又称风冷式冷凝器，采用空气作为冷却介质，将制冷剂蒸气转化为液态。依据空气流动模式的不同，可将其划分为自然对流型和强制对流型。自然对流冷却的空冷式冷凝器，其传热性能相对较低，主要被应用于电冰箱或小型制冷设备中。而强制对流冷却的冷凝器，则因其出色的性能，在中小型氟利昂制冷系统和空调设备中得到了广泛的使用。

1. 自然对流式空气冷却式冷凝器

自然对流式空气冷却式冷凝器的工作原理是，利用空气受热自然上升的对流现象，带走制冷剂冷凝过程中释放的热量。图 5-6 展示了数种设计各异的自然对流式空气冷却式冷凝器，其中冷凝管大多采用铜质或表面镀铜的钢管制造，并且管外通常配置有各种形状的肋片以增强散热效果。这些冷凝管的外径尺寸通常在 5～8mm。值得注意的是，此类冷凝器的换热系数相对较低，大约在 $5～105W/（m^2 \cdot K）$。为了改善传热性能，有些设计将传热管直接贴合在冰箱箱体壁面上，形成平板式冷凝器；还有的则在管外缠绕金属丝，构成百叶窗式或钢丝网式冷凝器，旨在进一步提升热交换效率。自然对流空气冷却式冷凝器主要被应用于家用冰箱及微型制冷设备中。

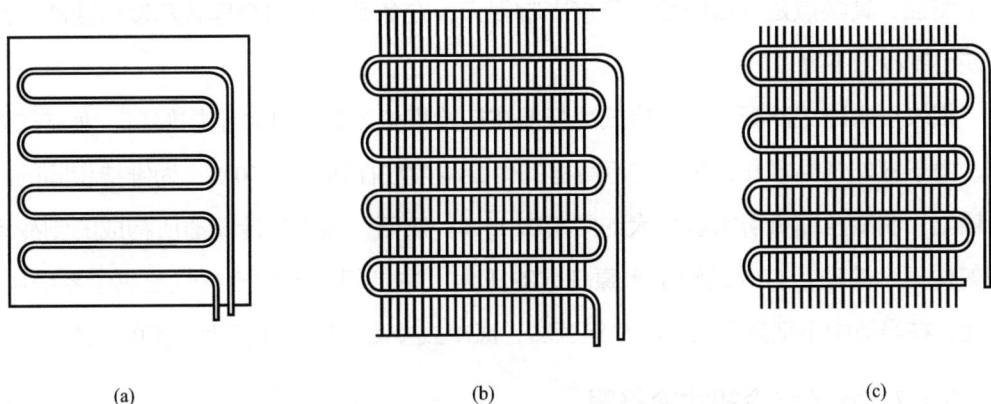

图 5-6　自然对流式空气冷却式冷凝器

（a）平板式（b）百叶窗式（c）钢丝式

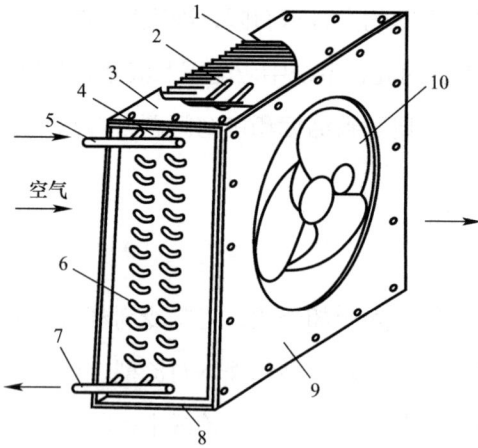

图 5-7　强制对流式空气冷凝器

1—肋片；2—传热管；3—上封板；4—左端板；
5—进气集管；6—弯头；7—出液集管；8—下封板；
9—前封板；10—风机

2. 强制对流式空气冷凝器

图 5-7 为强制对流式空气冷凝器。气态制冷剂由上端注入肋管内部，而冷凝后的液态制冷剂则从下端排出。在此过程中，借助轴流或离心风机，使空气横掠肋管管束，吸收管内制冷剂放出的热量。

由于空气侧的对流换热系数显著低于管内制冷剂冷凝时的对流换热系数，因此在空气侧采用肋管结构以增强传热性能。肋管通常由铜管与铝片组合而成，亦有使用钢管钢片或铜管铜片的案例；传热铜管分为光管与内螺纹管两种类型；肋片多为连续的整体结构，其根部通过二次翻边与基管外壁紧密贴合，再经机械或液压胀管处理，确保二者之间接触紧密，从而减小传热热阻。

风冷式冷凝器的肋管回路设计至关重要。通常情况下，高压气态制冷剂自制冷压缩机输出后，被分配至上部多个肋管入口，形成多通路结构。随着制冷剂在肋管内逐渐冷凝，通路数量可适当合并减少。最终，制冷剂汇聚为少数几个通路，布置于空气进口侧，形成再冷段，直至完全液化排出。这一设计确保了制冷剂在肋管内保持较高的流速，同时避免过大的流动阻力，从而实现优异的传热效果，并确保液态制冷剂具备适当的再冷度。

空冷式冷凝器的优点是可以不用水，从而使冷却系统变得十分简单，且一般不会产生腐蚀；其缺点是冷凝温度受环境影响很大，在冬季运行时会导致蒸发器缺液，从而使得制冷量下降。

相较于水冷式冷凝器，风冷式冷凝器在初始投资及运行成本上均偏高。尤其在夏季，由于室外气温攀升，风冷式冷凝器的冷凝温度往往可高达 50℃，为维持相同的制冷输出，制冷压缩机所需容量大约需增加 15%。然而，风冷式冷凝器所构成的制冷系统架构更为简洁，有效减轻了水源获取的压力，并且便于集成到空气源热泵系统中。因此，在当前中小型氟利昂制冷机组领域，风冷式冷凝器得到了更为广泛的应用。

5.1.3　水 / 空冷却式冷凝器

水 – 空气冷却式冷凝器是以水和空气作为冷却介质。根据排除冷凝热量的方式不同，水 – 空气冷却式冷凝器分为蒸发式和淋水式两种。蒸发式冷凝器主要是靠水在空气中蒸发带走冷凝热量；淋水式冷凝器主要是靠水的温升带走冷凝热量。

1. 蒸发式冷凝器

蒸发式冷凝器的工作原理主要利用盘管外侧喷淋冷却水在蒸发过程中释放的汽化潜热，从而促使盘管内部的制冷剂蒸气凝结。其核心构成包括换热器、水循环系统及风机三大组件，其结构如图 5-8 所示。

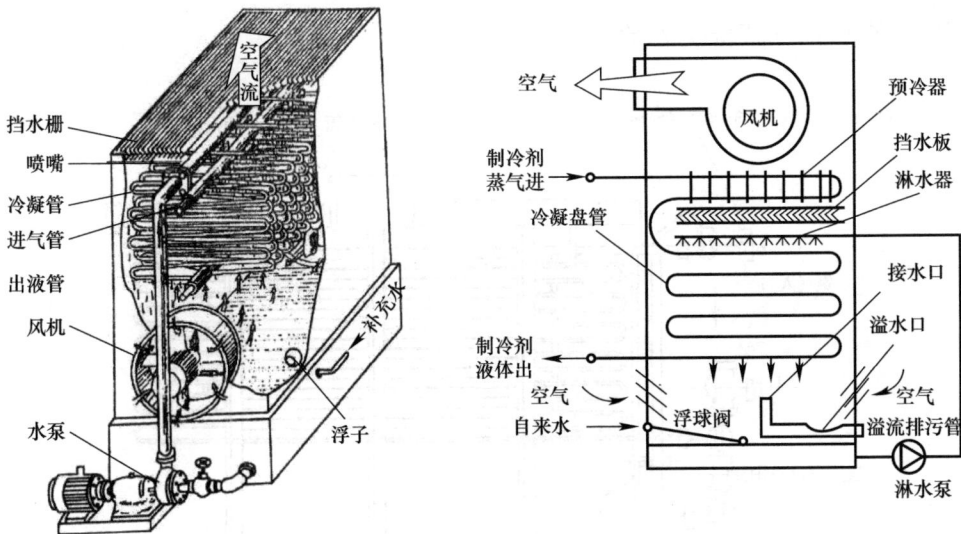

图 5-8　蒸发式冷凝器

换热器设计为蛇形管组的冷凝盘管形式，位于底部水槽的冷却水经淋水泵提升至盘管顶部的淋水装置，并均匀喷洒于盘管外壁。在此过程中，冷却水吸收来自气态制冷剂的热量，部分水分蒸发为水蒸气，剩余部分则回落至水槽内，实现循环利用。喷淋水量的合理配置与均匀分布对蒸发式冷凝器的换热效率具有显著影响。根据实践经验，最佳喷淋水量应确保盘管表面全面润湿并形成连续水膜，以此获得最大传热系数，并有效抑制水垢生成。

室外空气自底部向上穿越盘管，此设计不仅增强了盘管外表面的热交换效率，还促进了蒸发产生的水蒸气的及时排出，加速了水的蒸发过程，进而提升了冷凝效果。为阻止空气携带水滴流失，喷水管上方特设挡水板，其高效性能可将热湿空气中的水滴有效拦截，控制水的损失率在水循环总量的 0.002%～0.2%。

蒸发式冷凝器的风机分为吸入式和压送式两种类型。由于吸入式气流可均匀地通过冷凝盘管，冷凝效果好，因此在实际应用中更为广泛。然而，此类风机需在高温高湿环境中运行，故需提升电机的防潮与绝缘性能。相比之下，压送式风机则在这些方面存在劣势。

蒸发式冷凝器的优点是冷却水用量少；其缺点是设备易腐蚀，管外表面易结垢，且清垢工作比较烦琐。蒸发式冷凝器常用于中、小型氨制冷装置中。

2. 淋水式冷凝器

淋水式冷凝器的结构如图 5-9 所示。气态制冷剂从下面进入蛇形管，凝液从蛇形管的一端经排液管流入贮液器。冷却水从配水箱流入水槽中，经水槽下面的缝隙流至蛇形管的外表面，最后流入水池。

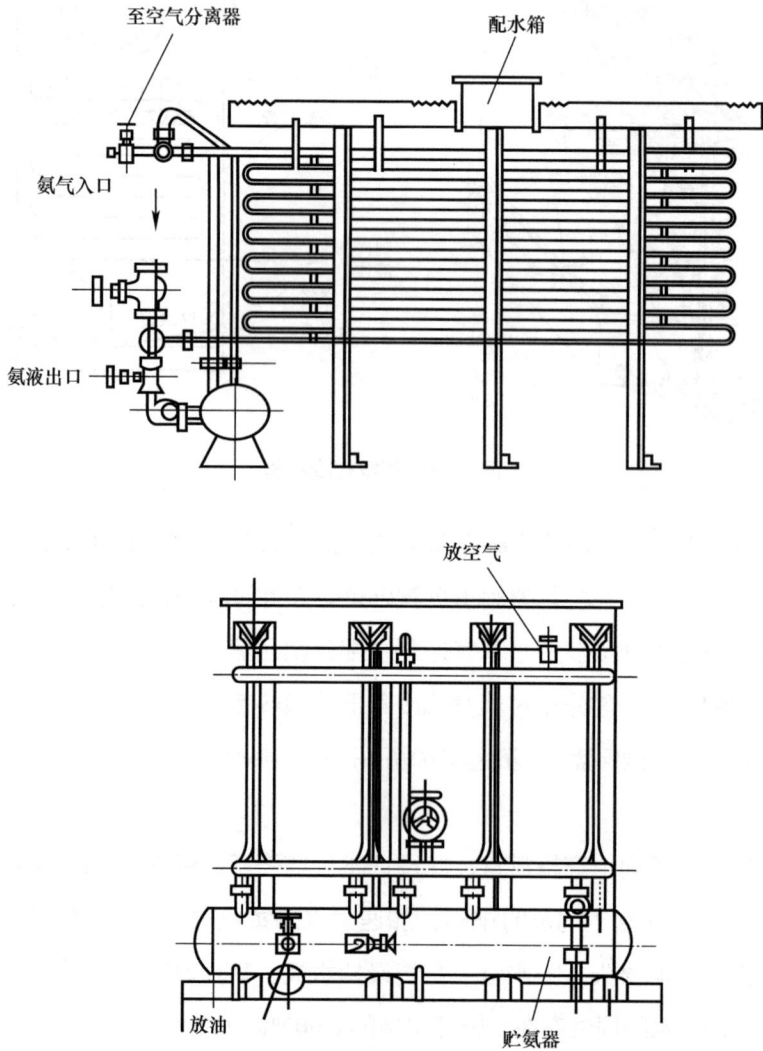

图 5-9　淋水式冷凝器

淋水式冷凝器的优点是构造简单，可在现场加工制作，清垢容易；其缺点是金属耗量大，占地面积大。淋水式冷凝器应用于大、中型氨制冷装置中。

5.1.4　冷凝器的选型计算

冷凝器类型的选择需综合考虑多种因素，包括当地水源特性（如水质、水温、水量）、气候条件以及制冷机房的具体布局等。具体而言，面对水质较差、水温偏高且水量充沛的地区，立式壳管式冷凝器是更优选择；而在水质优良、水温偏低的区域，卧式壳管式冷凝器则更为适宜；对于小型制冷设备，可以选择套管式冷凝器；在水资源匮乏或夏季室外空气湿度小、温度较低的地区，蒸发式冷凝器效果更好；若采用循环冷却水系统，则需根据制冷设备的具体需求进行合理抉择。

冷凝器选型计算的目的是确定冷凝器的传热面积，选择合适型号的冷凝器，确定冷却介质（水或空气）流量和通过冷凝器时的流动阻力等。

1. 冷凝器的传热面积计算

根据冷凝器传热的基本方程：

$$Q = KA\Delta t \qquad (5-1)$$

式中　Q——冷凝器的热负荷，kW；

　　　K——冷凝器的传热系数；

　　　A——冷凝器的传热面积，m^2；

　　　Δt——冷凝器的传热平均温差，℃。

因此，冷凝器的传热面积为：

$$A = \frac{Q}{K\Delta t} = \frac{Q}{q_A} \qquad (5-2)$$

式中　q_A——冷凝器的单位面积热负荷，即热流密度，

下面分别讨论 Q、K 和 Δt 等参数的确定方法。

（1）冷凝器的热负荷 Q

冷凝器的热负荷是指制冷剂在冷凝器中放给冷却水（或空气）的热量。如果忽略掉压缩机和排气管表面散失的热量，那么，高压制冷剂蒸气在冷凝器中所放给冷却水（或空气）的热量应等于制冷剂在蒸发器中吸收被冷却物体的热量（制冷量 Q_0），再加上低压制冷剂蒸气在压缩机中压缩成高压制冷剂蒸气所消耗的功转化成的热量。这样，冷凝器的热负荷为：

$$Q = Q_0 + P_i \qquad (5-3)$$

式中　Q——冷凝器的热负荷，kW；

　　　Q_0——制冷系统的制冷量，kW；

　　　P_i——压缩机的指示功率，kW。

　　由于压缩机的指示功率 P_i 与制冷量有关，因此上式也可简化为：

$$Q = \varphi Q_0 \qquad (5-4)$$

式中　φ——冷凝负荷系数。它与冷凝温度、蒸发温度、制冷剂种类等因素有关。（可由图 5-10 查得。也可由《制冷工程设计手册》中查得。）

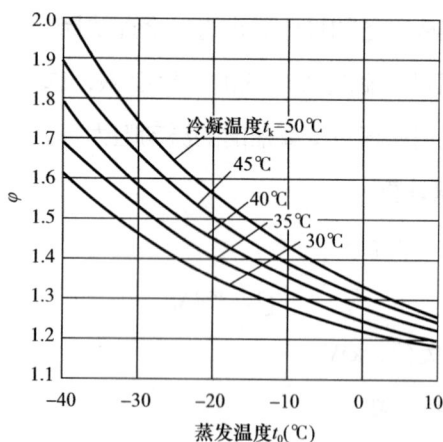

图 5-10　氟利昂系统中冷凝负荷系数关系曲线

（2）冷凝器的传热系数 K

1）水冷式（立式壳管式和卧式壳管式）冷凝器，按外表面计算：

$$K = \left[\frac{1}{a_0} + R_1 + \frac{d_0}{d_i} \left(R_2 + \frac{1}{a_w} \right) \right]^{-1} \qquad (5-5)$$

式中　a_0、a_w——分别为制冷剂的凝结放热系数和水侧的放热系数，W/（m² · ℃）；

　　　R_1、R_2——分别为油膜热阻和水垢热阻，m² · ℃ /W；

　　　d_0、d_i——分别为传热管的外径和内径，m。

2）采用肋片铜管的壳管式冷凝器，按外表面（包括肋片的面积）计算：

$$K = \left[\frac{1}{\eta a_0} + \tau \left(R_2 + \frac{1}{a_w} \right) \right]^{-1} \qquad (5-6)$$

式中　η——肋干管总效率，对于低肋管 $\eta = 1$；

τ——外表面与内表面的面积比。

传热系数 K 也可以按冷凝器生产厂提供的资料数据选取，或采用经过实验验证符合通常使用条件的推荐值，见表 5-1。

上述计算过程中，K 值的求解还比较繁琐，实际上对于水冷式冷凝器，水的流速有一定的要求，传热平均温差大致 $4\sim6℃$ 的范围内，所以冷凝器的单位面积热负荷（热流密度）q_A 也就大体在一定的范围内，并为试验所证实。因此，可以利用 $A=Q/q_A$ 的关系求得传热面积。空气冷却式和蒸发式冷凝器的计算也是如此。各种冷凝器的 K 和 q_A 参考值列于表 5-1。

各种冷凝器的 K 和 q_A 及使用条件　　　　　表 5-1

冷凝器形式	制冷剂种类	传热系数 K [W/（m²·℃）]	热流密度 q_A （W/m²）	使用条件
立式壳管式	氨	700~800	3500~5000	平均传热温差 5~7℃
	氨	800~1000	4500~6000	平均传热温差 5~7℃，水流速 0.8~1.2m/s
卧式壳管式	氟利昂（低肋管）氟利昂（高效管）	700~900 1000~1500	3500~5000 5000~7000	平均传热温差 5~7℃，水流速 1.6~2.8m/s
套管式	氨、氟利昂	1000~1200	4000~6000	平均传热温差 4~6℃，水流速 1~2m/s
空气冷却式	—	25~35	250~300	平均传热温差 8~12℃

（3）传热平均温差 Δt

制冷剂在冷凝器中的冷却是一个温度不断变化的过程。当制冷剂以过热蒸气的状态进入冷凝器时，通过与冷却介质（如冷却水或空气）进行热量交换，其状态逐渐由过热蒸气转变为饱和蒸气，进而凝结为饱和液体，并最终变为过冷液体。因此，冷凝器内部制冷剂的温度并非定值。冷却水或空气的温度也从进水或进气温度逐渐升高到出水或出气温度。这种温度的变化使得计算制冷剂与冷却介质之间的传热平均温差变得相对复杂。为了简化计算过程，我们通常关注制冷剂在冷凝段的主要放热过程，即饱和蒸气凝结成饱和液体的阶段。在这一阶段，制冷剂的温度是恒定的，被称为冷凝温度。因此，在计算传热平均温差时，我们可以将制冷剂的温度视为冷凝温度，应用以下公式：

$$\Delta t = \frac{\Delta t_{max} - \Delta t_{min}}{\ln \dfrac{\Delta t_{max}}{\Delta t_{min}}} \qquad (5-7)$$

式中 Δt_{max}——冷凝器中冷却介质进口处的最大端面温差，℃；

Δt_{min}——冷却介质出口处的最小端面温差，℃。当（$\Delta t_{max}/\Delta t_{min}$）<2 时，用算术

平均值，即 $\Delta t =(\Delta t_{max}+\Delta t_{min}/2)$。

2. 冷却介质流量的计算

冷却介质（水或空气）流量的计算是基于热量平衡原理，即冷凝器中制冷剂放出
的热量等于冷却介质所带走的热量，即：

$$M = \frac{Q}{C_p(t_2 - t_1)}$$
（5-8）

式中 Q——冷凝器的热负荷，kW；

M——冷却介质的质量流量，kg/s；

t_1、t_2——冷却介质进口和出口温度，℃；

C_p——冷却介质的比热容，kJ/（kg·℃）。海水，C_p=4.312kJ/（kg·℃）；空气，

C_p=1.005kJ/（kg·℃）；普通淡水 C_p=4.186kJ/（kg·℃）。

5.2 蒸发器

蒸发器也是制冷系统中主要的热交换设备。低温低压的液态制冷剂蒸发过程吸收
被冷却介质的热量，从而达到制冷的目的。

蒸发器的形式很多，按照制冷剂供液方式的不同，蒸发器可分为以下四种：

（1）满液式蒸发器，如图 5-11（a）。其内部完全充满液态制冷剂。这种设计确保
了传热面与液态制冷剂之间的充分接触，进而实现了较高的沸腾换热效率。但值得注
意的是，这种蒸发器需要充入大量的制冷剂。另外，如果采用易溶于润滑油的制冷剂，
润滑油则难以返回压缩机。

（2）非满液式蒸发器，如图 5-11（b）。液态制冷剂通过膨胀阀流入蒸发器管道
内，并在流动过程中不断吸收外部载冷剂的热量，逐渐完成汽化过程。因此，蒸发器
内部制冷剂呈现出气液共存的状态。这种蒸发器虽克服了满液式蒸发器的缺点，但是，
有较多的传热面与气态制冷剂接触，故传热效果不如满液式蒸发器。

（3）循环式蒸发器，如图 5-11（c）。该蒸发器利用液泵驱动制冷剂在蒸发器内进
行强制循环，循环量约为制冷剂蒸发量的 4~6 倍，因此，与满液式蒸发器相似，沸腾
换热系数较高，而且，润滑油不易在蒸发器内积存；但是，这种蒸发器的设备成本较

高，通常应用于大型冷藏库中。

（4）淋激式蒸发器，如图5-11（d）。该蒸发器通过液泵将液态制冷剂喷淋至传热面上，实现沸腾换热。这种设计不仅减少了制冷剂的充注量，更重要的是消除了制冷剂静液高度对蒸发温度的影响。由于其设备成本高，因此适用于蒸发温度很低或蒸发压力很低的制冷装置。目前开始应用的降膜式蒸发器类似淋激式蒸发器，不同之处在于，降膜式蒸发器利用特定结构使从膨胀阀流出的液体自然喷淋至传热面上，而非依赖液泵。

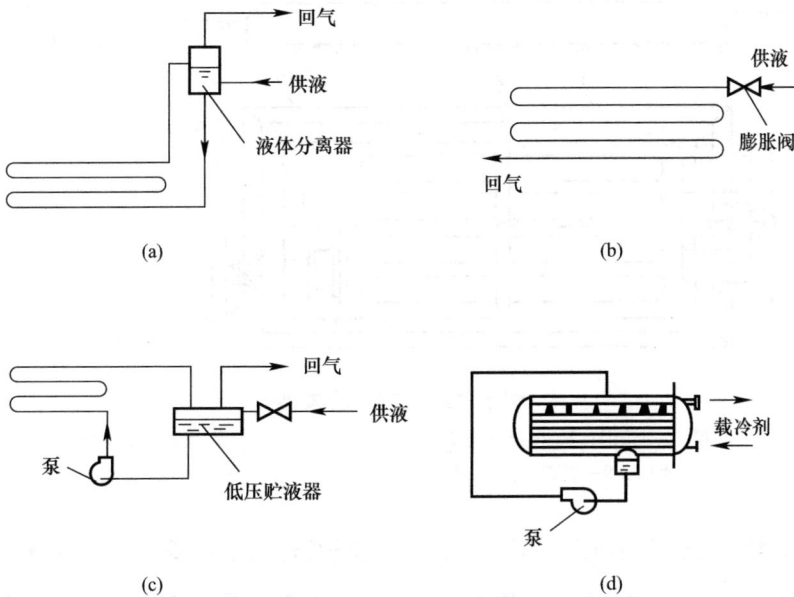

图5-11　蒸发器的种类

（a）满液式蒸发器；（b）非满液式蒸发器；（c）循环式蒸发器；（d）淋激式蒸发器

以上四种不同供液方式的蒸发器中，满液式蒸发器和非满液式蒸发器在制冷设备中最常用。

按照载冷剂的不同可分为冷却液体的蒸发器和冷却空气的蒸发器两类。

5.2.1　冷却液体的蒸发器

根据结构形式的不同，冷却液体的蒸发器分为水箱式、卧式壳管式和板式三类。

1. 水箱式蒸发器

根据蒸发管组的形式不同，水箱式蒸发器分为立管式、螺旋管式、盘管式等。

（1）立管式蒸发器

立管式蒸发器用于氨制冷系统，其结构如图5-12所示。蒸发管组件被安装在一个

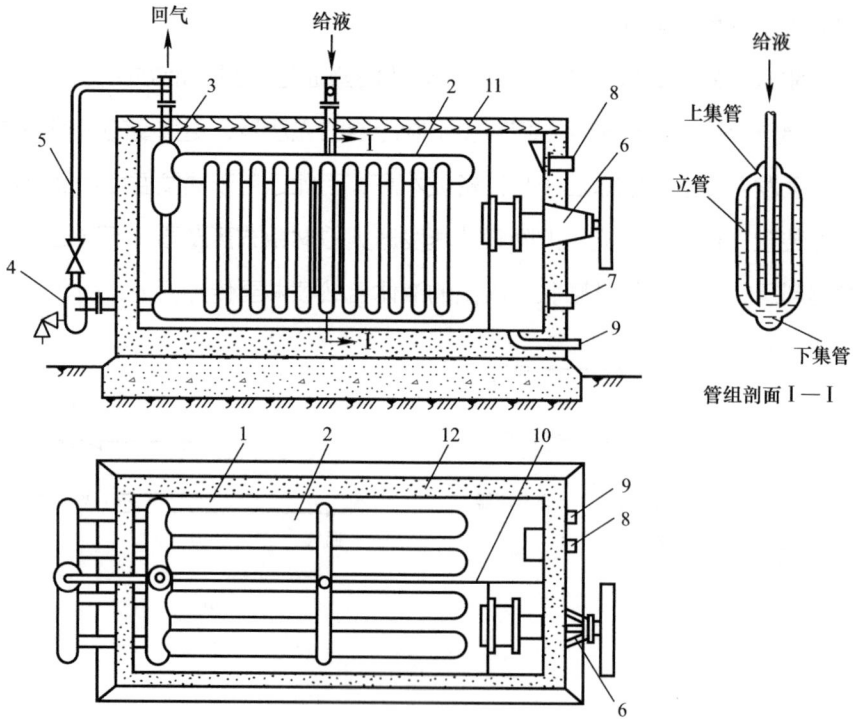

图 5-12 立管式蒸发器

1—水箱；2—管组；3—气液分离器；4—集油罐；5—均压管；6—螺旋搅拌器；
7—出水口；8—溢流口；9—泄水口；10—隔板；11—盖板；12—保温层

由钢板焊接构成的长方形水箱内部。该水箱内配备有两排或多排蒸发管组，每组蒸发管由上集管、下集管以及多个焊接在两集管间的微弯立式管构成。上集管的一端焊接有气液分离装置（即大型竖管），其下方通过一根立式管道与下集管相连，以便将分离后的液滴导流回下集管。下集管的一端则与集油器相连，而集油器的顶部则连接有一根均压管，该管与吸气管相通。每组蒸发管组的中部有一根穿过上集管通向下集管的竖管，如图中剖面Ⅰ—Ⅰ，这样可以保证液体直接进入下集管，并能均匀地分配到各根立管。立管内充满液态制冷剂，其液面几乎达到上集管。制冷剂液体在管内吸收冷水的热量后不断汽化，汽化后的制冷剂通过上集管经气液分离器分离后，液体返回下集管，蒸气从上部引出被压缩机吸走。冷水自上端注入水箱，经冷却后由底部排出。水箱内置搅拌器与纵向隔板，确保冷水以 0.5～0.7m/s 的速度，按既定方向和速率循环流动。水箱顶部设有溢流孔，用于排放过量的冷水（或盐水）。底部则配备排水口，便于检查清洗时排空水分。

直立管式蒸发器传热效果良好，当用于冷却淡水时，其传热系数约为 500～550W/

（$m^2 \cdot ℃$）；冷却盐水时，传热系数约为 $400 \sim 450W/$（$m^2 \cdot ℃$），用于氨制冷系统中。为减少冷量损失，水箱底部和四周外表面应做隔热层。

此类蒸发器为敞开式设计，其优势在于便于观察、操作和维护，且载冷剂冻结风险较低，具备一定的蓄冷能力。其缺点也较为明显，体积大、占地面积广，使用盐水作为载冷剂时，易与空气接触吸收水分，导致盐水浓度下降，需频繁添加固体盐，同时加剧腐蚀，并且易积油。

（2）螺旋管式蒸发器

螺旋管式蒸发器结构如图 5-13 所示。它的工作原理和立管式蒸发器基本相同，主要区别在于螺旋管代替两集管之间的立管。因此当传热面积相同时，其外形尺寸比直立管小，结构紧凑，缩小体积，减少焊接工作量，制造方便，传热效果比直立管式要大。这种蒸发器在氨制冷系统中被广泛应用。

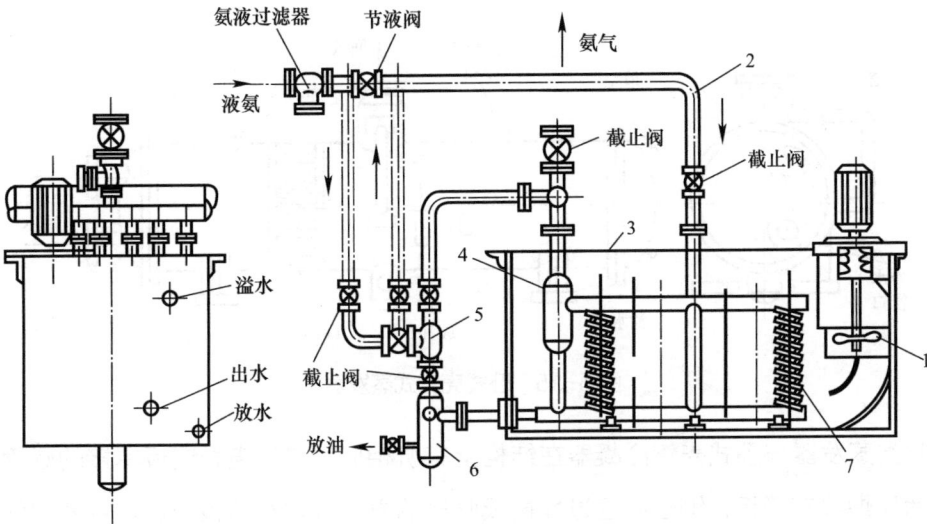

图 5-13　螺旋管式蒸发器
1—搅拌器；2—供液总管；3—水箱；4—液体分离器；5—浮球阀；6—集油器；7—螺旋管组

（3）盘管式蒸发器

氟利昂盘管式蒸发器结构如图 5-14 所示。其内部结构由几根蛇形盘管组成，氟利昂液体经分液器，从蛇形管组的上部进入，蒸气由下部导出，这样可以保证润滑油返回压缩机中。蛇形管组沉浸在水（或盐水）箱中，水在搅拌器的作用下，在水箱内循环流动。盘管式蒸发器由于蛇形管布置较密、流速较小，以及蛇管下部的传热面积未得到充分利用，因此传热效果较差。常用于小型氟利昂开式循环制冷装置中。

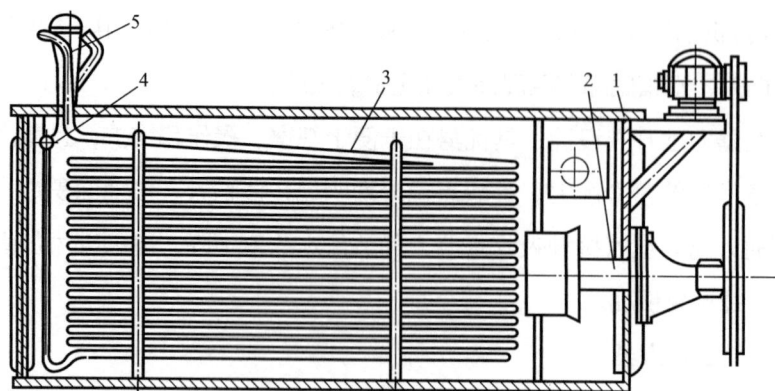

图 5-14　氟利昂盘管式蒸发器

1—水箱；2—搅拌器；3—蛇形盘管；4—蒸气集管；5—分液器

2. 卧式壳管式蒸发器

卧式壳管式蒸发器的结构如图 5-15 所示。

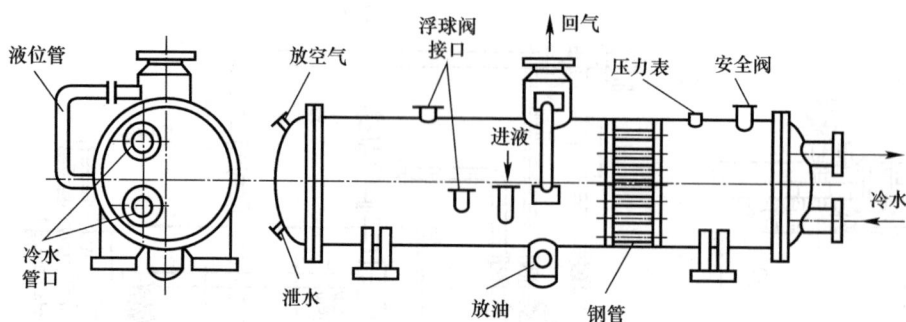

图 5-15　卧式壳管式蒸发器

此类蒸发器与卧式壳管冷凝器在结构上有所相似，其外壳为钢板焊接的圆筒状，筒体两端焊接有管板，钢管则通过焊接或胀接的方式固定在管板上。在管外空间中，制冷剂发生汽化，而载冷剂（如冷水或盐水）则在管内流动。为了确保载冷剂在管内维持一定的流速，两端盖内部设计有隔板，使得载冷剂能够经过多个流程穿越蒸发器。

在运行过程中，制冷剂液体先通过浮球阀进行节流降压，随后从壳体底部流入蒸发器，吸收冷水或盐水的热量后汽化。汽化后的制冷剂蒸气上升至干气室（该区域起到气液分离的作用），分离出的液滴会回流至蒸发器内，而蒸气则被压缩机抽取。对于氨蒸发器，其壳体底部焊接有集油器，以便收集沉积的润滑油，并通过放油管进行排放。

为了监测蒸发器内部的液位情况，我们在顶部干气室与壳体之间安装了一根旁通管，通过观察旁通管上结霜的位置，即可判断蒸发器内的液位。为防止未完全汽化的液体被带出蒸发器，其内部的充液量需控制，不应完全浸没所有的传热表面。一般氨制冷系统的充液高度通常约为筒径的 70%～80%；而氟利昂制冷系统的充液量则约为筒径的 55%～65%。

卧式壳管式蒸发器传热性能好，结构紧凑，占地面积小。制冷剂为氨时，平均传热温差在 5～6℃，蒸发温度在 −15～+5℃ 的范围内，管内水流速 1.0～1.5m/s 时，其传热系数为 450～500W/（m^2·℃）。但是，当用来冷却普通淡水时，其出水温度应控制在 2℃以上，否则易发生冻结现象，致使传热管冻裂。在氟利昂系统中，卧式壳管式蒸发器同样得到应用，但不同的是，它采用了低肋铜管替代了光滑钢管，这一改变提升了制冷剂的沸腾放热系数。

3. 板式蒸发器

板式蒸发器的结构如图 5-16 所示。它由一组不锈钢波纹金属板叠装焊接而成，板上的四孔分别为冷热两种流体的进出口，在板四周的焊接线内，形成传热板两侧的冷、热流体通道，在流动过程中通过板壁进行热交换。两种流体在流道内呈逆流式换热态势，而板片表面制成的点支撑形、波纹形、人字形等各种形状，有利于破坏流体的层流边界层，在低流速下产生众多旋涡，形成旺盛紊流，强化了传热。在相同的换热负荷情况下，板式蒸发器的体积仅为壳管式的 1/3～1/6，重量只有壳管式的 1/2～1/5，所需的制冷剂充注量约为 1/7。板式蒸发器的缺点是：内容积小，系统需设储液器；板片

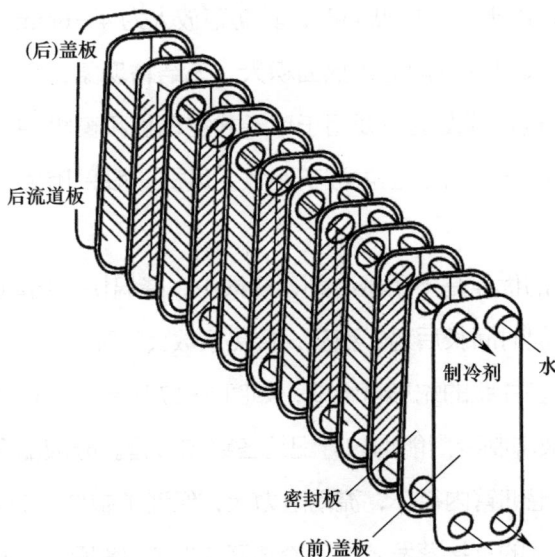

图 5-16　板式蒸发器

间距小，易发生堵塞，故对水质要求高，一般要求进行水处理；当蒸发温度低于0℃时，会造成板间结冰，使整台蒸发器冻裂。

5.2.2   冷却空气的蒸发器

冷却空气的蒸发器可分为两大类，一类是空气作自然对流的蒸发排管；另一类是空气被强制流动的冷风机。

1. 蒸发排管

蒸发排管根据排管放置位置的不同，可分为墙排管、顶排管、搁架式排管；根据排管的结构形式不同，可分为立管式排管、蛇形管排管、U形管排管；根据管束形式的不同，可分为光管排管和肋管排管。

蒸发排管的优点是结构简单，可现场制造；其缺点是传热系数小。蒸发排管常用于冷藏库中。

2. 冷风机

冷风机是由蒸发管组和通风机所组成。冷库中使用的冷风机是做成箱体形式；空调中使用的冷风机通常是做成带肋片的管簇。

在冷风机中制冷剂汽化吸热，空气在风机作用下强迫流动，掠过传热铜管，空气温度下降。其中，采用氨作制冷剂的冷风机一般用 $\phi25\sim\phi38mm$ 的无缝钢管，管外绕以 1mm 厚的钢肋片，肋距为 10mm。氟利昂冷风机常用纯铜管外套铝片制成，铜管直径为 $\phi8mm\times0.35mm\sim\phi16mm\times1mm$，铝片厚度为 0.115~0.3mm。空调用冷风机的翅片间距为 1.5~4mm，用于降湿或低温时，其肋距放大为 4~6mm，以保证凝结水流动通畅。由于空调用冷风机空气侧的传热面积大，无结霜现象，所以一般沿气流方向的管排数不超过 6 排。这种蒸发器主要用于单元式空调机和窗机中。为了便于安装，进液管和回气管一般都在同一侧，上供液下回气。风机一般采用离心式通风机或横流式通风机。

这种空气冷却器的优点是不用载冷剂，冷损少，降温快，启动时间短，结构紧凑，易于实现自动控制，但时间长后易于积灰，传热系数会下降。

冷风机一般由许多并联的蛇形管组成，如图 5-17 所示。因此要加装分液器和毛细管（分液管），保证液态制冷剂能均匀分配给各路蛇形管。分液器保证了流入各路的制冷剂蒸气含量相同，毛细管内径小，流动阻力大，保证了制冷剂流量相同。

空调用强制对流式的直接蒸发式空气冷却器如图 5-18 所示。制冷剂液体通过分液

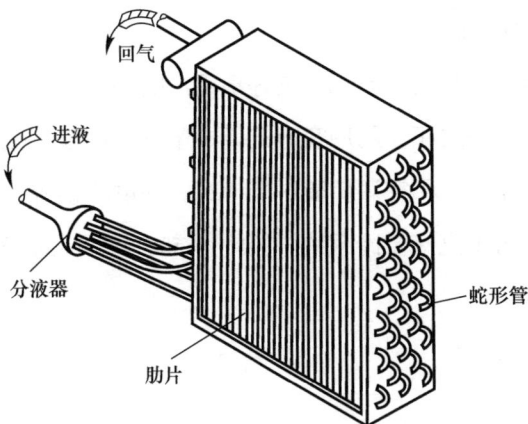

图 5-17 冷风机

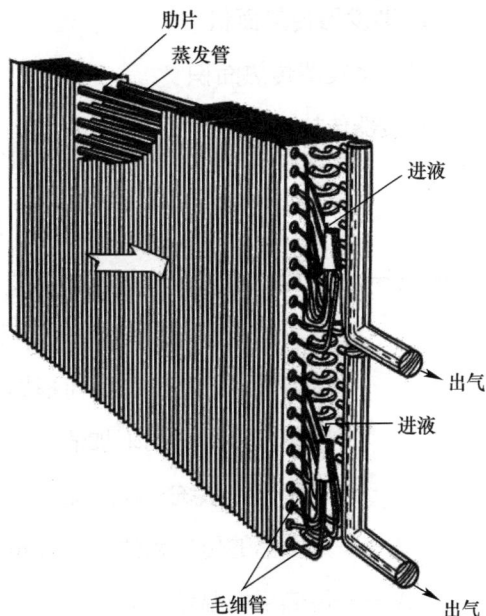

图 5-18 空调用强制对流式的直接蒸发式空气
冷却器

器均匀地分配到各路传热管中去，产生的蒸气由集管汇集后流出。空气在风机的作用下横向掠过肋片管簇，将热量传给管内流动的制冷剂，使温度降低。

由于蒸发器的冷却介质为空气，其空气侧的放热系数相对较低，从而导致蒸发器的整体传热系数也不高。为了提升传热性能，常采取的策略包括：增大传热温差、在传热管上增加肋片，以及提高空气流速等。

5.2.3　蒸发器的选型计算

蒸发器形式的选择应根据载冷剂及制冷剂的种类和供冷方式而定。空气处理设备采用水冷式表面冷却器，并以氨为制冷剂时，则可采用卧式壳管式蒸发器。如果空气处理设备采用淋水室时，宜采用水箱式蒸发器（即直立管、螺旋管、盘管式蒸发器）。在大型的乳制品厂用盐水作载冷剂时，也采用水箱式蒸发器。在空调系统中用来冷却空气的直接蒸发式空气冷却器，根据设计规范规定，只能适用于以氟利昂作为工质的制冷系统，以防由于泄漏使得空气受到污染。因此在空调装置中，这种空气冷却器已限于在小型空调器（柜）中使用，大中型装置已采用水冷式表冷器。在冷藏库中，一般采用冷却排管和冷风机。

蒸发器选择计算的目的是根据已知条件确定蒸发器的传热面积，选择定型结构的蒸发器，并计算载冷剂循环量等。计算方法与冷凝器基本相似。

1. 蒸发器传热面积

（1）蒸发器传热面积

蒸发器传热面积的计算公式：

$$A = \frac{Q}{K\Delta t} = \frac{Q}{q_A} \tag{5-9}$$

式中　Q——制冷装置的制冷量，即蒸发器的热负荷（kW）。它等于用户的耗冷量与制冷系统本身（即供冷系统）冷损失之和。用户实际的耗冷量一般由工艺或空调设计给定的，也可根据冷库工艺和空调负荷进行计算，而供冷系统的冷量损失一般用附加值计算。对于直接供冷系统一般附加 5%～7%，对于间接供冷系统一般附加 7%～15%；

K——蒸发器的传热系数，W/（$m^2 \cdot °C$）；

Δt——传热平均温差，$°C$；

q_A——蒸发器的单位面积热负荷，即热流密度，W/m^2。

（2）蒸发器的传热系数 K

蒸发器的传热系数计算公式：

$$K = \left(\frac{1}{a_0} + \sum \frac{\delta}{\lambda} + \frac{\tau}{a_w} \right)^{-1} \tag{5-10}$$

式中　a_0、a_w——分别是管外和管内的放热系数，即一侧为制冷剂的沸腾放热系数，另一侧为水、盐水或空气的放热系数；

$\sum \delta/\lambda$——管壁及管壁附着物热阻，$m^2 \cdot °C /W$；

τ——肋片系数，管外表面积（含肋片）与管内表面积之比。

蒸发器中液体沸腾放热是一个非常复杂的过程，影响的因素很多。在工程中也可利用表 5-2 所列的传热系数的参考值进行概算。

各种蒸发器的 K 使用条件　　　　　　　　　　　　　　　表 5-2

蒸发器型式			传热系数 K	热流密度 q_A（W/m^2）	使用条件
满液壳管式	卧式壳管式	氨－水	550～650	2300～3500	$\Delta t = 4$～$6°C$ 水流速：1.0～1.5m/s
		氟利昂－水	500～600	2000～3200	
	水箱式	氨－水	500～600	2000～3000	$\Delta t = 4$～$6°C$ 水流速：0.4～0.7m/s
		氨－盐水	450～550	2000～2800	

续表

蒸发器型式			传热系数 K	热流密度 q_A（W/m²）	使用条件
非满液式	干式壳管式	氟利昂－水	500～550	2500～3000	$\Delta t = 4～6℃$
			1600		内螺纹管
	直接蒸发式空气冷却器	氟利昂－空气	30～450	450～650	$\Delta t = 15～17℃$，风速 2～3m/s
	自然对流式冷排管	氟利昂－空气	14		光管 $\Delta t = 8～10℃$
		氟利昂－空气	5～10		以外肋管表面积为准，$\Delta t = 8～10℃$

（3）蒸发器传热温差 Δt

蒸发器传热温差 Δt 与冷凝器的传热温差 Δt 计算公式相同，见式（5-7）。《采暖通风与空气调节设计规范》GB 50736—2012 规定，对于冷却水的卧式壳管式蒸发器，蒸发温度一般比被冷却水的出口温度低 2～4℃，被冷却水的进出口温差一般取 5℃左右，这样，平均传热温差为 5～6℃。对于冷却空气的蒸发器，规范规定蒸发温度比空气的出口干球温度至少低 3.5℃。但常规空调室内空气温度较高，考虑冷却空气蒸发器传热系数很小，一般取较大的传热温差。蒸发温度比空气出口温度低 10℃左右，传热温差为 15℃左右。

2. 载冷剂的循环量 M_1

$$M_1 = \frac{Q}{C_P(t_1 - t_2)} \tag{5-11}$$

式中　C_P——载冷剂（水、盐水或空气）的比热容，kJ/（kg·℃）；

　　　t_1、t_2——载冷剂（水、盐水或空气）进、出蒸发器的温度，℃。

5.3　节流机构

节流机构是制冷装置不可缺少的四大部件之一。它是对冷凝器出来的高压制冷剂液体进行节流降压，保证冷凝器与蒸发器之间的压力差，以使蒸发器内的制冷剂液体在低压下蒸发吸热，吸收被冷却物体的热量，从而达到制冷的目的。另外，它还能调节进入蒸发器的制冷剂流量，以适应制冷系统制冷量变化的需要，使制冷装置更加有效地运行。

节流机构种类很多，结构也各不相同，常用的节流机构有手动膨胀阀、浮球膨胀阀、热力膨胀阀、电子膨胀阀和毛细管等。

5.3.1　手动膨胀阀

手动膨胀阀，亦称节流阀或调节阀，其构造与常规截止阀相似，但核心差异在于其阀芯设计：有的是针形锥体，有的是带 V 槽的锥形结构，详见图 5-19。阀杆部分则采用了细牙螺纹设计，便于精细调控阀芯的开度。通过旋转阀杆顶部的手轮，可以逐步且精确地调整阀门的开度，以适应制冷需求的动态变化。手动膨胀阀需要管理人员根据蒸发器负载的波动频繁手动调节，这不仅增加了管理难度，还高度依赖于操作经验。因此，近年来自动膨胀阀逐渐成为主流，而手动膨胀阀则更多地被用作旁通管路上的备用或检修工具。在操作时，手动膨胀阀的手轮旋转范围应控制在 1/8～1/4 周，避免超过一整周的旋转，以防开启过度导致节流降压功能失效。

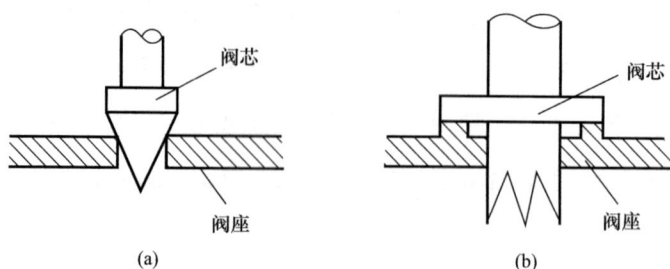

图 5-19　手动膨胀阀阀芯
（a）针形阀芯；（b）具有 V 形缺口的阀芯

5.3.2　浮球膨胀阀

浮球膨胀阀是一种自动膨胀阀，浮球膨胀阀是根据蒸发器内液态制冷剂的液位来控制蒸发器的供液量。其主要用于氨制冷装置中，作为满液式蒸发器的供液量调节用，同时进行节流降压。

浮球膨胀阀根据节流后的液体制冷剂是否通过浮球室而分为直通式和非直通式两种，如图 5-20 和图 5-21 所示。

这两种浮球膨胀阀均依据浮球室内浮球的升降，由液面高度变化来控制阀门的启闭。浮球室被置于满液式蒸发器的一侧，并通过上下平衡管与蒸发器相连通，确保浮球室的液面高度与蒸发器保持一致。当蒸发器的负荷增加时，蒸发量增加液面下降，浮球室中的液面也相应下降，于是浮球下降，依靠杠杆作用使阀开启度增加，加大供

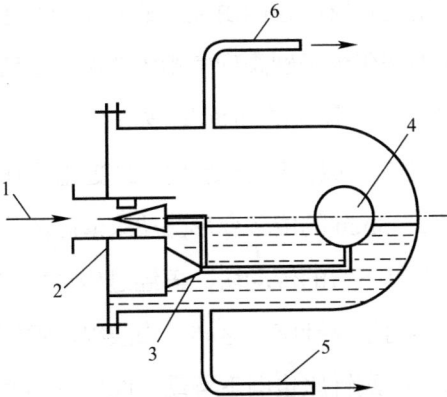

图 5-20　直通式浮球膨胀阀
1—液体进口；2—针阀；3—支点；
4—浮球；5—液连通管；6—气连通管

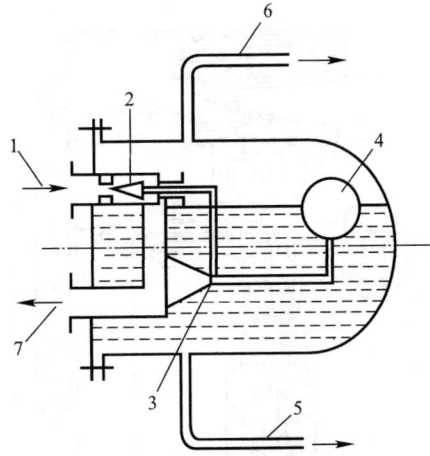

图 5-21　非直通式浮球膨胀阀
1—液体进口；2—针阀；3—支点；4—浮球；
5—液连通管；6—气连通管；7—节流后液体出口

液量；当蒸发器负荷减少时，制冷剂蒸发量减少，蒸发器液面与浮球室内液面同时升高，浮球升高，阀门的开启度减小，使制冷剂供液量减少。

它们主要区别是：直通式浮球膨胀阀节流后的液态制冷剂通过浮球室，然后由液体平衡管进入蒸发器；它的构造简单，但浮球室内液面波动大，冲击力大，故容易造成浮球阀失灵。

非直通式浮球膨胀阀节流后的液态制冷剂不通过浮球室，而是通过供液管直接进入蒸发器，它的优点是浮球室内液面平稳，缺点是构造和安装比较复杂。

5.3.3　热力膨胀阀

热力膨胀阀依据蒸发器出口处气态制冷剂的过热程度来调节供给蒸发器的液体量，它主要应用于氟利昂制冷系统，特别是用于调节非满液式蒸发器的供液量。

根据膜片下方所受压力的不同，热力膨胀阀可分为两类：内平衡式与外平衡式。若膜片下方承受的是膨胀阀节流后的制冷剂压力，则称之为内平衡式热力膨胀阀；若膜片下方承受的是蒸发器出口处的制冷剂压力，则称为外平衡式热力膨胀阀。

1. 内平衡式热力膨胀阀

如图 5-22 所示为国内常用于小型氟利昂系统的内平衡薄膜式热力膨胀阀的结构图。

膨胀阀的顶部为感应动力机构，由气箱、波纹薄膜、毛细管和感温包组成。感温包里充注的是氟利昂或其他低沸点液体，安装时将感温包紧固在蒸发器出口的回气管上，用以反映回气的温度变化。毛细管的作用是将感温包内由温度的变化而产生的压力变化传导到阀顶气箱中的波纹薄膜上方。波纹薄膜的断面呈波浪形，和罐头的底盖类似，随所受压力的变化能作上下2～3mm的位移变形。波纹薄膜的位移推动其下方的传动块，再经过传动杆的传递作用于阀针座。这样，当波纹薄膜向下移动时阀针座也向下移动，阀口开启度增大；反之，则阀口开启度减小。阀针座的下部为调节部分，由弹簧、弹簧座和调节杆组成。这部分的作用是用以调整弹簧的弹力以调整膨胀阀的开启过热度。

图5-23是内平衡式热力膨胀阀的工作原理图。阀体装在蒸发器的供液管路上，感温包紧扎在蒸发器的回气管路上，

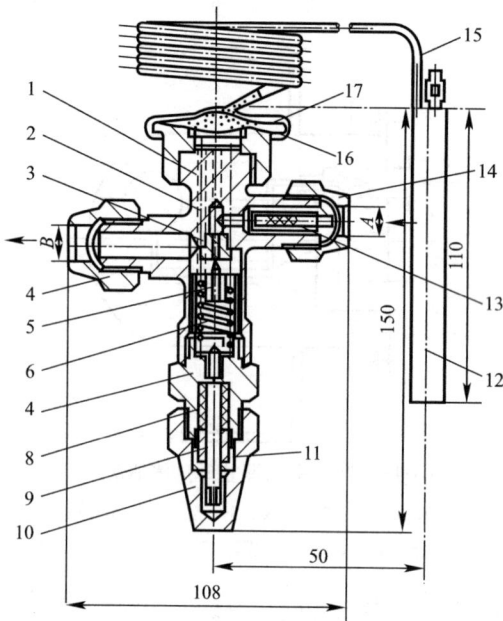

图 5-22　FPF 型热力膨胀阀

1—阀体；2—传动杆；3—阀座；4—锁母；5—阀针；
6—弹簧；7—调节杆座；8—填料；9—调节杆；
10—帽罩；11—填料压盖；12—感温包；13—过滤网；
14—锁母；15—毛细管；16—波纹薄膜；17—气箱盖

感温包内充有与制冷系统相同的液态制冷剂。

作用在弹簧金属膜片上的压力主要有三个：

阀后制冷剂的蒸发压力 P_1：作用在膜片下部，其作用方向向上，使阀门向关闭方

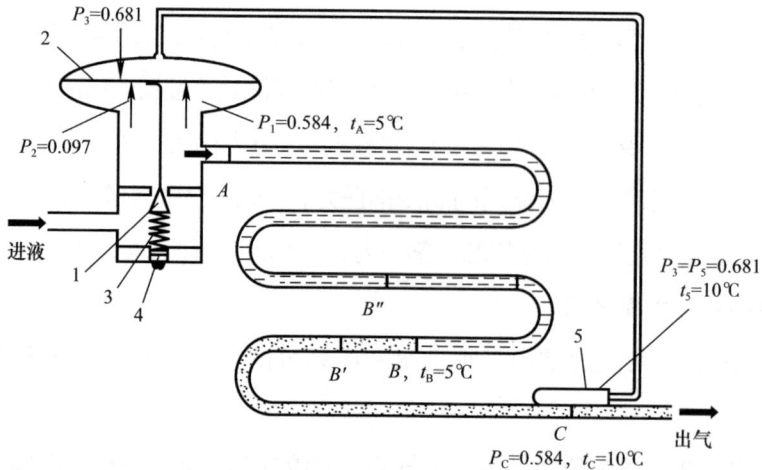

图 5-23　内平衡式热力膨胀阀的工作原理图

1—阀芯；2—弹性金属膜片；3—弹簧；4—调整螺钉；5—感温包

向移动。

弹簧力 P_2：它也作用在膜片下部，其作用方向向上，使阀门向关闭方向转动。弹簧力的大小可以通过调整螺栓予以调整。

感温包内制冷剂的压力 P_3：它是随蒸发器出口回气过热度的变化而变化，作用在膜片的上部，其作用方向向下，其趋势是使阀门开大，它的大小决定于感温包内充注制冷剂的性质以及感受温度的高低。

当膨胀阀调整至稳定工作状态并维持一定开启度时，膜片上、下部所受的三个力达到平衡，膜片保持静止，阀门开启度不变。若任一力发生变化，平衡将被打破，膜片开始移动，阀门开启度随之调整，直至重新达到平衡。

蒸发器负荷增加时，供液量显得不足，导致蒸发器出口制冷剂蒸气过热度增大，感温包内制冷剂温度升高，进而感温包压力增大，阀针下移，阀门开度增大。反之，蒸发器负荷减小时，供液量显得过多，过热度减小，此时弹簧力推动传动杆上移，阀门逐渐关闭。

假设感温包内充注与制冷系统相同的制冷剂 R22，且进入蒸发器的液态制冷剂温度为 5℃，对应压力为 584kPa（在非满液式蒸发器中）。制冷剂在蒸发器内吸热汽化，直至 B 点完全汽化为饱和蒸气。从 B 点开始，制冷剂继续蒸发吸热变为过热蒸气，温度上升但压力保持不变。假定从 B 点到感温包 C 点（蒸发器出口）气态温度升高至 10℃，感温包紧贴管壁，包内液态制冷剂温度接近饱和温度，对应压力为 681kPa。此压力通过毛细管作用于膜片上部。若将弹簧力调至 97kPa，则膜片上下受力平衡，膜片静止，阀门保持一定开启度。此时，蒸发器出口气态制冷剂的过热度对应的压力恰好等于弹簧作用力。

当外界条件变化导致蒸发器负荷减少时，蒸发器内液态制冷剂沸腾减弱，供液量显得过多。此时，液态制冷剂在蒸发器内完全汽化的终点不是 B 点，而是 B' 点，蒸发器出口 C 点温度低于 10℃，过热度减小，感温包内制冷剂压力降低，阀门稍关小，减少供液量，达到新的平衡状态。反之，蒸发器负荷增加，吸热量增大，C 点气态制冷剂过热度增加，感温包内压力增大，阀门稍开大，增加供液量，使膜片达到新的平衡状态。

内平衡式热力膨胀阀适用于蒸发器内部阻力较小的场合，广泛应用于小型制冷机和空调机。对于大型制冷装置及蒸发器阻力较大的场合，应使用外平衡式热力膨胀阀，以避免因蒸发器出口压力下降较大而导致的供液不足或阀门无法开启的问题。特别是在蒸发器管路较长或多组蒸发器装有分液器的情况下，外平衡式热力膨胀阀更为适用。

2. 外平衡式热力膨胀阀

外平衡式热力膨胀阀的工作原理如图 5-24 所示。它与内平衡式热力膨胀阀基本相同，其不同之处是金属膜片下部空间与膨胀阀出口互不相通，而是通过一根小口径的平衡管与蒸发器出口相连。膜片下部的制冷剂压力 P_1 并非膨胀阀的出口压力（即蒸发器进口压力）P_A，而是等同于蒸发器的出口压力 P_C。在此情况下，热力膨胀阀的工作状态不会受到蒸发排管流动阻力的干扰。举例来说，当蒸发器流动阻力 Δp 达到 36kPa 时，蒸发器出口的压力（对应的饱和温度为 3℃）与 5℃工作过热度的弹簧力相加，膜片下部的总压力所对应的饱和温度约为 8℃。同时，膜片上部（即感温包内）的压力与此时膜片所处的平衡状态相匹配，阀门的开启度保持稳定。

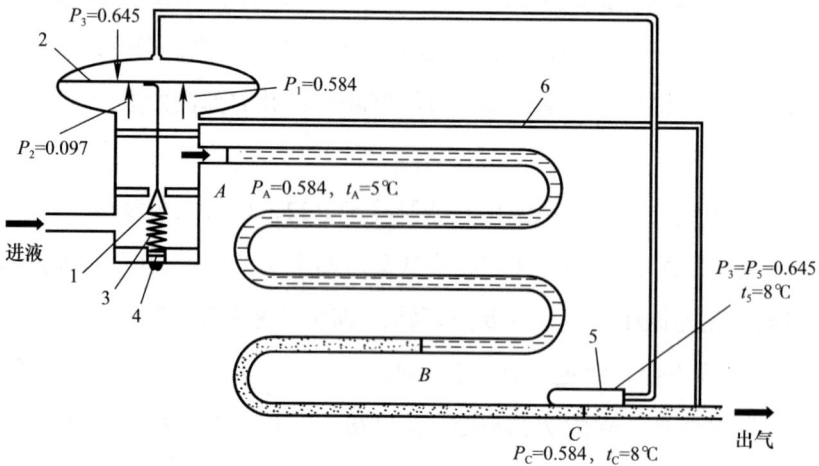

图 5-24　外平衡式热力膨胀阀的工作原理图

1—阀芯；2—弹性金属膜片；3—弹簧；4—调整螺钉；5—感温包；6—平衡管

若供液量过多，蒸发器出口 C 点的温度会下降，进而感温包内的温度也会降低，导致感温包内压力 P_3 减小。由于膜片下部压力 P_1 与弹簧力 P_2 之和保持不变，这将推动阀杆向上移动，从而减小阀门的开启度，降低供液量。相反，当供液量不足（即蒸发器负荷增大）时，蒸发器出口 C 点的过热度会增大，感温包内温度升高，P_3 增大。由于膜片下部压力保持不变，这将导致阀门开启度增大，从而增加供液量。因此，通过调整阀门的开启度，可以使蒸发器出口的温度基本保持在 5℃，即仅保持 5℃的过热度，从而有效消除蒸发器流动阻力的影响。

尽管外平衡式热力膨胀阀能够改善蒸发器的工作条件，但其结构相对复杂，安装与调试过程也更为繁琐。因此，仅在蒸发器压力损失较大的情况下，才会选择使用这种膨胀阀。

3. 热力膨胀阀的安装

（1）热力膨胀阀阀体的安装

热力膨胀阀需安装在蒸发器的供液管路上，且位置应在蒸发器入口处。安装时，阀体必须保持垂直，严禁倾斜或颠倒。若蒸发器配备有分液器，则分液器应直接连接在膨胀阀的出口侧，以确保最佳使用效果。

（2）感温包的安装

感温包的安装对热力膨胀阀的性能至关重要。由于膨胀阀的温度传感系统灵敏度有限，信号传递存在滞后，可能导致膨胀阀频繁启用，造成系统供液量波动。因此，感温包的安装需特别小心。在实际操作中，感温包应紧贴管壁并紧密包扎。具体步骤包括：首先清除吸气管段的氧化皮，露出金属本色，并涂抹铝漆以防生锈。然后，使用两块 0.5mm 厚的铜片将吸气管和感温包紧紧包裹，并用螺钉固定，以增强传热效果，如图 5-25 所示。对于管径较小的吸气管，可使用一块较宽的金属片进行固定。当吸气管外径小于 22mm 时，感温包可包扎在吸气管上方；当外径大于 22mm 时，感温包应绑扎在吸气管水平轴线以下约 30° 角的位置，以避免积液或积油影响感温包的传感温度。为防止外界空气对感温包产生影响，包扎完成后，需在外层加裹一层软性泡沫塑料作为隔热层。

热力膨胀阀的感温包应安装在蒸发器的吸气管路上，并确保其位置远离压缩机吸气口至少 1.5m，同时尽可能安装在水平管路上，如图 5-26 所示。但需注意避免将感温包装设在有积液的吸管处，因为积液会继续蒸发，导致感温包无法准确感受到过热度，从而使阀门关闭，停止向蒸发器供液。为确保膨胀阀的正确操作，当蒸发器出口处的吸气管需要垂直安装时，应在垂直安装处设置存液管。若无法设置存液管，则只能将感温包装在出口的立管上。

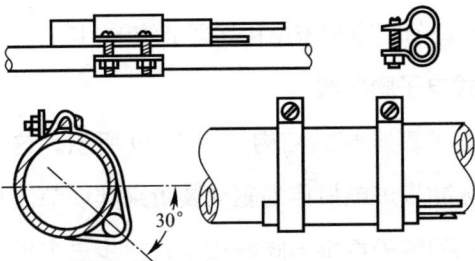

图 5-25　感温包的安装方法

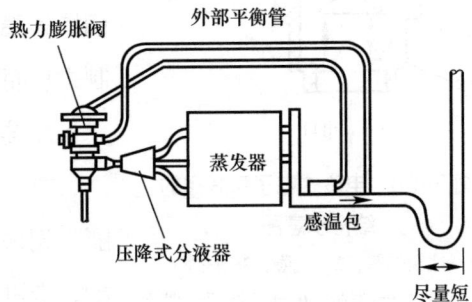

图 5-26　感温包的安装位置

5.3.4　电子膨胀阀

电子膨胀阀作为近年来新型的一种节流装置，其特点在于能够广泛调节无级变容量制冷系统的制冷剂供液量，并且调节响应迅速。传统的节流装置（例如热力膨胀阀）已无法满足这些需求，而电子膨胀阀则能够很好地胜任。它是通过接收被调节参数产生的电信号，来控制施加在膨胀阀上的电压或电流，从而精确调节供液量。工作原理如图 5-27 所示。

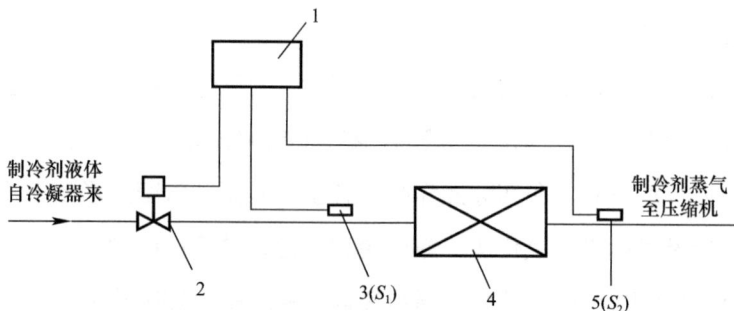

图 5-27　电子膨胀阀的工作原理图

电子膨胀阀系统由检测、控制及执行三大模块组成。根据驱动方式的不同，它可以进一步细分为电磁式电子膨胀阀和电动式电子膨胀阀两种类型。

1. 电磁式电子膨胀阀

电磁式电子膨胀阀的结构示意图如图 5-28 所示，其工作原理基于电磁线圈产生的磁力来驱动阀针运动。在电磁线圈未通电时，阀针保持全开状态。一旦线圈通电，产生的磁力将推动柱塞移动，进而带动阀杆和阀针一同移动，阀针的开度从而逐渐减小。阀针开度的大小直接受控制电压的影响：电压越高，磁力越强，阀针的开度就越小，相应地，通过膨胀阀的制冷剂流量也会减少。因此，通过调控线圈中的电流强度，可以实现对阀针位移量的控制，从而达到调节制冷剂流量和实现节流的目的。

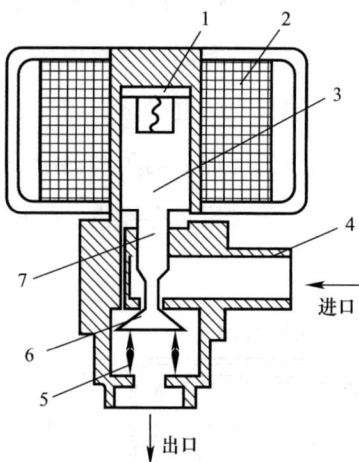

图 5-28　电磁式电子膨胀阀的
结构示意图

1—柱塞弹簧；2—线圈；3—柱塞；
4—阀座；5—弹簧；6—阀针；7—阀杆

2. 电动式电子膨胀阀

电动式电子膨胀阀的结构如图 5-29 所示。这种膨胀阀采用脉冲步进电机作为驱动装置来实现节流功能。步进电机的转子直接与阀杆相连，当步进电机旋转时，转子会带动阀杆同步转动，进而使阀芯产生连续的位移变化，以此来调整阀门的流通面积。转子的旋转角度与阀针的位移量以及输入的脉冲数量之间成正比关系。通常，电动式电子膨胀阀从完全开启到完全关闭，步进电机需要接收大约 300 个脉冲信号。每个脉冲信号都对应着一个特定的控制位置，因此，该膨胀阀具备很高的控制精确度和良好的控制性能。

电子膨胀阀的优势：

（1）电子膨胀阀的开度调节不受冷凝温度的限制，即便在极低的冷凝压力下也能稳定运行，这显著提升了制冷系统在部分负荷工况下的能效比。

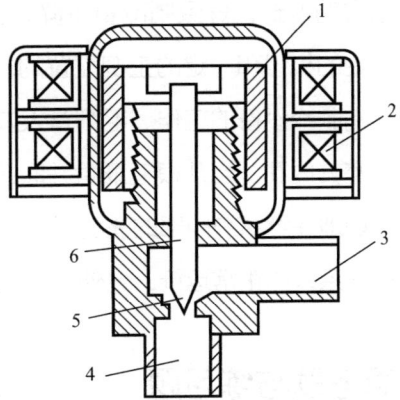

图 5-29　电动式电子膨胀阀的结构
1—转子；2—线圈；3—出口；4—入口；
5—阀针；6—阀杆

（2）电子膨胀阀能够在接近零过热度的条件下稳定运行，避免了传统热力膨胀阀可能产生的振荡问题，从而确保了蒸发器的高效热交换性能。

因此，电子膨胀阀适合应用于制冷剂循环量波动较大的变频空调系统和热泵机组等场景。

5.3.5　毛细管

毛细管是最简单的节流机构，制造简单，成本低廉，没有运动部件，工作可靠，使用它时，可不装设贮液器，制冷剂的充注量少，但是调节性能差。在小型全封闭氟利昂制冷装置中，如家用冰箱、冰柜、空调器和小型制冷机组常用毛细管作为制冷循环的流量控制和节流降压部件。

毛细管通常采用直径为 0.7～2.5mm，长度为 0.6～6m 细而长的紫铜管代替膨胀阀，连接在蒸发器与冷凝器之间。有一定的调节流量的功能，它是根据制冷剂在系统中分配状况的变化而使毛细管的供液能力改变。毛细管在制冷装置中的工作原理图如图 5-30 所示。

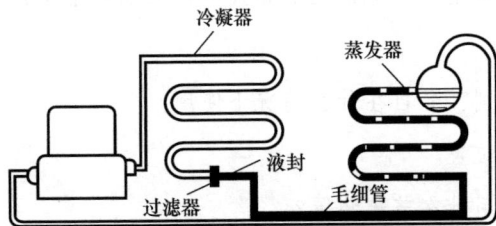

图 5-30　毛细管在制冷装置中的工作原理图

使用毛细管时应注意制冷剂充注量一定要准确，若充注量过多，则在停机时留在蒸发器的制冷剂液体过多，会导致重新启动时负荷过大，还易发生湿压缩，并且不易降温；若充液量过少，可能无法形成正常的液封，导致制冷量下降，甚至降不到所需的温度。毛细管的孔径和长度是根据一定的机组和一定的工况配置的，不能任意改变工况或更换任意规格的毛细管，否则会影响制冷设备的工作。毛细管入口部分应装设 31～46 目 /cm² 的过滤器（网），以防污垢堵塞其内孔。当几根毛细管并联使用时，为使流量均匀，最好使用分液器。使用期间要密切地注意系统内部的清洗和干燥，如果系统残留水分，便会在毛细管出口侧产生冰塞，破坏系统的正常运行，另外，系统内的灰尘也容易堵塞毛细管，造成制冷不良。

思考题与练习题

1. 冷凝器在制冷循环系统中的作用是什么？简述其分类。

2. 水冷式冷凝器有哪几种形式？试比较它们的优缺点和使用场合。

3. 空气冷式冷凝器有何特点？宜用在何处？

4. 蒸发器的作用是什么？根据供液方式不同可分为哪几种形式？各有什么特点？

5. 用于冷却空气的蒸发器有哪几种？各用于什么场合？

6. 在氟利昂系统中用立管式或螺旋管式蒸发器可行吗？为什么？

7. 如何选择冷凝器和蒸发器？

8. 已知冷凝器负荷 290kW，冷凝温度 t_k＝30℃，冷却水入口温度为 22℃，出口温度为 27℃，试求氨卧式壳管式冷凝器的传热面积。

9. 有一台 8AS12.5 型制冷压缩机，在 t_0＝5℃，t_k＝40℃ 的工况下运行，其制冷量为 558kW。选配一台卧式壳管式蒸发器或直立管式蒸发器（即水箱式蒸发器）。试计算它们需要多少传热面积。

10. 某空气调节系统所需制冷量为 900kW，采用氟利昂蒸气压缩制冷，工作条件下，蒸发温度为 5℃，冷凝温度为 40℃。试估算卧式壳管式冷凝器的传热面积以及所需冷却水量。

11. 节流机构在制冷装置中起什么作用？常用的节流机构有哪几种？它们各用于什么场合？

12. 内平衡与外平衡热力膨胀阀有什么区别？各自在什么情况下使用？

13. 简述热力膨胀阀阀体及感温包在安装位置。

14. 电冰箱和空气调节器的制冷系统中采用什么节流装置？

15. 试述毛细管的工作原理及使用中注意的问题。

第 6 章

蒸气压缩式冷水机组

本章知识目标:

1. 理解冷水机组的基本概念。

2. 掌握冷水机组的分类。

3. 熟悉各类冷水机组的制冷系统和油系统原理（活塞式、螺杆式、离心式、涡旋式和模块式）。

4. 掌握冷水机组的调节装置与控制系统。

本章思政目标:

在冷水机组的安装、调试、运行及维护过程中，要严格遵守操作规程和安全规范，确保机组的安全稳定运行。培养学生的创新意识和实践能力，鼓励他们在制冷领域不断寻求突破和创新，为推动制冷行业的发展做出贡献。

在空调工程技术领域，冷水被广泛用作空气调节与处理设备的冷源。冷水机组作为生产冷水的专业制冷设备，集成了制冷系统中的多种组件（包括一台或多台压缩机、电动机、制冷部件、调节控制元件及多种安全保护装置）于一体，形成了能够提供 5 至 15℃冷水的独立制冷单元。其自动化程度较高，实现了微电脑智能化控制，并设有多种自动保护，如蒸气压缩式机组设有高低压保护、油压保护、电动机过载保护，冷媒水系统设有冷媒水冻结保护和断水保护，确保机组运行安全可靠。冷水机组结构紧凑、操作灵活、维护简便，加之占地面积小、安装简单，被广泛使用。

按照驱动力的不同，冷水机组可被划分为电力驱动型和热力驱动型两大类。其中一类是电力驱动的冷水机组，大多是采用蒸气压缩式制冷原理制造的蒸气压缩式冷水机组，进一步根据压缩机类型的不同，它们又被细分为活塞式（或往复式）、螺杆式、离心式和涡旋式等几种。另一种是热力驱动的冷水机组，主要运用溴化锂吸收式制冷原理进行生产，因此也常被称作溴化锂吸收式冷水机组，根据其所采用的热源类型的不同，这类机组可进一步细分为蒸气式、热水式和直燃式冷水机组等几种；同时，依据能量利用效率的不同，它们还可以被划分为单效和双效吸收式冷水机组。

冷水机组的分类还可以根据其冷凝器的冷却方式进行划分，主要包括水冷式、风冷式和蒸发冷却式三种。

根据结构设计的差异，冷水机组还可以被分为模块化和常规型两种。其中，模块化冷水机组由多个功能结构相同的单元组合而成，这种设计提供了更高的灵活性和可扩展性。

各类冷水机组的冷量范围如表 6-1 所示。

冷水机组的冷量范围 表 6-1

种类		制冷剂	单机制冷量（kW）
蒸气压缩式冷水机组	活塞式	R22，R134a，R407c	10～1588
	涡旋式	R22	≤335
	螺杆式	R22，R134a	112～2200
	离心式	R123，R134a，R22	703～10548
溴化锂吸收式冷水机组	热水式		175～23260
	蒸气式		175～23260
	直燃式		175～23260

冷水机组名义工况温度条件如表 6-2 所示。

冷水机组名义工况温度条件 表 6-2

项目	使用侧		制冷运行放热侧					
	冷水		水冷式		风冷式		蒸发冷却式	
	进口水温（℃）	出口水温（℃）	进口水温（℃）	出口水温（℃）	干球温度（℃）	湿球温度（℃）	干球温度（℃）	湿球温度（℃）
制冷	12	7	30	35	35	24	—	24

国家标准采用了名义工况性能系数和综合部分负荷工况性能系数两个参数来反映冷水机组的工作效率。名义工况性能系数（COP）表示在名义工况下，机组以同一单位表示的制冷（热）量除以总输入电功率得出的比值。综合部分负荷性能系数（$IPLV$）

是基于机组部分负荷的性能系数值，*IPLV* 反映了单台机组平均的运行工况，引入 *IPLV* 值主要是因为实际工程中机组在满负荷条件下运行的时间很短，大部分情况下处于部分负荷的运行状态。因此 *IPLV* 值在某种程度上更好地反映了机组的实际工作效率。

新标准规定了冷水机组的性能系数不应低于表 6-3 的值。

性能系数下限值

表 6-3

机组类型	机组制冷量（kW）	性能系数（COP）	综合部分负荷性能系数（IPLV）
风冷式	＞50	2.6	2.8
水冷式	≤528	3.8	4.5
	＞528～1163	4.0	4.8
	＞1163	4.2	5.1

本章节主要介绍常规型电力驱动冷水机组（包括活塞式、螺杆式、离心式和涡旋式）和模块化冷水机组。

6.1　活塞式冷水机组

6.1.1　活塞式冷水机组的特点及分类

活塞式冷水机组集压缩机、蒸发器、冷凝器及节流机构等核心部件于一体，并已预先组装在机座上，其内部连接管路也已在工厂完成。用户现场只需进行电气线路连接、外接水管（含冷却与冷水管）的安装，并做好管道保温措施，即可启动运行。

活塞式冷水机组是在制冷技术领域中历史最悠久、技术积累最丰富的一种，该类机组是采用活塞式压缩机的冷水机组，过去也曾经是应用最广泛的冷水机组。随着涡旋式压缩机与螺杆式压缩机技术的持续进步，活塞式冷水机组的应用领域显著缩减。活塞式制冷压缩机对工况变化的适应性强，有独立的油系统，装置简单、结构紧凑、占地面积小、安装快、操作管理方便，使用普通的金属材料，加工容易，造价低，采用多机头后能量调节也较灵活。但其缺点也较为明显，拥有较多的运动部件导致它的使用寿命相对有限，同时运动惯性及振动比较明显，单机的制冷能力也比较有限。

活塞式冷水机组主要应用于中小制冷量的场合。

依据冷凝器所用冷却介质的差异，活塞式冷水机组可分为水冷与风冷两大类别。而从压缩机类型的角度划分，机组又可分为开启式、半封闭式和全封闭式。此外，根据机组内置的压缩机数量，还可将其进一步细分为单机头与多机头两种类型。

6.1.2   活塞式冷水机组的制冷系统

活塞式冷水机组由活塞式压缩机、水冷卧式冷凝器（或风冷冷凝器）、热力膨胀阀、干式壳管式蒸发器、辅助设备（如油分离器、干燥过滤器、视液镜、电磁阀等）以及控制保护装置（如高低压保护器、油压保护器温度控制器、安全阀等）组成。

以图 6-1 所示的活塞式风冷往复式冷水机组为例，说明活塞式冷水机组制冷系统的结构特征。该机组配置包含 6 台半封闭压缩机、8 台风冷冷凝器以及 1 台含双制冷剂回路的干式壳管蒸发器。系统划分为两个制冷剂回路，每回路均装备有带充注口的截止阀、含湿度指示的视液镜、热力膨胀阀、电磁阀及干燥过滤器。制冷量的调节依赖于电磁式容量控制阀，操作则由微电脑中心统一控制。通过高压油调节机制，油压作用于卸载元件时实现气缸加载，油压释放则气缸卸载，此策略高效应对低负荷运行需求。

图 6-1   活塞式风冷往复式冷水机组图

该蒸发器为干式壳管式热交换器，其中制冷剂在管内循环，而冷水则在配备折流板的壳体内流动。挡水板选用耐腐蚀的镀锌钢板材料，确保了防腐性能。壳体的可拆卸端盖设计，为内部无缝铜管的维护提供了便捷。蒸发器还配备了排水与放气接口，其外壳包裹有 19mm 厚的软质闭孔橡塑保温材料，有效减少能量损失。此外，每个制冷剂回路均装有安全阀，确保运行安全。

该机组冷凝器盘管采用倒 "M" 形设计，选用无缝铜管以叉排方式布置，翅片为波纹状铝制，并集成了整体式过冷器。盘管的固定架、端板、支撑结构及风机挡板均由镀锌钢板制成。冷凝器风机为低噪声高效型，采用 LY12 铝合金并经喷塑处理，由独立电机直接驱动,实现向上排风。风机的网罩同样经过喷塑处理,所有叶片均经过严格的静态与动态平衡测试,确保运行平稳。

6.1.3　活塞式冷水机组的润滑油系统

润滑油系统可以将油输送到运动部件的摩擦表面,以减少磨损及摩擦阻力,提高活塞环等部位的密封填充能力。此外,还可以起到对摩擦表面的冷却和清洁的作用。另外有些机组还通过润滑油系统实现能量调节。

活塞式冷水机组的压力润滑系统由油过滤器、液压泵、油压差控制器、油加热器组成,机组还有作为油压驱动的能量调节机构之动力的油分配阀、液压缸。

在活塞式冷水机组中,润滑油储存在压缩机曲轴箱内。一般规定油位高度应该位于视镜中央水平线上下 5mm。规定油位高度的目的是保证油泵在工作时,形成油循环所需要的油量足够。油位过低容易造成油泵不足,从而引起运行故障或者损坏设备。油温的高低对润滑油黏度会产生重要影响。油温过低,油的黏度增大,流动性降低,不容易形成均匀的油膜,因此无法达成预期的润滑效果,而且还会引起油的流动速度降低,使润滑量减少,油泵的功耗增大。油温太高,油的黏度会下降,油膜达不到一定的厚度,使运行部件难以承受必需的工作压力,造成润滑状况恶化,使运动部件磨损加剧,导致冷水机出现故障。润滑油在油泵的驱动下,在油系统管道中流到各工作部位所需克服流动阻力的保障。没有足够的油压差,就不能保证冷水机的润滑系统有足够的润滑和冷却油量以及驱动能量调节装置时所需要的动力。因此,冷水机油系统的油压差必须保证在合理的范围,以便于机组运动部件得到充分润滑和冷却,灵活地操纵能量调节装置。

活塞式冷水机组的制冷系统与润滑油系统共同协作,才能确保机组的正常运行和高效制冷。在实际应用中,需要定期检查和维护这两个系统,以确保其长期稳定运行。

6.1.4　活塞式冷水机组的调节及安全装置

1. 能量调节

冷水机组在冷水进口或出口处均设有铂电阻感温包,根据回水或供水温度的高低来进行能量调节。活塞式冷水机组的能量调节方法是通过电磁阀控制压缩机气缸的加载、卸载以及压缩机的开机、停机来维持所需要的制冷量。压缩机的加载或卸载,国产中小型活塞式冷水机组大多采用油压驱动的顶开吸气阀片机构。

2. 安全保护控制装置

为确保活塞式冷水机组的安全稳定运行，必须装备包括吸气压力表、排气压力表、油压表以及温度计或电压指示器等关键仪表。此外，机组还需具备以下保护装置：

（1）高压控制器（HPS）与低压控制器（LPS），用于监测并调节系统的压力状态。

（2）油压差控制器，保障润滑系统的稳定运行。

（3）电流过载保护装置（如跳闸式断流器），防止电路过载导致的设备损坏。

（4）在排气缸上配置的热敏开关，当排气温度超限时，将自动切断电源，确保压缩机安全。

（5）双水流量开关接入控制电路，一旦冷却水或冷水流量异常，将触发停机机制，防止设备过热。

（6）冷水出口温度过低保护器，其感温包安装于冷水出水管的顶端，水温过低时将自动断电停机，保护机组免受损害。

这些保护措施共同构成了活塞式冷水机组的安全防护网，确保其在各种工况下均能稳定运行。

6.2　螺杆式冷水机组

6.2.1　螺杆式冷水机组的特点及分类

螺杆压缩机为主机的各类冷水机组统称为螺杆式冷水机组。这种冷水机组设计简洁，不需要很大的维修空间，且运动部件数量有限，振动轻微，因此基础结构简单、体积小、重量轻以及占地面积小，降低了建筑成本。其安装、调试及日常运行的调节均相当便利。此外，螺杆式冷水机组具备单机制冷量大、易损件少、零部件少、运行可靠，缸内无余隙容积和吸排气阀片，因此具有较高的容积效率。另外该种机组对湿冲程不敏感，无液击的危险，能量调节方便。螺杆式冷水机排气温度低，运行稳定，适于制成热泵机组。但这种冷水机组加工和装配精度要求高，单级压缩制冷量小于离心冷水机组，在部分负荷条件下的调节性能也有待提升。

螺杆式冷水机组常采用氟利昂 R22 作为制冷剂，也有部分厂家的产品使用了R134a 及其他无公害制冷剂。螺杆式冷水机组制冷量的范围约为 120~1200kW 的制冷量范围，大的机组可达到 2800kW，这主要取决于机组的型号、规格以及生产厂家的设计能力。它是空调系统中用于提供冷水的重要中型设备。

近年来，通过对新的转子结构和转子的线型研究，提高了压缩机的效率。机组采用微电脑控制，通过固体启动器及电气触发和液压传动，实现了更为精确的启动和容量调节，还可实现运行情况及故障报警。

根据压缩机的结构设计，螺杆式冷水机组可被分为单螺杆和双螺杆两大类别。而从压缩机的密封形式来看，又可分为开启式、半封闭式和全封闭式螺杆冷水机组，其中半封闭式螺杆冷水机组的应用最为广泛。

6.2.2　螺杆式冷水机组的制冷系统

螺杆式冷水机组集成了螺杆制冷压缩机、冷凝器、蒸发器、节流设备、油分离装置、油冷却器、油泵、电气控制箱及其他关键控制元件，形成了一套组装式的制冷系统。

螺杆式冷水机组的工作流程与活塞式冷水机组大致相似，以约克生产的 YS 型螺杆式冷水机组为例，YS 型螺杆式冷水机组外形如图 6-2 所示，部件分布如图 6-3 所示。

图 6-2　YS 型螺杆式冷水机组外形

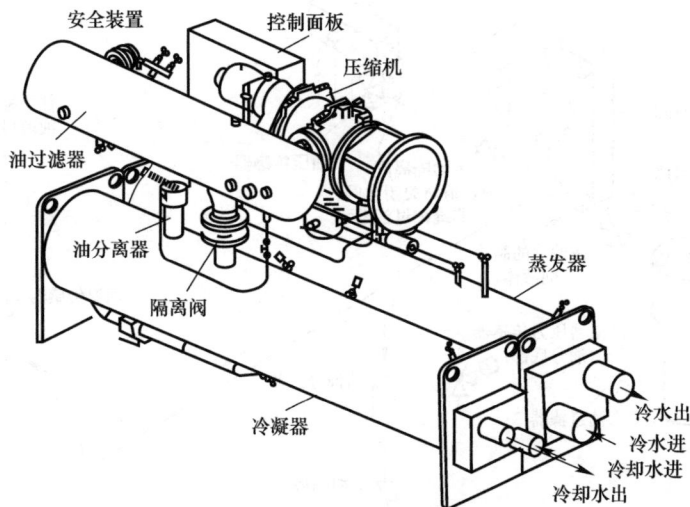

图 6-3　YS 型螺杆式冷水机组部件分布

约克 YS 系列压缩机为双螺旋转子的螺杆式压缩机，它容积可变、直接启动。采用开式防滴漏鼠笼异步电机直接驱动阳转子，阴转子随阳转子传动。转子间以及与壳体无接触，通过带压油封隔离，防高压气体泄漏。低压气体轴向吸入压缩机，经阴阳转子压缩后排出。油与压缩气体混合后，在三级油分中高效分离，提升机组效率与传热系数，减小冷媒压降。

蒸发器为壳管型满液式设计，其分配盘确保制冷剂沿壳体全长均匀散布，与铜管内流动的冷水实现高效热交换。蒸发器顶部设有焊接挡板，该挡板不仅收集自压缩机落下的油，避免油与制冷剂混杂，还能有效预防压缩机内部制冷剂液击风险。

冷凝器为卧式管壳式设计，内置排气挡板，旨在减缓气体对管束的直接高速撞击，并优化制冷剂气体流量分配，进而提升热交换效率。其底部配备过冷装置，能够对液体实施有效过冷处理，从而增强系统的循环性能。

6.2.3　螺杆式冷水机组的润滑油系统

螺杆式冷水机组的润滑油系统相比于活塞式冷水机组要更为复杂一些。

以约克 YS 螺杆式冷水机组为例，润滑油系统由油分离器（简称油分）、油过滤器、油冷却器、油引射块、集油槽等组成。

如图 6-4 所示，油在压差作用下从油分离器流向压缩机的 SB-2 和 SB-3 两个端口：位于 SB-2 复式接头口的油压传感器和位于油分底部的过滤压力传感器可测量压差值。

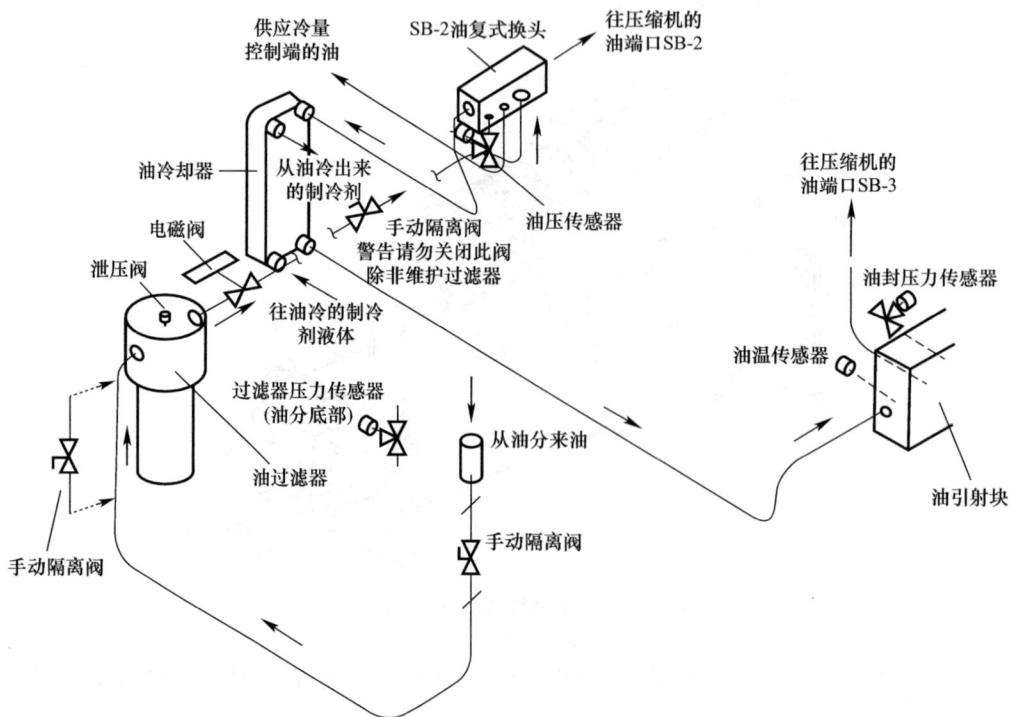

图 6-4　YS 螺杆机组油路系统示意图

经过滤后的油流进位于压缩机端口 SB-2 的复式接头,一路直接进入压缩机端口 SB-2;另一路连接到冷量控制阀门,通过施加油压或泄掉油压来驱动滑阀活塞移动,从而达到调节制冷量的目的。

从 SB-2 复式接头出来的第 2 路油向油冷流动,依靠制冷剂来冷却油。冷却后的油离开油冷流向油引射块。

引射块油路循环包括油封压力传感器和高油温安全装置传感器。油封压力由控制面板实行监控,可以计算油封压力与蒸发压力的压力差,并和控制面板预设值进行比较。离开引射块的油从压缩机端口 SB-3 进入压缩机,并润滑压缩机的轴承,起到轴封的作用。进入压缩机的油在压缩机过程中与冷媒互溶在一起。油和冷媒气体排入油分离器,在油分离器里油被分离并回到油槽。

为确保机组安全运行,油分离器底部设有低油位保护开关。若机组连续运行 3 分钟后,油位仍低于设定的最低油位,并持续 30s,机组将自动停机,以防止因油液不足导致的机械故障。

6.2.4　螺杆式冷水机组的调节及控制

1. 能量调节

螺杆式冷水机组是采用组装在机组下方的滑阀来完成能量调节的。压缩机的加载情况由滑阀覆盖转子的程度而定。当滑阀完全覆盖转子时,压缩机完全加载。滑阀从转子吸入口移开时,进入卸载状态,通过减少转子压缩面积降低制冷能力。

如图 6-5 所示为滑阀式能量调节机构示意图,滑阀可通过手动、液压传动或电动方式使其沿着机体轴线方向往复滑动。若滑阀停留在某一位置,压缩机即在某一排气量下工作。

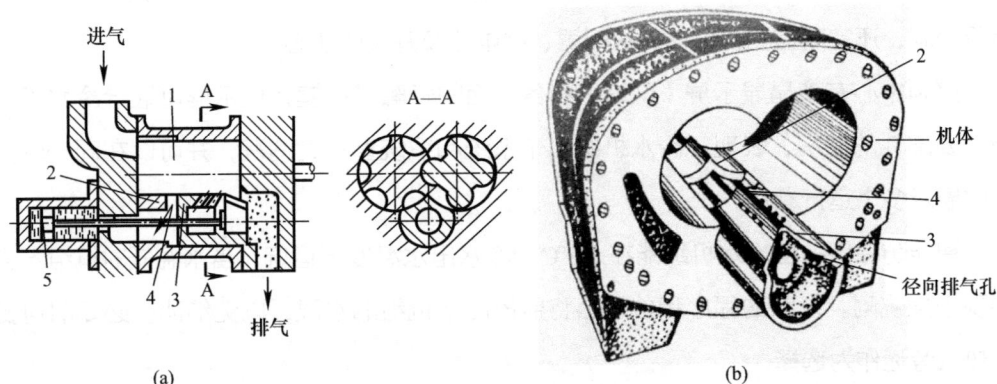

(a)　　　　　　　　　　　　　　(b)

图 6-5　滑阀式能量调节机构

1—阴阳螺杆;2—滑阀固定;3—能量调节滑阀;4—旁通口;5—油压活塞

如图 6-6 所示为滑阀能量调节原理。其中，图 6-6（a）为全负荷工作时的滑阀位置，此时滑阀尚未移动，工作容积中全部气体被排出。图 6-6（b）则为部分负荷时滑阀位置，滑阀向排气端方向移动，旁通口开启，压缩过程中，工作容积内气体在越过旁通口后才能进行压缩过程。其余气体未进行压缩就通过旁通口回流至吸气腔。这样，排气量就减少，起到调节能量的作用。

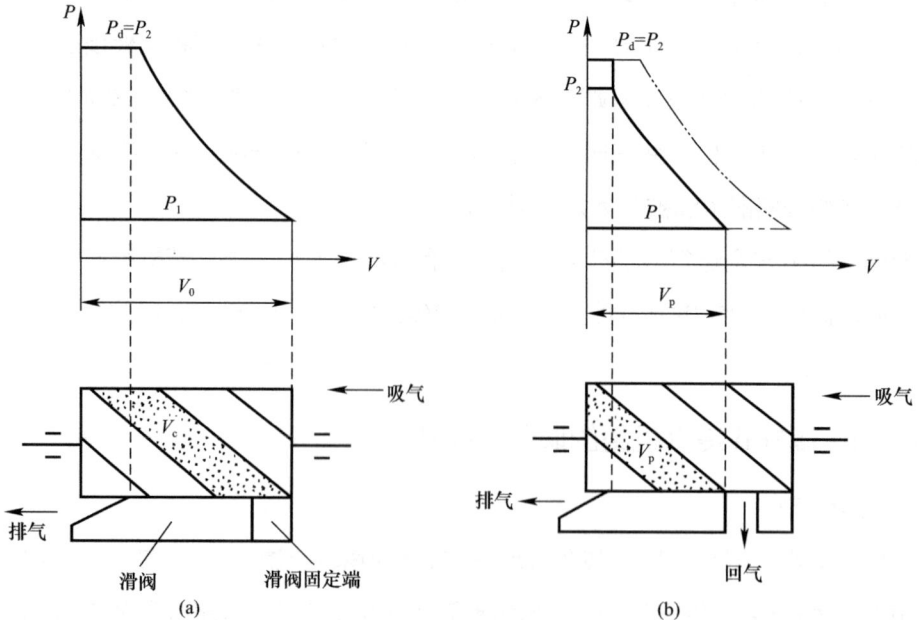

图 6-6　滑阀能量调节原理

（a）全负荷工作时滑阀位置；（b）部分负荷时滑阀位置

2. 控制系统

约克 YS 系列冷水机组配备了先进的独立微处理控制中心，该中心不仅负责机组的运行控制，还实时监测传感器、执行器、继电器及开关的状态。

控制中心有液晶显示屏（LCD）和各界面的轻触式按键，显示屏可显示冷水机组及主要部件的情况，表现了冷水机组、子系统和系统参数的情况，并可以在同一画面同时显示多个运行参数。

智能防冻保护使冷水机组能在 2.2℃的冷水出水温度下运行，当水温低时机组不会出现干扰跳闸。复杂的程序和传感器将监控冷水机组的水温，以免结冰。必要时可提供热气旁通作为选择。

控制中心通过压缩机电机启动器中的 1.5kVA 或 2kVA 变压器来断路，以便为所有控制器提供单独的过电流保护电源。需要提供几个接线条用于下列接线，如：遥控启停、流量开关、冷水泵、就地和远程启停装置。控制中心也提供现场连锁，以指示冷水机组的状态。这些触点包括：遥控模式准备启动、正常停机、紧急停机和冷水机组运行触点。压力传感器测出系统的压力，其输出是对应于压力输入的一个直流电压；热敏电阻测出系统的温度，其输出是对应于所测温度的一个直流电压。可以在远程位置用触点闭合信号或通过串行通信来更改设定值。远程重设范围可调（达 11.1℃），可以按重设的需要来灵活、有效地使用远程信号。

　　YS 型标准冷水机组设定了两个不同的低水温再启动限制值，可以方便地在标准和蓄冰两种模式下切换，避免了不必要的周期性停机。

6.3　离心式冷水机组

6.3.1　离心式冷水机组的特点及分类

　　离心式冷水机组是由离心式制冷压缩机、冷凝器、蒸发器、节流机构和调节机构等组成。离心式冷水机组中常用的制冷剂为 R22、R123 和 R134a。

　　离心式冷水机组具有单机制冷量大、结构紧凑、单位制冷量重量轻等特点，这是由于离心式压缩机的结构及工作特性决定的，离心式冷水机组适用于较大的制冷量。目前世界上最大的离心式冷水机组的制冷量可达 35200kW。

　　离心式冷水机组具有无吸排气阀等易损件，寿命长、性能系数高且性能可靠，调节方便等优点。但离心式冷水机组的工况范围比较狭窄，冷凝压力不宜过高，蒸发压力不宜过低。其冷凝温度一般控制在 40℃左右，冷凝器进水温度一般在 32℃以下，蒸发温度大致在 0～10℃，用得最多的是 0～5℃，蒸发器出口冷水温度一般为 5～7℃（用于冰蓄冷的离心机组除外）。当蒸发温度下降、冷凝温度升高时制冷量下降较大；在过高的冷凝温度和过低的负荷下易发生喘振现象。

　　离心式冷水机组适用于大、中型建筑物，如宾馆、剧院、医院、办公楼等舒适性空调制冷，以及纺织、化工、仪表、电子等工业所需的生产性空调制冷，也可为某些工业生产提供工艺用冷水。在国内应用中，离心式冷水机组主要用于制冷量在 1408～2600kW 左右及以上的大型制冷空调系统中。由于调节性能略差，在制冷量小于 1056kW 的场合一般采用螺杆式冷水机组。当空调机房总制冷量很大，需要多台离心式冷水机组时，常采用多台离心式冷水机组加 1 台螺杆式冷水机组的组合方式，以获得高效率制冷和较好的部分负荷调节性能。

目前应用的一般为单级压缩离心式冷水机组和三级离心式冷水机组两类，冷凝器均为水冷方式。

6.3.2　离心式冷水机组的制冷系统

1. 单级压缩离心式冷水机组

图 6-7 所示为约克 YK 型离心式冷水机组。机组中的制冷压缩机为单级离心式，开式电机驱动，蜗壳可拆卸，垂直环形结合，用细粒铸铁制成，运行组件可拆装。转子组件包括经热处理过的合金钢驱动轴和从动轴，以及高强度的全封闭式铸铝叶轮。叶轮设计考虑了推力平衡，并经过平衡和超速测试以达到平稳、无振动地运行。翼形导流叶片减少了气流的扰动，使部分负荷能保持最高效的性能。制冷压缩机可从 100% 负荷卸载平稳地降到最低负荷。

蒸发器采用混合降膜式蒸发器，和传统的满液式蒸发器相比，制冷剂首先通过喷淋的方式被均匀分配到降膜换热区，自然下降成膜，与换热管实现膜式换热。使传热系数大大提高，制冷剂充注量明显减少。

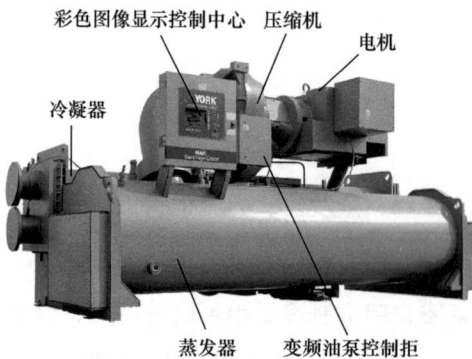

图 6-7　约克 YK 型离心式冷水机组

冷凝器为壳管式，用排气折流板来防止高速流体直接撞击管束，该板同时也起到均流作用，以便得到最好的传热效果。在冷凝器壳体的底部，有一个内置式过冷器，它为液态制冷剂提供高效的过冷，从而提高系统的制冷系数。

2. 三级离心式冷水机组

以特灵公司的 CVHE/CVHG 型为例，三级离心式冷水机组各侧面图如图 6-8 所示。机组的主要组成部件有：全封闭三级压缩机，每级均带有进气导流叶片；直接传动的电动机，电动机用液态制冷剂冷却；二级节能器；壳管式的蒸发器、冷凝器；节流孔板；机组启动柜及带微处理器和数字显示屏的 UCP2 控制箱；油系统及抽气装置；水流连锁开关。

离心式三级压缩制冷循环流程图如图 6-9 所示。

蒸发器中液态冷媒吸收冷水热量而汽化，汽化的冷媒被吸入到第一级压缩机。气态冷媒从蒸发器吸到第一级压缩机，第一级的叶轮将气体加速，提高其温度和压力。从第一级压缩机出来的气态冷媒和来自二级节能器（也称增效器）低压级一侧的较冷

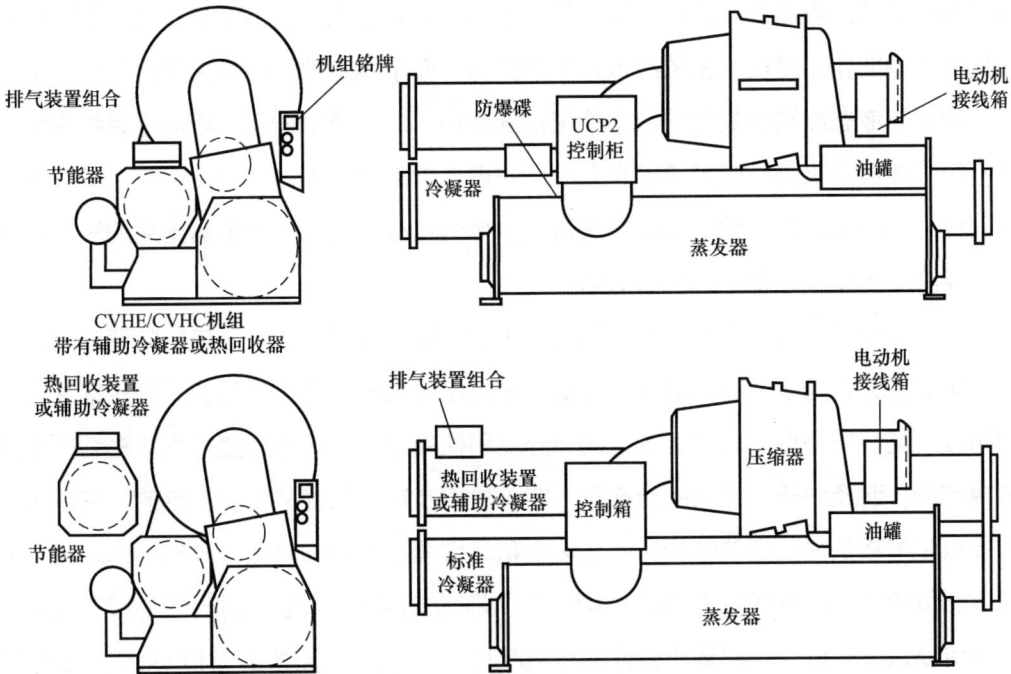

图 6-8　三级离心式冷水机组各侧面图

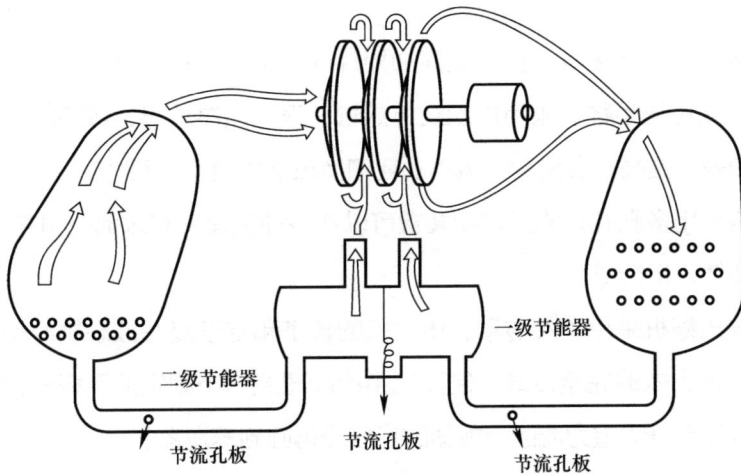

图 6-9　离心式三级压缩制冷循环流程图

的冷媒气体混合，使其焓值降低后进入第二级压缩机，第二级的叶轮将气体加速，进一步提高其温度和压力。从第二级压缩机出来的气态冷媒和来自一级节能器高压级一侧的较冷的冷媒气体混合，使其熔值降低后进入第三级压缩机，第三级的叶轮将气体加速，进一步提高其温度和压力，然后排入冷凝器。冷媒气体进入冷凝器，在冷凝器中将热量传给冷凝器的循环水，冷媒气体冷凝成冷凝液体。一级节能器和孔板流量系统说明：离开冷凝器的液态冷媒流经第一个孔板，并进入节能器的高压级一侧，该孔板和节能器的作用是使少量的冷媒在中间压力（介于蒸发器和冷凝之间的压力）下闪蒸。闪蒸的液态冷媒使其他的液态冷媒得到冷却。二级节能器和孔板流量系统说明：从一级节能器出来的冷媒经第二个孔板，并进入二级节能器，一些冷媒在更低一些的中间压力下闪蒸，使其他的液态冷媒进一步得到过冷。从二级节能器出来的过冷液体冷媒经第三孔板节流降压，进入蒸发器。

三级压缩离心式冷水机组的压缩机有 3 个叶轮，并配有 3 个进口导叶调节阀。叶轮的转速低、直径小，叶轮的线速度低，这样压缩机的寿命可以延长。制冷剂蒸气在某角度下离开压缩机叶轮时，具有切向分量和径向分量。切向分量是由叶轮切向线速度决定的，而径向分量是由制冷剂蒸气的流量和叶轮排气横截面积决定的。三级压缩的优点是能够获得较低的叶轮切向线速度和尽可能高的径向分量而排出气体。当压缩机在低负荷或冷凝温度高的情况下运行时，较高的径向分量就可以抵抗制冷剂的断流，也就可以避免喘振。采用精心设计的导流叶片，一方面可以调节气体量来满足部分负荷的要求，另一方面可以调整制冷剂的气体方向，使其以最佳的角度进入叶轮从而提高效率。

采用高效节能的换热器，管外表面加翅片或涂金属颗粒，以增大换热面积，改变翅片形状，提高传热系数。采用内螺纹传热管，强化换热效果，可缩小蒸发温度与冷水出口温度的差，提高蒸发温度，减小功耗和换热器的重量和尺寸。

节流机构采用多孔孔板流量控制装置可以在各种负荷下有效地控制制冷剂的流量，取消了运动部件，运行更可靠。

电动机与压缩机采用直接传动，电动机的转子和定子浸在液态制冷剂中，在各种负荷条件下提供有效的完全冷却。制冷剂由冷凝器经一个固定的孔板装置进入电动机内部，然后依靠自身的重力流回节能器的低压段再回到蒸发器。

6.3.3 离心式冷水机组的润滑油系统

1. 单级压缩离心式冷水机组

以约克 YK 型为例，油系统由油泵、储油槽、油加热器、油过滤器、油冷却器以及回油系统组成。

在主机启动之前、运行期间和逐渐停转阶段，润滑油由变频驱动式油泵压入各轴承、齿轮和旋转面。在压缩机顶部有一个重力供油式储油槽，当电源发生故障机器逐渐停转时，由它提供润滑。另一个储油槽与压缩机分开，它包括一个浸入式油泵、2HP油泵电机和 1 个浸入式油加热器。恒温控制的油加热器用来除去油中的制冷剂。润滑油经一个外装的 1/2 微米油经过油过滤器过滤，过滤芯子可以更换，并配有检修阀。润滑油在进入压缩机之前，需流经一个制冷剂冷却的油冷却器，无须现场接水管。油冷却器的油侧装有检修阀。自动回油系统将留在蒸发器中的润滑油收回。

2. 三级离心式冷水机组

以特灵 CVHE/CVHG 型为例，离心式冷水机组油系统流程图如图 6-10 所示。油系统是由储油罐及油泵、油压差调节阀、油过滤器、油冷却器、油加热器、引射回油的喷射器、外部与内部供油及回油的管路组成。

油由油泵压出经油压差调节阀、油过滤器，一路去油冷却器润滑套筒轴承；另一路去止推轴承向其供油，经回油管路流回油罐。在蒸发器中的润滑油则由一引射器将其引射回油罐。引射器有两个接口，一个接冷凝器，另一个接蒸发器。从冷凝器来的高压气态冷媒通过引射器将蒸发器中的润滑油引射回油罐，气态冷媒进入油罐，由油罐中的油加热器将其中的冷媒加热后，引入到压缩机的吸气口。

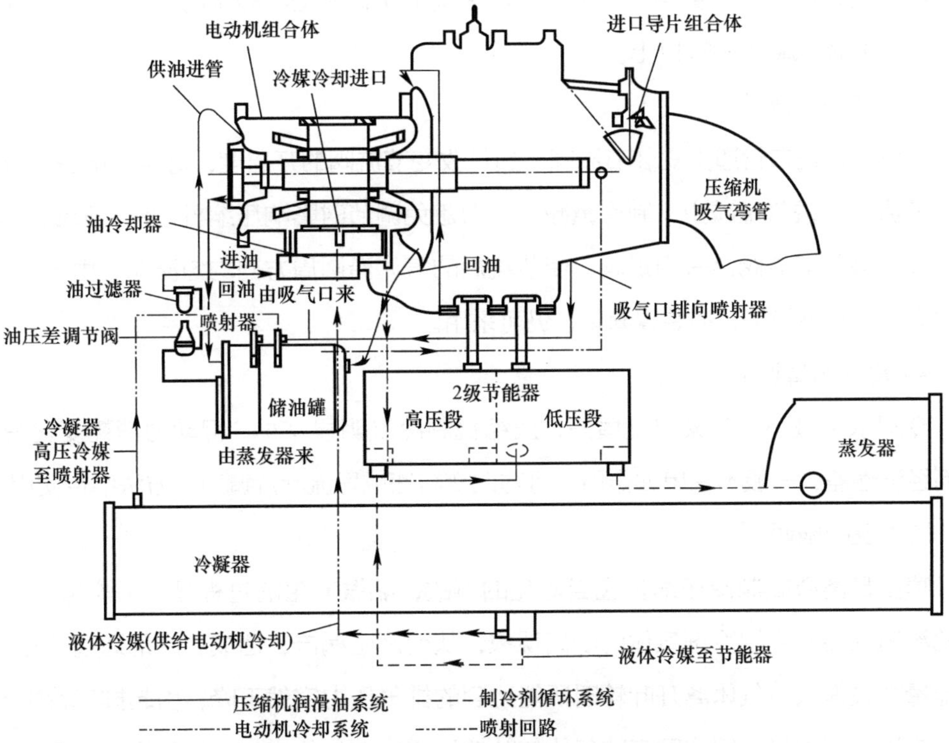

图 6-10　离心式冷水机组油系统流程图

6.3.4　离心式冷水机组的调节及控制

1. 能量调节

离心式冷水机组应根据冷负荷的变化调节制冷机制冷量，常用的方法有进口导叶调节、转速调节、进口节流调节和冷却水量调节。为防止发生喘振，在小流量时要进行反喘振调节。

（1）制冷量的调节

1）进口导叶调节

离心式制冷压缩机进口处设有一组旋转导流叶片，改变导流叶片的角度，从而改变进口气流的方向，使进口气流产生旋转，从而使叶轮加给气体的动能发生变化，达到改变制冷量的目的。这种调节方法经济性好，调节范围宽（40%～100%），可用手动或根据蒸发温度（或冷水温度）自动调节。采用定速电动机驱动的空调用离心式制冷压缩机几乎全部采用这种调节方法。

2）转速调节

机组采用变频控制，直接改变电机转速或通过更换增速器中的齿轮，改变主轴转速，使转速降低，制冷量相应减少。当转速从 100% 降低到 80% 时，制冷量可以减少 60%，轴功率也减少 60% 以上。

3）进口节流调节

在压缩机进口管道上安装节流阀，通过改变节流阀的开启度，对制冷量进行调节。关小节流阀，进气量减少，制冷量减少。为避免调节时影响压缩机工作，降低压缩机的效率，吸气节流阀常采用蝶阀，使节流后的气体沿圆周方向均匀流动。由于产生能量损失，运转不经济，但装置简单，仍可采用。

4）冷却水量调节

冷却水量减小，冷凝温度增高，压缩机制冷量明显减小，但动力消耗变化很小，因而经济性差，一般不宜单独作用，可与改变转速或导流叶片调节等方法结合使用。

（2）反喘振调节

喘振是离心式制冷压缩机应当避免的事故，喘振产生的过程是，当流量过小时，叶轮流道内会产生制冷剂气体的脱离现象，从而产生涡流，造成制冷剂通过叶轮流道的能量损失很大，气体离开叶轮时所能达到的排气压力突然下降，引起排气管中的气体倒流进入压缩机。倒流回来的气体使叶轮流道内的气体增加，排气压力升高，排出气体。但后续的气体量仍不足，又会使流道产生脱离现象，排气压力不足，如此不断发生，形成喘振。喘振发生后，压缩机出现周期性地增大噪声的同时，机体和出口管会发生强烈振动，若不及时采取措施，会损坏压缩机。

离心式制冷压缩机发生喘振的主要原因是排气量（或制冷量）的减小。冷凝压力过高或蒸发压力过低，也会造成排气量减少。所以，机组工作过程中，维持正常的冷凝压力和蒸发压力可防止喘振的发生。当调节制冷量时，为使机组在较小的制冷量下工作，必须进行保护性的反喘振调节，旁通调节法是反喘振调节的一种措施。其做法是，当要求压缩机的制冷量减小到喘振点以下时，可从压缩机排出口引出一部分气态制冷剂不经过冷凝器而注入压缩机的吸入口（同时喷入少部分制冷剂液体用于降温）。这样，既减少了流入蒸发器的制冷剂流量，相应减少制冷机的制冷剂流量，又不致压缩机吸入量过小，从而可以防止喘振发生。反喘振调节是不经济的，只有在需要很小制冷量时采用。

2. 控制方法

目前先进的离心式冷水机组基本上实现了全电脑控制，机组的启动、安全保护、工况参数的显示及打印、故障诊断、维修测试、安装及首次启动参数设定，均是由一台微机来控制的，实现了全自动化。

约克 YK 机组采用的约克彩色图像显示控制中心为机组提供了监控、数据记录、安全保护和便利的操作。该控制中心是先进的微处理器系统，有一块彩色液晶显示屏（LCD），周围是轻触式按键。显示屏用图片表现了冷水机组及主要部件的情况，并详尽地给出了所有运行信息和系统参数。复杂的程序和传感器将监控冷水机组的水温，以免结冰。必要时可提供热气旁通作为供选。控制中心显示倒数计时器信息，这样操作员就知道功能将何时开始和结束。每个可编程点都有一个弹出窗口，给出了容许调节范围，使操作员不能在设计极限之外对冷水机组编程。

特灵三级压缩离心式冷水机组采用了一台 UCP2 微处理机控制箱来实现机组的全自动控制。UCP2 由各种功能不同的模块组成，所有模块通过内部信息处理连线电路连接。机组上安装了温度感应器、压力转化器、功能开关，可以向不同的模块提供模拟量和数字量的输入信号，模块通过内部信息通信连线向其他模块发出指令或从其他模块收集数据。

UCP2 控制箱主要有 3 个控制功能：冷水温控制、电流极限控制和安全控制。

6.4   涡旋式冷水机组

6.4.1   涡旋式冷水机组的特点

涡旋式冷水机组具备高效能、低振动、低噪声、构造精简、紧凑轻便、耐用件少以及高度可靠的特点。由于涡旋式压缩机的制冷量较小，因此涡旋式冷水机组一般采用多个压缩机组合，制冷量一般在 335kW 以下，且多为风冷式冷水机组（图 6-11）或冷热水机组，只适用于中小制冷量的场所。

图 6-11   涡旋式风冷冷水机组

6.4.2   涡旋式冷水机组的制冷系统

涡旋式冷水机组压缩机采用全封闭设计的涡旋式类型，其轴向与径向均展现出良好的可塑性。涡旋叶轮与电动机之间采用了一种摆动式的连接结构，旨在消除制冷剂和润滑油可能带来的干扰。采用离心油泵进行润滑。电动机为两极，吸入制冷剂气体冷却，带有防过热过载保护。机组一般有两台或四台压缩机。机组的蒸发器和冷凝器采用卧式壳管式。而在节流控制方面，则普遍选用了热力膨胀阀作为调节机构。

6.4.3   涡旋式冷水机组的控制系统

涡旋式冷水机组的控制系统功能全面，涵盖微分比例控制冷水温度功能、运行模式控制功能、系统保护功能及遥控和通信功能。运行模式控制包括压缩机启动、容量分级和电路之间防止再启动计时控制、低压启动逻辑控制和电源中断后的自动再启动及多台机组运行时间平衡控制。系统保护机制能够在运行过程中周期性自动校验安全参数，如蒸发压力、排气温度、电动机绕组温度、冷水出水温度和电动机电流等，同时集成自诊断程序和传感器以增强安全性。控制柜面板上具有数字液晶显示，可以显示实际的冷水出水温度及其设定温度，出现故障时可以显示出数十种不同的故障诊断代码，指示故障性质；面板上指示灯提供详细运行状态信号和重要的安全装置的输入状态参数。该控制系统结合通信系统可使冷水机组实现双向模式楼宇管理系统。

6.5　模块化冷水机组

6.5.1　模块化冷水机组的特点

模块化冷水机组是由多台结构与性能完全相同的冷水机组并联而成的。每个独立的冷水机组称为一个模块。模块化冷水机组也叫组合式冷水机组。

该机组能量调节灵活，可根据负荷的需要调节投入运行的模块数及运行压缩机的台数，使每个模块机组始终保持满负荷运行状态，机组的部分负荷效率不会下降。各模块完全相同，具有很好的备用性。便于运输、安装，因负荷变更扩容时也较方便。运行经济、可靠，自动化程度高。但价格较贵。由于风冷冷凝式冷水机组运行管理方便，因此在模块化冷水机组中风冷冷凝方式应用较多。

6.5.2　模块化冷水机组的结构

模块化冷水机组是一组并列的模块单元系统，每个单元系统结构相同，性能一致，其中包括了制冷压缩机，一般为全封闭或半封闭的活塞机或螺杆机，冷凝器和蒸发器大多采用不锈钢的板式换热器，表面钎焊成不可拆结构，密封性能好，承压能力高。节流机构一般采用热力膨胀阀。模块化冷水机组的主体结构如图 6-12 所示。

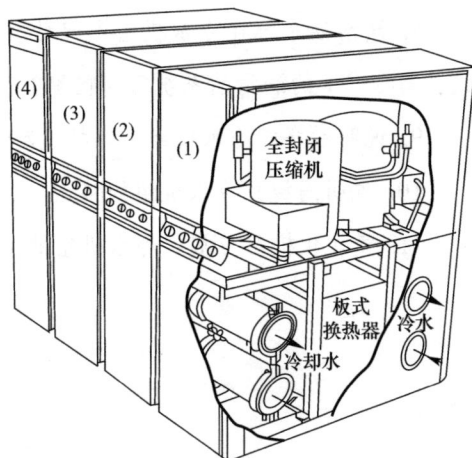

图 6-12　模块化冷水机组的主体结构

6.5.3　模块化冷水机组的控制

模块化冷水机组备有一套微机处理机，制冷机组的有关运行参数可以从液晶显示屏上显示出来。微机处理器具有保护和监视的双重功能，它可以不断地监视蒸发器和冷凝器的进、出口水温和流量，并可根据温度对时间的变化率控制投入运行的模块数目，使机组的制冷量与实际需求制冷量相匹配。该机组同时可对全封闭式制冷压缩机的排气温度和压力、电动机过载和过热等进行监控。当系统发生故障时，它还可以将当时的运行参数和故障发生的日期和时间记录下来，并通过显示屏幕显示出来，或用打印机打印出来。对由多个模块组成的冷水机组，当某一个模块中的机组出现异常时，该模块中的制冷压缩机就会停止运行，自控系统将立即命令另一台机组启动补上。这种机电控制一体化的方式也是现代所有制冷机组的发展方向。

思考题与练习题

    1. 什么是冷水机组？

    2. 简述冷水机组的分类及应用范围。

    3. 活塞式冷水机组油加热器的作用是什么？

    4. 螺杆式冷水机组与活塞式冷水机组相比有些什么特点？

    5. 螺杆式冷水机组中的油冷却器、油分离器的作用是什么？

    6. 简述离心式冷水机组油系统的流程及冷却器的结构和作用。

    7. 说明离心式冷水机组的制冷量的调节方法。

    8. 润滑油系统在冷水机组中起什么作用？不同类型的冷水机组（如活塞式、螺杆式、离心式）的润滑油系统有何区别？

    9. 说明活塞式冷水机组、螺杆式冷水机组与离心式冷水机组的各自特点。

    10. 说明涡旋式冷水机组的特点。

    11. 模块化机组与常规冷水机组的不同有哪些？

第7章

热泵技术

本章知识目标：

1. 了解热泵的基本概念。
2. 了解热泵的常见类型和基本形式。
3. 理解热泵的基本工作原理。
4. 了解空气源热泵、水源热泵、土壤源热泵系统的应用方式、工作原理及其特点。

本章思政目标：

探索热泵技术的新应用和新领域，强调环境保护和可持续发展的重要性，培养学生的创新思维和实践能力。

7.1 热泵的基本概念及分类

7.1.1 热泵的基本概念

1. 定义

热泵实质上是一种热量提升装置，它本身消耗一部分能量，把环境介质中贮存的能量予以挖掘，提高温位加以利用，如同水泵将水提高水位后利用一样。整个热泵装置所消耗的功仅为供热量的三分之一或更低，这也是热泵的节能特点。

热泵工作的原理与制冷机实际上是相同的，它们都是通过消耗一定的能量，从低温热源吸取热量并向高温热源排放。两者的不同在于使用的目的不同：制冷机利用蒸发器吸取热量而使对象变冷，达到制冷的目的，而热泵则利用冷凝器放出的热量来制热，为供暖、空调和生活热水提供热量。按照热泵循环驱动方式的不同，可以将热泵分为蒸气压缩式热泵、吸收式热泵、蒸气喷射式热泵和气体压缩式热泵等。

2. 热泵的设备组成

蒸气压缩式热泵系统和蒸气压缩式制冷机一样，主要由压缩机、蒸发器、冷凝器和节流阀组成，系统中充有特定的工作介质（简称工质），其工作原理如图7-1所示。热泵工作时，来自蒸发器的工质蒸气被吸入压缩机，蒸气在压缩机中被压缩提高压力和温度后排入冷凝器，在冷凝器中蒸气向冷却介质（被加热对象）释放热量并降低温度而变成液体；冷凝后的高压液体经节流阀降低压力和温度，然后进入蒸发器；在蒸发器中液体吸收低温热源的热量又变成蒸气，接着再被吸入压缩机。如此，工质在封闭系统中不断循环，热泵便连续工作，不断地把从低温热源吸收的热量连同消耗的压缩功转化来的热量输送到温度较高的被加热对象中去。

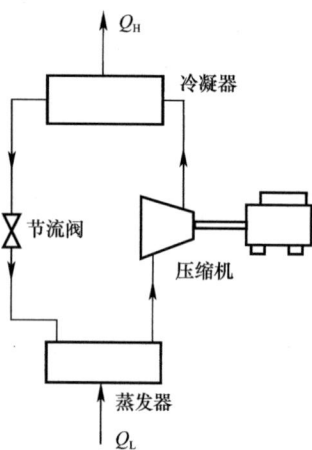

图 7-1 蒸气压缩式热泵系统
工作原理

7.1.2 热泵的分类

热泵从低位热源中吸取热量加以利用，所有形式的热泵都需要有低位热源。一般来说，热泵要求的低位热源的温度越低，其能利用的低位热源的范围就越大，但其能量的利用效率也越低，对热泵的要求也越高。根据热泵的低位热源不同，可以将热泵系统分为空气源热泵、水源热泵和土壤源（地源）热泵。

1. 空气源热泵

因空气是自然界存在的最普遍的物质之一，用环境空气作为热泵的低位热源是热泵系统中一个最常见的选择。空气源热泵无论在什么条件下均可应用，对环境也不会产生有害影响，且系统运行和维护方便，因此，在热泵的应用中以空气源热泵最为普遍。但由于空气的温度随季节变化较大、单位热容量小、传热系数低且含有一定的水蒸气，使得空气源热泵的单机容量较小、热泵性能系数低、对机组变工况能力要求高、成本高、在低温环境下工作时需要定期除霜。

在空气源热泵系统中，制热时系统从室外空气吸收热量释放到室内；制冷时，系统吸收室内的热量释放到室外空气中。空气源热泵系统成为住宅和许多商业建筑中使用最广泛的热泵形式之一。

2. 水源热泵

水的热容大、传热系数高，是热泵系统的理想低位热源。水源热泵是以水源作为热泵的低位热源，可供使用的水源常指地表水（河川水、湖水、海水等）和地下水（深井水、泉水、地下热水等）。地表水热泵系统有潜在水面以下的、多重并联塑料管组成的地下水热交换器，它们被连接到建筑物中。用地表水作热泵的低位热源要求热泵附近有方便的水源（江、河、湖、海），且水源在冬季的最低温度不能在零度附近。但由于水源热泵有较高的热泵性能系数，成本也较低，在有条件的地方应尽可能选用。地下水热泵系统通常包括带潜水泵的取水井和回灌井。地下水取出后，利用板式换热器和建筑内循环水进行小温差换热，之后将地下水回灌地下。地下水的温度在全年只有很小的变化，比地表水更适合作热泵的低位热源，但地下水资源有限，长期使用会造成地下水枯竭、地面下沉等不良后果，回灌技术减少了使用地下水对地下水资源的影响，水源热泵的节能潜力很大。

3. 土壤源热泵

土壤也是一种比空气更理想的自然热源。地表浅层土壤相当于一个巨大的太阳能集热器，收集了约 47% 的太阳辐射能量，比人类每年利用能量的 500 倍还要多，且不受地域、资源等限制，真正是资源广阔、取之不尽、用之不竭，是人类可利用的可再生能源。土壤热源和空气热源相比，土壤的温度波动小，地下土壤温度一年四季相对稳定（约为 12~20℃）。土壤的蓄热性能好，更能适应负荷的变化；土壤热源的热容量大。土壤源热泵就是利用地球表面浅层的土壤（通常深小于 400m）作为热泵低位热源进行能量转换的供热空调装置。夏季空调时，室内的余热经过热泵转移后，通过埋地换热器释放于土壤中，同时蓄存热量，以备冬季供暖用；冬季供暖时，通过埋地换热器从土壤中取热，经过热泵提升后，供给供暖用户，同时，在土壤中蓄存冷量，以备夏季空调用。土壤源热泵"冬取夏灌"的能量利用方式，在一定程度上实现了土壤热源的内部平衡，符合可持续发展的趋势。

地表浅层地热资源的温度一年四季相对稳定，冬季比环境空气温度高，夏季比环境空气温度低，是最好的热泵热源和空调冷源。地源热泵系统利用可再生能源，热泵性能系数高，对环境无不良影响，也不受水源条件的限制，运行费用低，可靠性高。

7.2　热泵技术的应用

热泵技术作为一种节能技术，能够提供比驱动能源多的热能，在节约能源、保护环境方面具有独特的优势，因此在空调领域中获得了较为广泛的应用，取得了一定的节能和环保效益。目前在空调系统中应用最多的是蒸气压缩式热泵装置，既能在夏季制冷又能在冬季制热，是一种冷热源两用设备。下面分别对空气源热泵、水源热泵、土壤源热泵系统在空调中的应用情况进行介绍。

7.2.1　空气源热泵的应用

空气源热泵系统的安装和使用都很方便，应用非常广泛，在住宅、商场、学校等小型建筑物中用得很多。空气源热泵适用范围广，对环境无害，机组安装方便，不需占用有效室内空间，系统运行维护方便。但热泵单机制冷量较小，在低温环境下工作时，需要定期除霜，当室外温度低于 −5℃时，制热量明显下降，温度更低时甚至会影响启动。空气源热泵目前较适用于室外空调计算温度在 −10℃以上的城市，以及建筑面积 $10000\sim15000m^2$ 之间、单位面积冬季热负荷不太大的建筑，对于长江以南而冬季相对湿度不过高的地区尤为适用。对于夏季冷负荷较小而冬季热负荷较大的地区，或对于夏季冷负荷很大而冬季热负荷很小的地区不宜单独采用热泵。目前空气源热泵产品主要是热泵型房间空调器和风冷热泵型冷热水机组。

1. 热泵型房间空调器

在单户住宅和很多办公场所，房间空调器的使用非常普及，目前生产的房间空调器多为热泵型的，既能在夏季制冷又能在冬季供热。与单冷式空调器相比，热泵型空调器加装了一个电磁换向阀，使制冷剂可正反两个方向流动，从而实现制冷和制热工况的转换。

（1）基本结构：分体式热泵型房间空调器主要由室内机组、室外机组及连接管路三部分组成，其结构如图 7-2 所示。

1）室内机组。室内机组的作用是向房间提供调节空气，使房间的温度达到设定要求。它由外壳、室内换热器、空气过滤网、离心电动机、控制操作开关、接水盘和排水管等组成。在外壳前方设有进风口风向板，内设有空气过滤网，用以滤除空气中的尘埃和污物。冷风或热风从出风口导向板吹出，

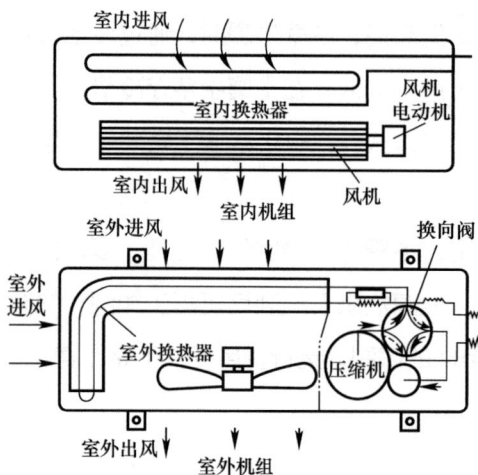

图 7-2　分体式热泵型房间空调器结构示意图

导向板可转动，风向调节杆可左右移动。面板上装有指示灯，显示压缩机的运转状态。控制操作板部分装有运转、温度等若干种操作模式。空气中的水分遇冷而凝结成水，经接水盘和排水管排至室外。

2）室外机组。室外机组的作用主要是用于制冷剂的散热。它由外壳、压缩机、室外换热器、四通换向阀（安装在压缩机与冷凝器之间）、室外加热电热丝（在低温下仍可制热运转）、轴轮风扇和风扇电动机等组成。外壳上有进出风口，使冷凝器散发出的热量及时被风机引出机外。

3）连接管路。室内机组和室外机组是通过直径 20mm 以下的紫铜管进行连接的，连接管头目前采用的形式有三种：自封式快速接头、一次性快速接头、扩口管螺母接头。效果最好的是快速接头，它密封可靠且使用寿命长。

（2）工作原理：热泵型房间空调器属于空气 – 空气热泵，它的工作原理如图 7-3 所示。

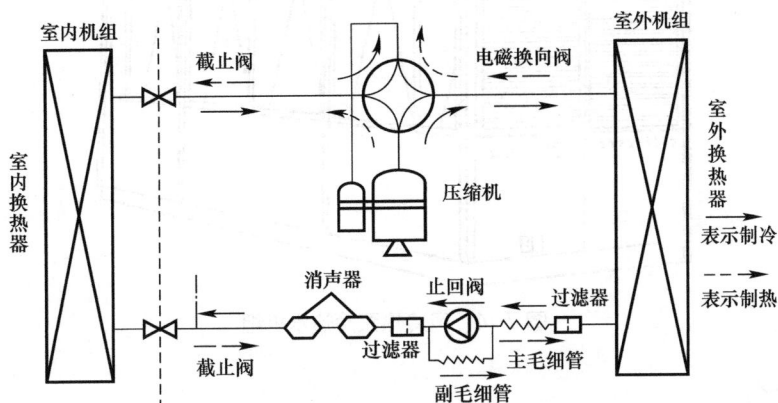

图 7-3　热泵型房间空调器工作原理图

在制冷工况下运行时，电磁换向阀没有接通电源，经压缩机排出的高温制冷剂，经电磁换向阀流向室外换热器，此时的室外换热器作冷凝器使用。在冷凝器中，制冷剂放热冷凝。经过毛细管进入室内换热器（作蒸发器使用）吸热汽化，又经过电磁换向阀回到压缩机。

在制热工况下运行时，电磁换向阀接通电源，驱动阀内机构完成制冷剂通道的切换，使压缩机排出的高温制冷剂蒸气经电磁换向阀通道切换后，排向室内换热机器，此刻的室内换热器作冷凝器使用。制冷剂的热量通过离心风扇作用与室内冷空气进行热交换，吹向室内的空气是已经吸收了制冷剂热量的暖风。这时制冷剂经放热后已冷凝成液体，然后经毛细管进入室外换热器，此时室外换热器作为蒸发器使用。液态的制冷剂吸收室外侧空气中的热量蒸发汽化，回到电磁换向阀，经切换后的通道进入压缩机，继续循环。在制热过程中，室内侧放出的热量，应包括制冷剂在室外侧吸收的热量和压缩机做功产生的热量。因此，压缩机消耗 1kW 电能，在室内产生的热量要大于消耗 1kW 的电热丝所产生的热量，所以该种空调器的经济性较好。

2. 风冷热泵型冷热水机组

风冷热泵型冷热水机组属于空气 – 水热泵，目前它在各种商业和工业场所中使用得越来越多。它可以满足全年制冷供暖的需要，有的还可以提供生活热水。图 7-4 是风冷热泵冷热水机组的常见的形式。冬季按制热循环运行，供热水用于空调供暖。夏季按制冷循环运行，供冷水用于空调制冷。制冷与制热循环的切换通过换向阀改变热泵工质的流向来实现。

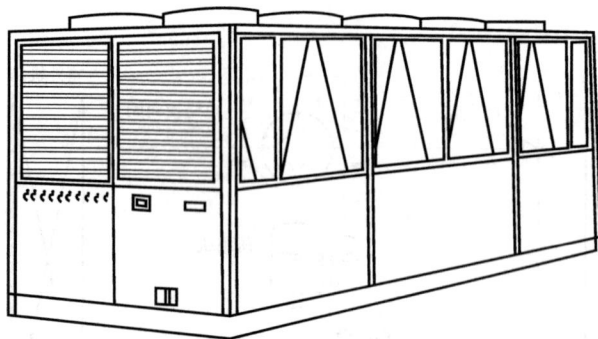

图 7-4 风冷热泵冷热水机组

（1）分类

1）按机组所采用的压缩机类型分类：活塞式热泵机组、螺杆式热泵机组、涡旋式热泵机组，也有少量采用离心式压缩机作机头的。制冷量在 116kW 以下的机组采用全封闭式压缩机，对于制冷量超过 116kW 的机组大多采用半封闭式压缩机。由于螺杆式压缩机在相同工况下效率高，故障率低，噪声低，因此，对于热泵机组，首选螺杆式压缩机作为机头的机组。

2）按机组结构形式分类：组合式与整体式。组合式热泵冷热水机组：由多个独立回路的单元机组组成的一种类型，每个单元机组有一台压缩机、一台空气侧换热器和一台水侧换热器，几个单元组合起来后用水管连接成为一台独立机组。整体式热泵冷热水机组：由一台压缩机或多台压缩机为主机，但共用一台水侧换热器。

（2）风冷热泵机组的制冷系统

压缩机大多为半闭式螺杆式压缩机，也有用活塞式压缩机作机头，其节流机构有热力膨胀阀、电子膨胀阀。有冬夏共用一个热力膨胀阀的，也有冬夏分开设两个热力膨胀阀的，但由于冬夏工况相差较大，冬夏季制冷剂的流量相差较大，故分开设两个膨胀阀的机组较好。电子膨胀阀可以随制冷量的大小精确地调节制冷剂的流量，使出蒸发器的蒸气的过热度在 $0 \sim 2℃$ 的范围内，它不受冷热水及室外空气温度的影响；在冬季除霜工况下，电子膨胀阀可以及时达到除霜所需开度，能有效地适应负荷的变化，提高机组部分负荷下的性能，故采用电子膨胀阀的热泵机组性能较好。

风冷热泵机组的水侧换热器采用钎焊板式和套管式换热器的居多，制冷量大于 116kW 的机组采用干式壳管式和卧式壳管式换热器的居多，也有采用板式换热器的。板式换热器传热效率高，但对水质要求高，同时要防止水侧冻结。

风冷热泵机组的空气侧换热器对于制冷量大于 116kW 的机组多采用顶出风，如图 7-4 所示。风机布置在机组顶板上，翅片管有平直型、W 形、V 形。W 形排列的如图 7-5 所示，其中 V 形进风面积较大、除霜水排出也容易，所以有较好的换热效果。翅片的形式有平片、波纹片、V 形片、开槽片等，其中以波纹片和 V 型片综合使用效果好。

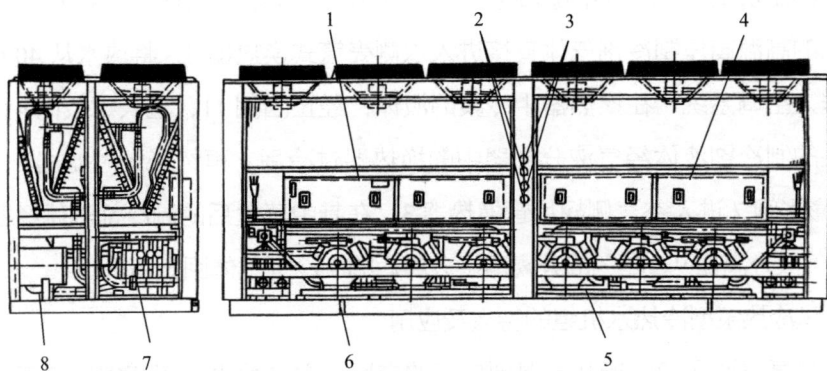

图 7-5　风冷热泵机组结构图

1—左配电箱；2—低压表；3—高压表；4—右配电箱；5—压缩机；6—起吊孔；7—四通换向阀；8—换热器

风冷热泵机组采用的工质有 R22、R134a。现以螺杆式压缩机为机头的风冷热泵冷热水机组制冷系统为例，介绍风冷热泵型机组制冷系统流程，如图 7-6 所示。

在制冷工况时，电磁阀 12 开启，电磁阀 6 关闭，从螺杆压缩机排出的高温高压制冷剂气体经止回阀 16、四通换向阀 2，进入空气侧翅片管换热器 3，冷凝后的制冷剂液

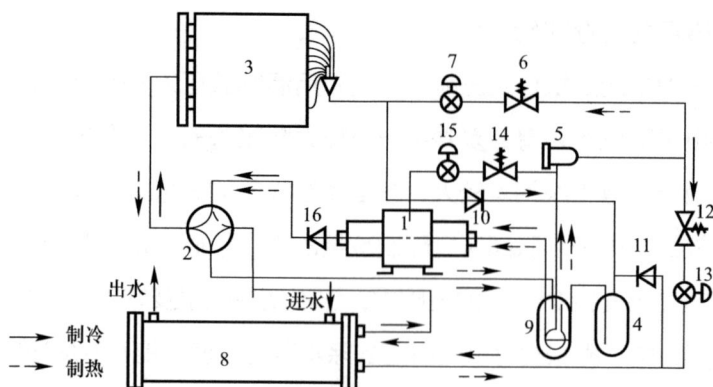

图 7-6 风冷热泵型机组制冷系统流程图

1—压缩机；2—四通换向阀；3—空气侧翅片管换热器；4—贮液筒；5—干燥过滤器；6、12、14—电磁阀；
7、13、15—单向膨胀阀；8—水侧壳管式换热器；9—气液分离器；10、11、16—止回阀

体经止回阀 10 进入贮液筒 4。从贮液筒 4 出来的高压液体经气液分离器 9 中的换热器得到过冷，过冷后制冷剂液体分两路，一路经电磁阀 14、单向膨胀阀 15 降为低压低温的液体喷入螺杆式压缩机的压缩腔中内进行冷却；另一路经干燥过滤器 5、电磁阀 12 和膨胀阀进入水侧壳管式换热器 8，在额定工况下，将冷水从 12℃冷却到 7℃，同时制冷剂液体吸热蒸发后转变为低温低压的制冷剂蒸气。低温低压的制冷剂蒸气再经四通换向阀 2 进入气液分离器 9，分离后的制冷剂气体进入压缩机。

在制热工况时，四通换向阀 2 换向，电磁阀 12 关闭，电磁阀 6 打开，从螺杆压缩机排出的高温高压制冷剂气体直接进入水侧壳管式换热器 8，将热水从 40℃加热到 45℃，送入空调系统，在换热器中冷凝的液体，经止回阀 11，进入贮液筒 4。从贮液筒 4 出来的制冷剂液体经气液分离器中的换热器过冷后，再经干燥过滤器 5、电磁阀 6、单向膨胀阀 7 进入空气侧翅片管换热器 3。在其中蒸发后的制冷剂气体经四通换向阀 2，回气液分离器 9。在气液分离器中分离后的制冷剂气体回压缩机。

（3）风冷热泵型冷热水机组的特点及应用

风冷热泵空调在我国近几年得到广泛的应用，它占地少，可节省机房面积、省去了冷却水系统，安装简便，在缺水地区尤其具有比其他水冷机组更大的优势。节能、供热时省去了锅炉等供热设备，无冷却水系统也节省了设备的初投资，自动化程度高。

但风冷热泵机组大多安装在屋面上，因此，应注意机组的噪声对周边建筑的影响，应优先选用噪声低、振动小的机组，而且机组尽可能装在主楼屋面上。如果装在裙楼上，要注意防止噪声对主楼房间和周围邻近房间的干扰，按居住建筑设计标准，室内环境允许的噪声必须在一定的范围内，若在白天噪声值超过了 50dB，晚上超过了 40dB

就必须采取降噪措施。

风冷热泵机组在冬季供热工况运行时，当室外气温低，机组蒸发温度过低时，室外侧空气换热盘管翅片表面会结霜，在除霜时供热水的温度会发生波动，因此，应采取合理的除霜控制方法，减小热泵的能量损失，而且要设一个辅助加热器以减小除霜时供水温度的波动。

在维护上，对冷水应注意水处理（因为冬季水被加热易结垢），冷凝器的翅片易积灰，影响换热效果。

由于机组安装在屋面，常年风吹雨淋，易腐蚀，因此，机组要采取防腐措施，如顶板、底板等采用不锈钢、铝合金或镀锌面板等。

风冷热泵型冷热水机组一般用于中、小型制冷量的场合。

7.2.2　水源热泵的应用

在地下水丰富或地表水水源良好的地方，采用地下水或地表水的水源热泵系统，换热性能好、换热系统小、能耗低、性能系数较高。下面以较常用的水环热泵空调系统为例介绍水源热泵系统的应用。

水环热泵空调系统是一种很有发展前景的节能型空调系统，从国内外使用情况来看，办公楼、商场等场合是水环热泵空调系统的主要应用场合。水环热泵空调系统按负荷特性在各房间或区域分散布置水源热泵机组，根据房间各自的需要，控制机组制冷或制热，将房间余热传向水侧换热器（冷凝器）或从水侧吸收热量（蒸发器）；以双管封闭式循环水系统将水侧换热器连接成并联环路，以辅助加热和排热设备供给系统热量的不足和排除多余热量。

（1）水环热泵空调系统的组成

典型的水环热泵空调系统原理如图 7-7 所示。水环热泵空调系统由四部分组成：室内水源热泵机组、水循环环路、辅助设备（冷却塔、加热设备、蓄热装置等）、新风与排风系统。

1）室内水源热泵机组（水－空气热泵机组）。室内水源热泵机组是由全封闭压缩机、制冷剂／空气换热器、制冷剂／水换热器、四通换向阀、毛细管、风机和空气过滤器等部件组成，其工作原理如图 7-8 所示。机组供冷时（图 7-8a），制冷剂／空气换热器 2 为蒸发器，制冷剂／水换热器 3 为冷凝器，其制冷剂流程为：全封闭压缩机 1 →四通换向阀 4 →制冷剂／水换热器 3 →毛细管 5 →制冷剂／空气换热器 2 →四通换向阀 4 →

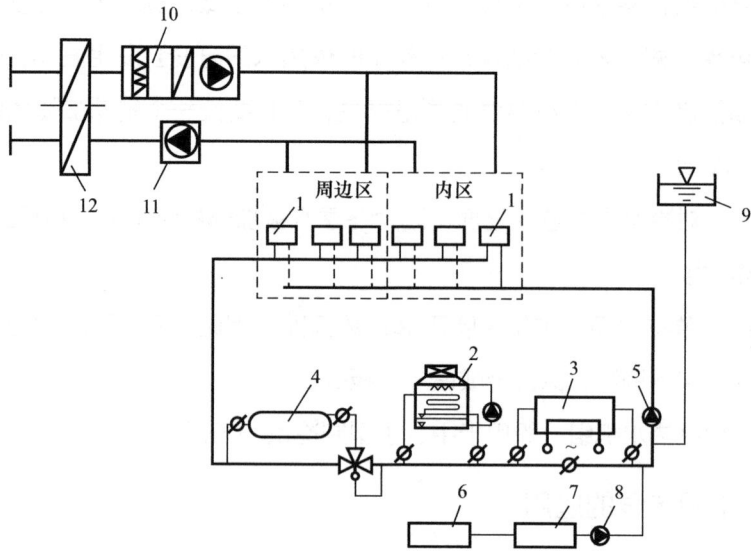

图 7-7 典型的水环热泵空调系统原理

1—室内水源热泵机组；2—闭式冷却塔；3—加热设备（如燃油、气、电锅炉）；4—蓄热容器；
5—水环路的循环水泵；6—水处理装置；7—补给水水箱；8—补给水泵；9—定压装置；
10—新风机组；11—排风机组；12—热回收装置

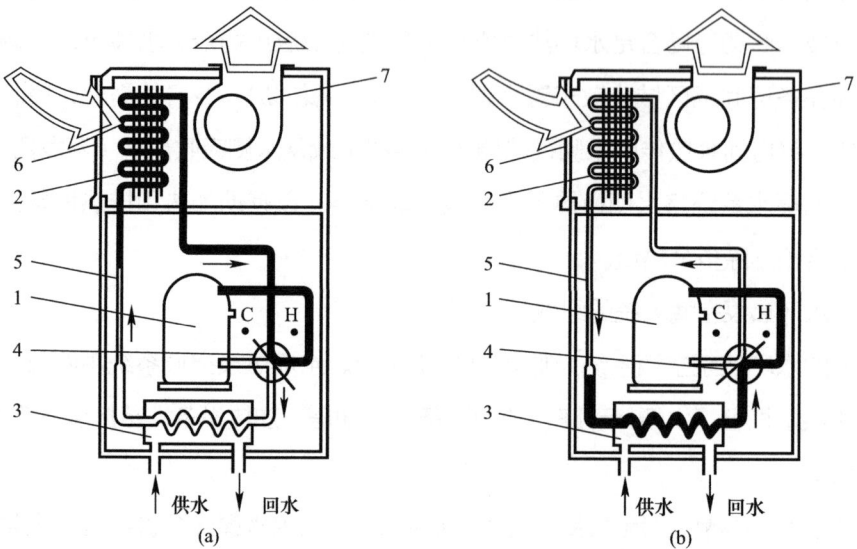

图 7-8 室内水源热泵机组工作原理图

（a）制冷方式运行；（b）供热方式运行

1—全封闭压缩机；2—制冷剂/空气换热器；3—制冷剂/水换热器；
4—四通换向阀；5—毛细管；6—过滤器；7—风机

全封闭压缩机 1。机组供热时（图 7-8b），制冷剂 / 空气换热器 2 为冷凝器，制冷剂 /
水换热器 3 为蒸发器，其制冷剂流程为：全封闭压缩机 1 →四通换向阀 4 →制冷剂 /
空气换热器 2 →毛细管 5 →制冷剂 / 水换热器 3 →四通换向阀 4 →全封闭压缩机 1。

2）水循环环路。所有室内水源热泵机组都并联在一个或几个水环路系统上。通过
水循环环路使流过各台水源热泵空调机组的循环水量达到设计流量，以确保机组的正
常运行。

3）辅助设备。为了保持水环路中的水温在一定范围内，提高系统运行的经济可靠
性，水环热泵空调系统应设置一些辅助设备，主要有排热设备、加热设备和蓄热容器等。

4）新风与排风系统。室外新鲜空气量是保障室内空气品质的关键。因此，水环热
泵空调系统中一定要设置新风系统，向室内送入必要的室外新鲜空气量（新风量），以
满足稀释人群及活动所产生污染物的要求和人对室外新风的需求。水环热泵空调系统
中通常采用独立新风系统。因此，水环热泵空调系统将会优于传统的全空气集中式空
调系统。为了维持室内的空气平衡，还要设置必要的排风系统。在条件允许的情况下，
应尽量考虑回收排风中的能量。

（2）水环热泵空调系统的特点

1）水环路制冷空调系统节约能源，机组的效率高于空气 - 空气热泵，供冷 - 供
热可实现内部的能量平衡，减少了冷却塔或加热设备的运行时间，特别对于有多余热
量和内区面积较大的建筑物，可以实现良好的热回收，提高系统运行的经济性。

2）投资少。水源热泵机组无集中的制冷机房、锅炉房、空调机房；风管少可减少
层高，无保温的冷水，减少了材料费；水源热泵机在厂家组装，减少安装费用。

3）机组应用灵活，适用于各种新建成或改建的大楼，新建大楼可先装水源热泵的
主管和支管，热泵机组可按用户装修时的实际需要来配置。用户也可根据实际需要来
选择供暖和供冷，水系统不受室外温度变化的影响；用户也可随意调节房间温度，不
受大楼中央空调关闭的影响。

4）机组维修成本低，系统安装方便，启动调整容易。

5）单台水源热泵空调机的制冷量不能过大，否则噪声较大。

6）不利于利用新风，安装要与室内装修密切配合，水源热泵机组质量要求高。

7.2.3　土壤源热泵的应用

土壤源热泵一般也称为地源热泵，这种系统就是把传统空调器的冷凝器或蒸发器

直接埋入地下，使其与大地进行换热，或是通过中间介质（水或冷冻剂）作为热载体，并使中间介质在封闭环路中通过大地循环流动，从而实现与大地进行热交换的目的。也就是说，地源热泵是以大地为热源对建筑物进行空调的技术。冬季通过热泵将大地低品位的热能提高品位对建筑物供暖，同时大地储存冷量，以备夏用；夏季是通过将建筑物里的热量转移到地下，对建筑物进行降温，同时存储热量，以备冬用。

　　地源热泵系统主要由三部分组成：地下埋管热交换器、水源热泵机组及建筑物内空调末端系统。地源热泵系统三部分之间靠水（或防冻水溶液）或空气换热介质进行热量的传递。水源热泵机组与地下埋管热交换器之间的换热介质通常为水或防冻水溶液，建筑物内空调末端换热的介质可以是水或空气。地源热泵系统可以在制冷和供热两个工况下运行，图7-9为采用水-空气水源热泵机组的地埋管地源热泵系统工作原理图。在夏季，水源热泵机组作制冷运行，水源热泵机组中的制冷剂在蒸发器（负荷侧换热器7）中，吸收空调房间放出的热量，在压缩机4的作用下，制冷剂在冷凝器（冷热源侧换热器3）中，将在蒸发器中吸收的热量连同压缩机的功所转化的热量，一起排给地埋管换热器中的水或防冻水溶液。在循环水泵2的作用下，水或防冻水溶液再通过地埋管换热器，将在冷凝器中所吸收的热量传给土壤。如此循环，结果是水源热泵机组不断地从室内取出多余的热量，并通过地埋管换热器，将热量释放给大地，达到使房间降温的目的。冬季，水源热泵机组作制热运行，换向阀5换向（制冷剂按图中虚线箭头方向流动），水或防冻水溶液通过地埋管换热器1从土壤中吸收热量，并将它传递给水源热泵机组蒸发器（冷热源侧换热器3）中的制冷剂，制冷剂再在压缩机

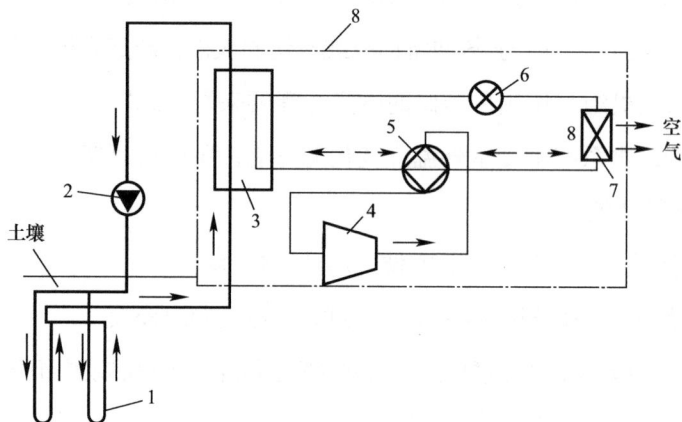

图7-9　地埋管地源热泵系统工作原理图

1—地埋管换热器；2—循环水泵；3—冷热源侧换热器；4—压缩机；
5—换向阀；6—节流装置；7—负荷侧换热器；8—水-空气水源热泵机组

4 的作用下，在冷凝器（负荷侧换热器 7）中，将所吸收的热量连同压缩机消耗的功所转化的热量，一起供给室内空气，如此循环以达到向房间供热的目的。

　　土壤源热泵空调系统与其他空调系统的主要差别在于增加了埋管换热器。很多商用或公用大楼的项目都具有游乐场、草地或停车场，可供采用地下埋管换热器使用。这种换热器与工程中常见的其他换热器不同，它不是两种流体之间的换热，而是埋管中的液体与固体（地层）的换热。埋管换热器的设计是否合理是决定土壤源热泵系统运行可靠性和经济性的关键。根据国外的经验，由于土壤源热泵运行费用低，增加的初投资可在 3～7 年内收回，土壤源热泵空调系统在整个服务周期内的平均费用将低于传统的空调系统。

　　由于土壤源热泵采用了大地这一特殊的热源体，与广泛采用的空气源热泵相比，它的季节平均性能系数提高，尤其在极端气候条件下仍能保持较高的性能系数；不向建筑外大气环境排放废冷或废热，有利于环保；一机多用，可供暖、空调，还可供应生活热水；室外换热器埋在地下，不存在冬季除霜的问题；不影响建筑外立面的美观。由于其节能和环保的双重效益，国际上将土壤源热泵列入 21 世纪最有发展前景的 50 项新技术之一。

思考题与练习题

1. 什么叫热泵？它的工作原理是什么？
2. 蒸气压缩式热泵是由哪几大部件组成的？
3. 什么是热泵的低位热源？常用的低位热源有哪些？
4. 热泵机组的基本形式有哪些？
5. 空气源热泵在空调系统中有哪些应用形式？各有什么特点？
6. 什么是水环热泵空调系统？说明其工作原理。
7. 地下水水源热泵空调系统的工作原理是什么？有什么特点？
8. 土壤源热泵系统的工作原理是什么？有什么特点？

第 8 章

直接蒸发式制冷空调系统

本章知识目标：

1. 了解直接蒸发式制冷空调系统的工作原理。
2. 了解直接蒸发式制冷空调系统的常见类型和基本形式。
3. 掌握多联式空调系统的特点。

本章思政目标：

通过介绍国内外直接蒸发式空调系统的发展历程和最新技术，引导学生认识到我国在空调技术领域的成就与不足，激发学生们的爱国情怀和为民族复兴贡献力量的决心。

直接蒸发式空调机组是指由制冷系统的蒸发器或冷凝器直接处理室内空气的空调系统，直接蒸发式空调机组一般制冷量较小，主要在中小型建筑中应用。

直接蒸发式空调机组有多种形式，一般可分为分体式空调器、分体一拖多空调器、多联式空调系统三大类。根据其是否采用热泵技术制热，又可分单冷型和热泵型两大类。采用风冷冷凝器的直接蒸发式空调系统，一般都有单冷型和热泵型两种形式。

直接蒸发式空调系统与传统集中式中央空调相比，大致有如下特点：

（1）空调机组具有结构紧凑、体积小、占地面积小、自动化程度高的特点。

（2）它没有通过水来传输冷热量，因此在相同条件下其制冷、制热效率更高一些，冷热量输送损失少。但与大型冷水机组相比，其制冷效率仍较低。

（3）机组分散布置，各房间可以根据需要单独运行和调节。

（4）由于布置分散，机组容量较小，一般无风管或风管较小，因此占用建筑空间小，可降低建筑层高。

（5）机组安装简单，工期短。对风冷式机组而言，运行维护更为简单。

（6）便于分户计量。

（7）小型机组布置在建筑物外立面，对建筑外观有影响，并有用户间互相影响的噪声问题。

直接蒸发式空调系统形式多样，种类繁多，本文介绍一些常见的直接蒸发式空调机组和系统。

8.1　分体式空调器

分体式空调机组是把制冷压缩机、冷凝器（热泵运行时蒸发器）同室内空气处理设备分开安装的空调机组（已在第 7 章热泵中介绍）。冷凝器与压缩机一起组成一个机组，置于室外，称室外机；空气处理设备组成另一机组，置于室内，称室内机。室内机和室外机之间用制冷剂管路连接。

分体式空调器的室内机可根据用户要求选择任意位置布置，但室内机和室外机之间的连接管道长度不大于 15m，高差应小于 10m，以保证润滑油顺利返回压缩机。室外机布置在室外，使压缩机和冷凝器风扇噪声被隔绝在室外，因此室内噪声大大下降。

分体式空调器室内机可有壁挂式、落地式（柜式）、嵌入式（四面出风型及双面出风型，又称卡式机）、卧式暗装型等。分体壁挂式是家庭中使用最多的空调器，但受室内机布置形式的限制，一般用于房间面积较小的场合。当房间面积较大（如客厅），并且层高又较高时，为了减少占地面积，则可以采用四面出风型。如图 8-1 所示。

四面出风型室内机回风口位于四个条形出风口的中间，布置十分紧凑。机组内配置了微型排水泵，最大可允许排水管比机组底部高 750mm，这样可以避免排水管为排出凝结水而低于吊顶影响美观。四面出风型室内机在小型餐饮等商用场合应用最多。其底部安装最大高度在 4.2m 以下，过高会影响其冬季送热风的效果。

双面出风型室内机使用条件与特点与四面出风型相似，但因少了 2 个出风方向，送风区域有所减小，适用于略微窄长的房间，单位面积造价相对偏高。

卧式暗装型室内机需暗装在吊顶内，采用侧送风形式，因此多用于商用和层高较高的别墅。它的结构与集中式空调的风机盘管十分相似，如图 8-2 所示。室内空气经回风口被离心风机吸入后，经蒸发器处理后直接送入房间内。卧式暗装型室内机在安装时，其进出风口尚需接一小段风管和百叶送、回风口。

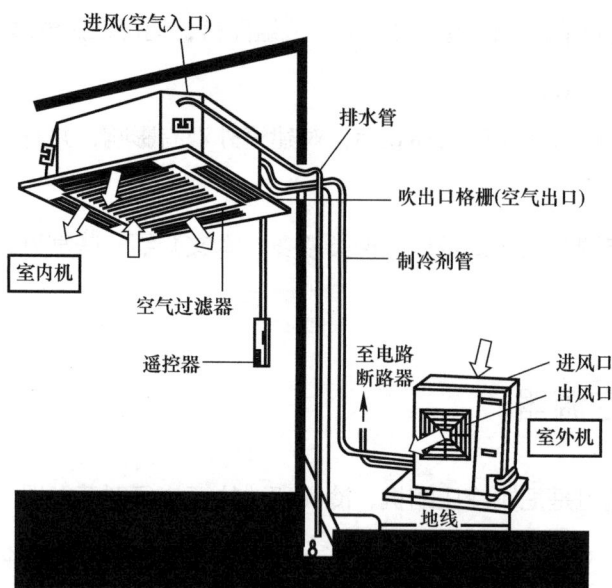

图 8-1　四面出风型分体式空调器系统示意图

图 8-2　卧式暗装型室内机

8.2　分体一拖多空调器

分体一拖多空调器一般为一个室外主机，连接 2~4 个室内机。室外机可以根据室内机的数量，设置 1~2 台压缩机。如图 8-3 所示为一台压缩机拖动两台室内机的连接方式，该方式系统成本较低，但系统可靠性略差。如图 8-4 所示为两台压缩机分别拖动两台室内机，实际上是两套独立的制冷系统，只是室外机合在一个机壳内。该方式系统可靠性好，目前国内的一拖多空调器多为该形式。

分体一拖多空调器的室内机与分体式空调器的室内机可通用。分体式空调器和分体一拖多空调器均有单冷和热泵型两种形式。部分分体式空调器还采用了压缩机变频

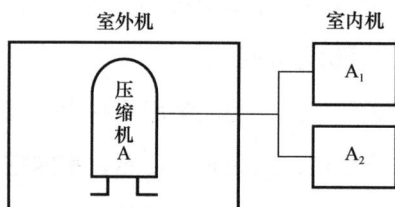

图 8-3　单台压缩机拖动两台室内机

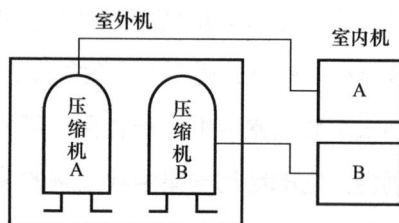

图 8-4　两台压缩机分别拖动两台室内机

技术，使其舒适性和节能性得到了明显提高。

分体式空调器和分体一拖多空调器系统在家用空调及空调面积不大的商用空调领域应用十分广泛。由于室内机形式多样，可满足不同建筑空调的装饰要求。分体一拖多空调器的多个压缩机组合形式，既减少了室外机占用空间，其成本也低于多联式变频（或数码涡旋）空调系统，成为分体式空调和多联式空调的应用领域之间的补充。

8.3　多联式空调系统

多联式空调系统是指一台室外空气源制冷或热泵机组配置多台室内机，通过制冷剂流量能适应各房间负荷变化的直接膨胀式空气调节系统。它由制冷剂输送管道、室外机（含压缩机和室外侧换热器）、室内机（含电子膨胀阀和室内侧换热器）以及相应的管道附件组成的环状管网系统。

20 世纪 80 年代，在日本最先出现了变制冷剂流量空调系统，这是从一拖多房间空调器发展而来的新型直接蒸发式空调系统，后来称为多联式空调。日本大金的多联式空调系统（注册商标为 VRV）最早进入国内，并占有了较大的市场份额，其他厂家则为自己的产品取名 MRV、VRF 或变频多联式商用中央空调，以及数码涡旋中央空调等，均为同一类产品。

1. 多联式空调系统的分类及基本工作原理

多联式空调系统一般采用涡旋式压缩机，也有采用双转子压缩机的。按压缩机调节原理可分为变频多联式空调和数码涡旋多联式空调两大类。前者利用变频器调节压缩机转速来改变负荷输出，后者通过压缩机内部间断卸载的方式进行负荷输出的调节。目前国内市场上变频多联式空调系统占了大部分，而数码涡旋多联式空调最近几年才刚刚出现，因此市场占有率较低。

除压缩机调节原理不同外，两种系统的组成和工作原理基本相同：室外主机由制冷压缩机、冷凝器和其他制冷附件组成，类似于分体式空调器的室外机；末端装置是由蒸发器、电子膨胀阀和风机组成的室内机。一台或多台室外机通过一供一回两根制冷剂管路向若干个室内机输送制冷剂的液体或气体。室内侧通过电子膨胀阀调节进入各室内机的制冷剂流量，使之满足各室内的冷（热）负荷要求，同时室外主机根据室内信号，改变制冷剂流量，并采用软硬件相结合的方式，调节室内外风机转速、四通阀（热泵型）、室内机的风向调节板等可控制部件，实现室内环境的高舒适性和系统的节能控制。

日本大金公司根据夏热冬冷地区地面辐射供暖系统得到越来越多应用的市场需求，推出了多功能 VRV 空调系统，不仅可以在夏季通过回收冷凝热加热生活热水，也可以在冬季加热地板供暖用的热水。

目前多联式空调系统常用的制冷剂有 R22、R410A、R407C 等。

2. 室外主机

多联式空调系统的室外机采用模块化形式组合（最多可以有 3～4 台组合在一起，共用一对气液管），如图 8-5 所示。系统容量最大可在 5%～100% 调节，完全可以满足不同季节不同室内负荷的要求。随着技术的不断发展，目前室外机最大容量（最大组合条件下）可以在 80～88HP，最大制冷量可达 246kW，最大制热量 276kW。室外机容量递增间隔为 2HP，可以实现灵活的容量组合，满足用户不同的冷热量要求。一台室外主机通常可以连接 16～32 台室内机，而室外主机组合后的系统可以连接的室内机最多达到了 48～64 台。表 8-1 为某品牌多联式空调系统冷暖型室外机的部分规格及参数表。

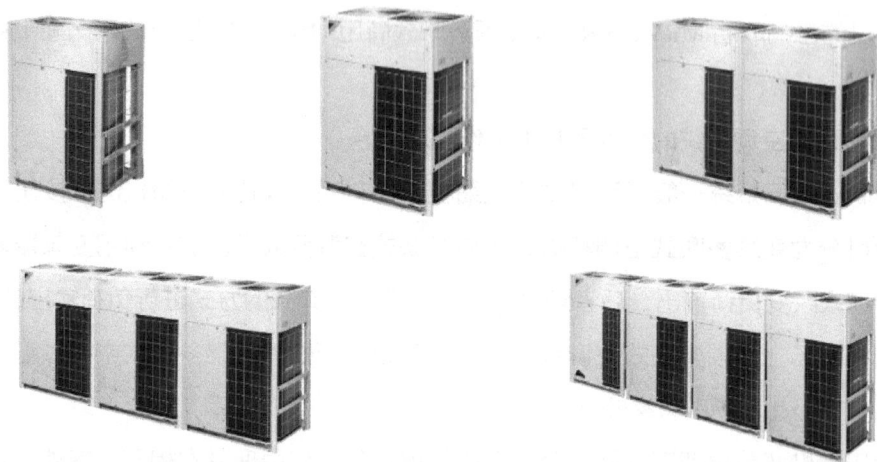

图 8-5   多联式空调系统的室外机

某品牌多联式空调系统冷暖型室外机的部分规格及参数表   表 8-1

型号		RCXYQ8MAY1	RCXYQ10MAY1	RCXYQ12MAY1	RCXYQ14MAY1	RCXYQ16MAY1
电源		3 相，380V，50Hz				
制冷量	kW	25.2	28.0	33.5	40.0	45.0
制热量	kW	28.4	31.5	37.5	45.0	50.0
容量控制	%	14～100	14～100	14～100	10～100	10～100

续表

压缩机		全封闭涡旋型				
消耗电力	制冷（kW）	7.31	8.01	9.16	13.4	16.0
	制热（kW）	7.69	7.65	9.20	11.7	13.2
风量	m³/min	175		180	210	
尺寸（H×W×D）	mm	1600×930×765		1600×1240×765		
重量	kg	230	230	268	312	312
运转音	dB（A）	57	58	60	60	60
冷媒		R410A				
冷媒充填量	kg	7.6	8.6	10.4	11.6	12.4
配管	液管（mm）	$\phi9.5$	$\phi9.5$	$\phi12.7$	$\phi12.7$	$\phi12.7$
	气管（mm）	$\phi19.1$	$\phi22.2$	$\phi28.6$	$\phi28.6$	$\phi28.6$

注：1. 制冷工作条件：室内 27℃ DB，19℃ WB，室外 35℃ DB，等效配管长度 7.5m，高低差 0。
　　2. 制热工作条件：室内 20℃ DB，室外 7℃ DB，6℃ WB，等效配管长度 7.5m（水平），高低差 0。
　　3. 冷媒配管全长超过 5m 时需另外填充制冷剂。

多联式空调系统的室外机比普通分体式空调室外机复杂得多，这是因为采用了较长的制冷剂管道和多个室内机并联后，系统必须解决由此引起的多个问题，关键的问题有 2 个。

（1）制冷剂流量的分配与控制

压缩机输出负荷通过变频或数码涡旋技术进行的调节，相对于室内机电子膨胀阀的无规律动作有一个滞后，此期间储液器进出口制冷剂流量可通过储液器进行调节。但由于多联式空调系统的负荷变化量远大于普通空调系统，因此尚需在储液器中设置液位调节系统，以避免压缩机输出制冷剂流量与室内实际制冷剂流量出现过大偏差而出现故障。如图 8-6 所示为某品牌 VRV 多联式空调系统中储液器液位调节系统工作原理图。当储液器中液位过低时，电磁阀 2 打开，储液器与压缩机低压吸气管接通，从而使储液器内压力下降，液位上升。当储液器中液位过高时，电磁阀 1 打开，储液器与压缩机高压排气管接通，从而使储液器内压力上升，液位下降。在正常运行时，电磁阀 1 和电磁阀 2 均关闭。

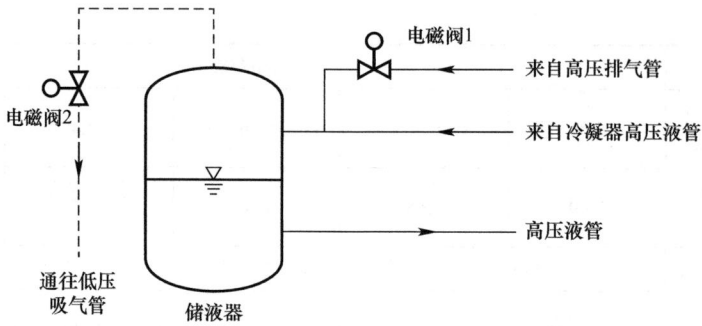

图 8-6　储液器液位调节系统工作原理图

（2）系统的润滑油分配及回收

当制冷剂管路长度增加时，润滑油的回收是保证压缩机正常工作的关键。变频多联式空调系统采用高效油分离器以及设置压缩机作润滑油均油运转（每 6min 运转一次），避免了润滑油滞留在管道中导致压缩机缺油烧毁的事故，从而大大延长了制冷剂配管长。

当 2 台以上压缩机并联运行时，为防止润滑油分配不均匀，需要设置均油系统，以防压缩机因缺油导致烧毁。如图 8-7 所示为 VRV 的压缩机均油系统。从图中可见，每个压缩机出口设独立油分离器，油分离器的回油管与压缩机的吸气管交叉连接，从而避免压缩机因排气量不同等因素使回油量分配不匀而发生缺油烧毁的故障。

除上述两个关键问题外，为避免制冷剂高压液体在较长的管道流动过程中因克服流动阻力导致压力下降而引起汽化，制冷系统还设有过冷热交换器，利用冷凝器出口的少量高压制冷剂液体汽化吸热，将其余制冷剂液体降温，使之得到过冷。

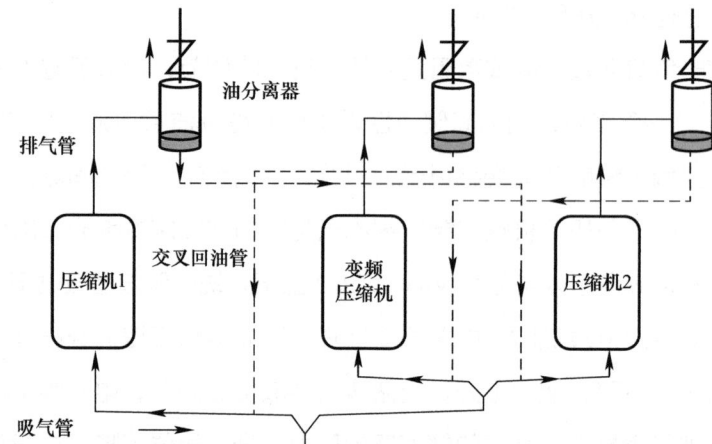

图 8-7　VRV 压缩机均油系统

多联式空调的室外机通常置于建筑外立面、阳台或屋顶，有的建筑为了美观要求将多联式空调的室外机预留位置设置在每一层外立面内凹 1～2m 的小平台上，这时采用上出风的室外机就必须接一段 90° 弯风管将冷凝器排风水平导出（图 8-8）。一般生产厂家室外机冷凝风机有一定的出口余压，以免接导流出风管后冷凝风量减少而影响散热量。但是在室外机安装平台外设置百叶的做法，虽然使建筑立面美观效果大为改善，却会使部分排风受百叶阻挡而被下部吸风口吸入，从而对冷凝器散热效果有一定影响。

随着各生产厂家不断改进各自技术，室外机工作温度范围不断得到扩大。例如，目前大金 VRV 多联机组，制暖时室外机工作温度最低可至 -25℃，制冷时室外机工作温度最高可达 54℃。

图 8-8　接导流出风管的室外机布置图

在制暖时，当室外侧换热器上有积雪或室外温度降到 -5～7℃时，会出现结霜现象，这时系统会每隔一定时间进行除霜运行（例如，采用压缩机出口热气通入室外换热器进行冲霜）。在除霜过程中系统停止制热，室内机的风扇也会停止运行。

3. 室内机

多联式空调系统的室内机形式多样，有壁挂式、落地式、顶棚嵌入式（四面出风和双面出风）、卧式暗装、立式明装等，满足用户的多种选择。与分体式空调室内机相比，其外形基本一致，主要区别在于多联式空调的室内机蒸发器配置了电子膨胀阀，而前者一般为毛细管。

由于采用了电子膨胀阀，每个室内机可以单独调节，从而可以实现对室温更为精确的控制。电子膨胀阀能随室内机组的负荷变动连续地调节制冷剂流量，避免了传统开关控制系统中易发生的温度变动，可以较快地达到并维持恒定舒适的室温。

考虑各末端室内机同时使用率的问题，以及变频式多联系统通常可以允许压缩机在短时间内以高于正常频率的模式运转，因此室内机与室外机容量的比例最高可以达到 130%。图 8-9 为某品牌多联式空调系统室内机的形式。

4. 多联式空调系统的特点

（1）室外机采用模块化形式组合，可以实现更为灵活的容量控制，有利于节能；

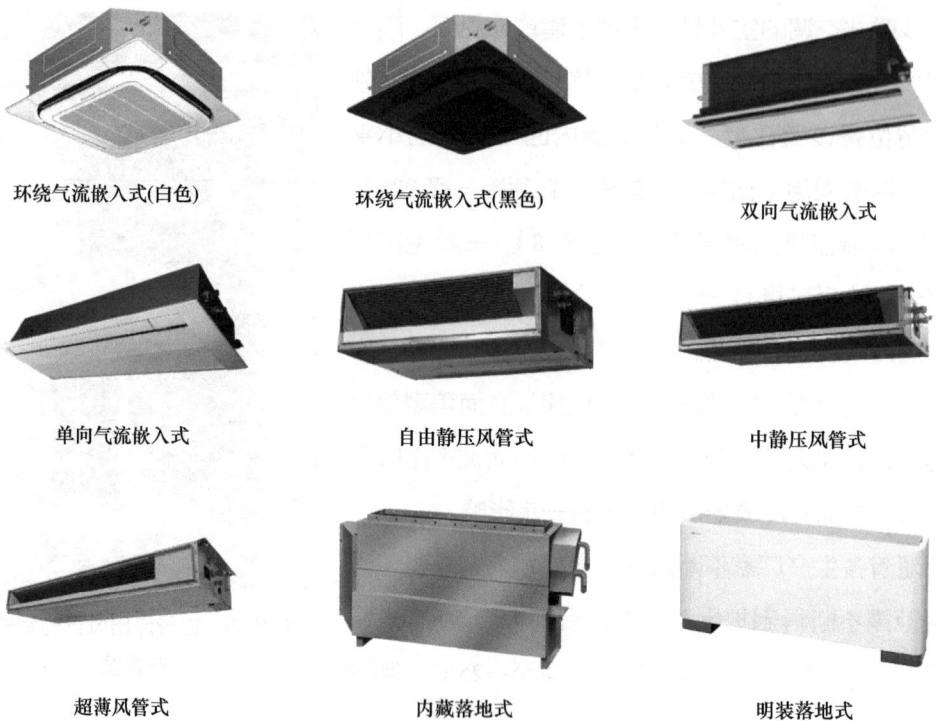

| 环绕气流嵌入式(白色) | 环绕气流嵌入式(黑色) | 双向气流嵌入式 |

| 单向气流嵌入式 | 自由静压风管式 | 中静压风管式 |

| 超薄风管式 | 内藏落地式 | 明装落地式 |

图 8-9　多联式空调系统室内机

控制更多台的室内机，实现对更多房间空气调节，大金 VRV 空调系统最多可以连接 64 台室内机。

（2）VRV 系统结合热泵技术可以实现对房间冬季供热、夏季供冷的需求，可以改变制冷剂流向，也可以实现对不同区域同时供冷和供暖的需求。

（3）室外机工作温度范围进一步扩大。制热时室外机工作温度最低可至 −25℃，制冷时室外机工作温度最高可达 54℃。

（4）VRV 系统中采用电子膨胀阀，可以实现对室温更为精确地控制，电子膨胀阀能随室内机组的负荷变动连续地调节制冷剂流量，避免了传统开关控制系统中易发生的温度变动，很快地达到并维持恒定舒适的室温。

（5）采用变频控制技术，压缩机能耗下降，具有显著的节能效益。

（6）室内机形式多种多样，有壁挂式、落地式、顶棚嵌入式、卧式暗装、卧式明装等，适合用户的多种选择。

（7）采用压差油膜润滑技术，以及通过对室外机内部冷媒过冷回路结构进行优化升级，实现系统冷媒更精确地控制，大大延长了制冷剂配管长度，不断突破系统管长的长度极限，如大金 VRV 系统总管长可达 1000m，最大实际单管长可达到 240m，同一系统内室内机高低差最大已达到 40m。

（8）安装简便。室外机可放于阳台、走廊端头、天台，无需制冷机房。配管、端管、接头易选择，配管系统大大简化了安装工作。一个系统仅需两条制冷剂管道，并且不需防冻措施，省掉了过滤网、阀件等。

（9）控制方式多样化。VRV 系统带有双电缆多线路传输系统的液晶显示遥控装置，以及多功能集中控制板，可以对室内机进行个别控制或区域控制。有一些系统自带开放式网关，可直接接入楼宇自控（BMS）系统，顺应了控制系统一体化的趋势。

思考题与练习题

1. 什么叫直接蒸发式多联空调系统？
2. 说明直接蒸发式多联空调系统的制冷量的调节方法。
3. 什么叫 VRV 空调系统？其制冷系统与家用分体机有何不同？
4. VRV 空调系统有何特点？

第 9 章

吸收式制冷

本章知识目标：

1. 掌握溴化锂吸收式制冷的工作原理和设备组成。

2. 掌握溴化锂吸收式制冷循环的工作过程及各主要设备的作用和工作原理。

3. 了解溴化锂水溶液的性质。

4. 了解单效、双效溴化锂吸收式制冷机组及直燃型溴化锂吸收式冷热水机组的工作原理及工作特点。

本章思政目标：

培养学生独立分析问题、解决问题的能力，关注新技术、新材料、新工艺，勇于创新，刻苦钻研，培养学生的职业责任感和敬业精神。

吸收式制冷是液体汽化制冷的另一种形式，它和蒸气压缩式制冷一样，是利用液态制冷剂在低温低压下汽化以达到制冷目的。所不同的是，蒸气压缩式制冷是靠消耗机械功（或电能）使热量从低温物体向高温物体转移，而吸收式制冷则依靠消耗热能来完成这种非自发过程。

9.1 吸收式制冷的基本原理

如图 9-1 所示吸收式与蒸气压缩式制冷循环的比较。蒸气压缩式制冷的整个工作循环包括压缩、冷凝、节流和蒸发四个过程，如图 9-1（a）。其中，压缩机的作用是，一方面不断地将完成了吸热过程而汽化的制冷剂蒸气从蒸发器中抽吸出来，使蒸发器维持低压状态，便于蒸发吸热过程能持续不断地进行下去；另一方面，通过压缩作用，提高气态制冷剂的压力和温度，为制冷剂蒸气向冷却介质（空气或冷却水）排放冷凝热创造条件。

由图 9-1（b）可见，吸收式制冷机主要由四个热交换设备组成，即发生器、冷凝器、蒸发器和吸收器，它们组成两个循环环路：制冷剂循环与吸收剂循环。右半部为吸收剂循环（图中的点画线部分），属正循环，主要由吸收器、发生器和溶液泵组成，相当于蒸气压缩式制冷的压缩机。在吸收器中，用液态吸收剂不断吸收蒸发器产生的低压气态制冷剂，以达到维持蒸发器内低压的目的。吸收剂吸收制冷剂蒸气而形成的制冷剂 – 吸收剂溶液，经溶液泵升压后进入发生器。在发生器中该溶液被加热、沸腾，其中沸点低的制冷剂汽化成为高压气态制冷剂，与吸收剂分离进入冷凝器，浓缩后的吸收剂经降压后返回吸收器，再次吸收蒸发器中产生的低压气态制冷剂。

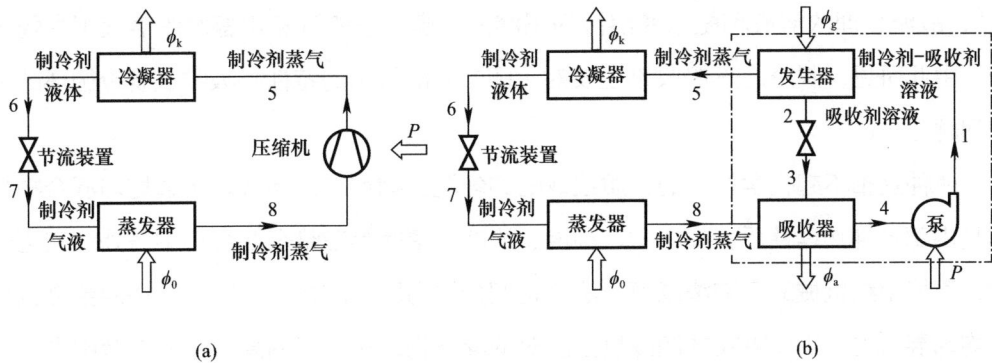

图 9-1　吸收式与蒸气压缩式制冷循环的比较
（a）蒸气压缩式制冷循环；（b）吸收式制冷循环

图 9-1（b）中的左半部和吸收剂循环部分构成一个制冷循环，属逆循环。发生器中产生的高压气态制冷剂在冷凝器中向冷却介质放热、冷凝为液态后，经节流装置减压降温进入蒸发器；在蒸发器内该液体被汽化为低压气体，同时吸取被冷却介质的热量产生制冷效应。这些过程与蒸气压缩式制冷是完全一样的。

对于吸收剂循环而言，可以将吸收器、发生器和溶液泵看作是一个"热力压缩机"，吸收器相当于压缩机的吸入侧，发生器相当于压缩机的压出侧。吸收剂可视为将已产生制冷效应的制冷剂蒸气从循环的低压侧输送到高压侧的运载液体。值得注意的是，吸收过程是将冷剂蒸气转化为液体的过程，和冷凝过程一样为放热过程，故需要由冷却介质带走其吸收热。吸收式制冷机中的吸收剂通常并不是单一物质，而是以二元溶液的形式参与循环的，吸收剂溶液与制冷剂－吸收剂溶液的区别只在于前者所含沸点较低的制冷剂含量比后者少，或者说前者所含制冷剂的浓度较后者低。

9.2　吸收式工质对

吸收式制冷机中的工作介质是以吸收剂和制冷剂成对出现的，故称为吸收式工质对。吸收式工质对通常以二元溶液的形式存在。溶液的组成可以用摩尔浓度、质量浓度等度量。工业上常采用质量浓度，即溶液中一种物质的质量与溶液质量之比。对于吸收式制冷机通常规定：溴化锂水溶液的浓度是指溶液中溴化锂的质量浓度；氨水溶液的浓度是指溶液中氨的质量浓度。这样，在溴化锂吸收式制冷机中，吸收剂溶液是浓溶液，制冷剂－吸收剂溶液是稀溶液；而氨吸收式制冷机则相反。为了统一起见，也可将吸收制冷剂能力强的溶液称为"强溶液"，吸收制冷剂能力弱的溶液称为"弱溶液"，故溴化锂浓溶液和氨水稀溶液为强溶液，溴化锂稀溶液和氨水浓溶液则为弱溶液。由此可见，制冷剂－吸收剂工质对（即二元溶液）的特性是吸收式制冷循环的关键问题之一。

两种互相不起化学作用的物质组成的均匀混合物称二元溶液。所谓均匀混合物是指其内部各种物理性质，如压力、温度、浓度、密度等在整个混合物中各处都完全一致，不能用纯机械的沉淀法或离心法将它们分离为原组成物质；所有气态混合物也都是均匀混合物。用作吸收式制冷机工质对的混合物，在使用的温度和浓度范围内都应当是均匀混合物。

溴化锂－水溶液是目前用于暖通空调领域的吸收式制冷与热泵机组的常用工质对。无水溴化锂是无色粒状结晶物，性质和食盐相似，化学稳定性好，在大气中不会变质、分解或挥发，此外，溴化锂无毒（有镇静作用），对皮肤无刺激。无水溴化锂的主要物性值如下：

分子式：LiBr

分子量：86.856

成分 Li：7.99%；Br：92.01%

相对密度：3.464（25℃）

熔点：549℃

沸点：1265℃

通常固体溴化锂中会含有一个或两个结晶水，则分子式应为 LiBr·H_2O 或 LiBr·$2H_2O$。溴化锂具有极强的吸水性，对水制冷剂来说是良好的吸收剂。当温度 20℃时，溴化锂在水中的溶解度为 111.2g/100g 水。溴化锂水溶液对一般金属有腐蚀性。

由于溴化锂的沸点比水高得多，溴化锂水溶液在发生器中沸腾时只有水汽化，生成纯的冷剂水，故不需要蒸气精馏设备，系统较为简单，热力系数较高。其主要缺点是由于以水为制冷剂，蒸发温度不能太低，系统内真空度很高。

9.3　单效溴化锂吸收式制冷机的典型流程

溴化锂吸收式制冷机是在高度真空下工作的，稍有空气渗入制冷量就会降低，甚至不能制冷。因此，结构的密封性是最重要的技术条件，要求结构安排必须紧凑，连接部件尽量减少。通常把发生器等四个主要换热设备合置于一个或两个密闭筒体内，即所谓单筒结构或双筒结构。

因设备内压力很低（高压部分约 1/10 绝对大气压，低压部分约 1/100 绝对大气压），冷剂水的流动损失和静液高度对制冷性能的影响很大，必须尽量减小，否则将造成较大的吸收不足和发生不足，严重降低机组的效率。为了减少冷剂蒸气的流动损失，采取将压力相近的设备合放在一个筒体内，以及使外部介质在管束内流动，制冷剂蒸气在管束外较大的空间内流动等措施。

在蒸发器的低压下，100mm 高的水层就会使蒸发温度升高 10~12℃，因此，蒸发器和吸收器必须采用喷淋式换热设备。至于发生器，仍多采用沉浸式，但液层高度应小于 300~350mm，并在计算时需计入由此引起的发生温度变化。有时发生器采用双层布置以减少沸腾层高度的影响。

图 9-2 为双筒型单效溴化锂吸收式制冷机结构简图。上筒是压力较高的发生器和冷凝器，下筒是压力较低的蒸发器和吸收器。

在吸收器内，吸收水蒸气而生成的稀溶液，积聚在吸收器下部的稀溶液囊 2 内，此稀溶液通过发生器泵 3 送至溶液热交换器 4，被加热后进入发生器 5。热媒（加热用蒸汽或热水）在发生器的加热管束内通过；管束外的稀溶液被加热、升温至沸点，经沸腾过程变为浓溶液。此浓溶液自发生器浓溶液囊 19 沿管道经溶液热交换器 4，被冷却后流入吸收器内的浓溶液囊 6 中。发生器溶液沸腾所生成的水蒸气向上流经挡液板 7 进

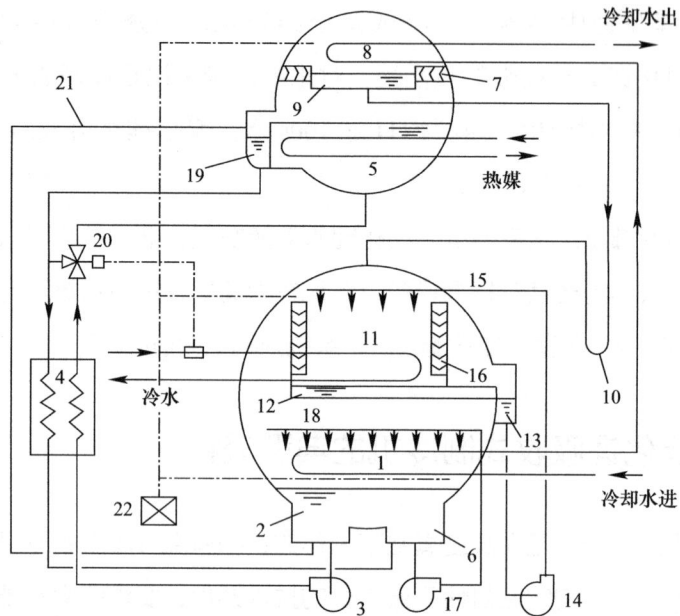

图 9-2　双筒型单效溴化锂吸收式制冷机结构简图

1—吸收器；2—稀溶液囊；3—发生器泵；4—溶液热交换器；5—发生器；6—浓溶液囊；7—挡液板；8—冷凝器；9—冷凝器水盘；10—U 形管；11—蒸发器；12—蒸发器水盘；13—发器水囊；14—蒸发器泵；15—冷剂水喷淋系统；16—挡水板；17—吸收器泵；18—溶液喷淋系统；19—发生器浓溶液囊；20—电磁三通阀；21—防晶管；22—抽气装置

入冷凝器 8（挡液板的作用是避免溴化锂溶液飞溅入冷凝器）。冷却水在冷凝器的管束内通过，管束外的水蒸气被冷凝为冷剂水，收集在冷凝器水盘 9 内，靠压力差的作用沿 U 形管 10 流至蒸发器 11。U 形管 10 相当于膨胀阀，起减压节流作用，其高度应大于上下筒之间的压力差。吸收式制冷机也可不采用 U 形管，而采用节流孔口，采用节流孔口简化了结构，但对负荷变化的适应性则不如 U 形管强。

　　冷剂水进入蒸发器后，被收集在蒸发器水盘 12 内，并流入蒸发器水囊或称为冷剂水囊 13，靠冷剂水泵（蒸发器泵）14 送往蒸发器内的冷剂水喷淋系统 15，经喷出，淋洒在冷水管束外表面，吸收管束内冷水的热量，汽化变成水蒸气。一般冷剂水的喷淋量都要大于实际蒸发量，以使冷剂水能均匀地淋洒在冷水管束上。因此，喷淋的冷剂水中只有一部分蒸发为水蒸气，另一部分未曾蒸发的冷剂水与来自冷凝器的冷剂水一起流入冷剂水囊，重新送入喷淋系统蒸发制冷。冷剂水囊应保持一定的存水量，以适应负荷变化和避免冷剂水量减少时冷剂水泵发生气蚀。蒸发器中汽化形成的冷剂水蒸气经过挡水板 16 再进入吸收器，这样可以把蒸汽中混有的冷剂水滴阻留在蒸发器内继续汽化，以避免造成制冷量的损失。

在吸收器 1 的管束内通过的是冷却水。浓溶液囊 6 中的浓溶液，由吸收器泵 17 送入溶液喷淋系统 18，淋洒在冷却水管束上，溶液被冷却降温，同时吸收充满于管束之间的冷剂水蒸气而变成稀溶液，汇流至稀、浓两个液囊中。流入稀溶液囊的稀溶液，由发生器泵经溶液热交换器 4 送往发生器。流入浓溶液液囊的稀溶液则与来自发生器的浓溶液混合，由吸收器泵重新送至溶液喷淋系统。回到喷淋系统的稀溶液的作用只是"陪同"浓溶液一起循环，以加大喷淋量，提高喷淋式热交换器喷淋侧的放热系数。

在真空条件下工作的系统中所有其他部件也必须有很高的密封要求。如溶液泵和冷剂泵需采用屏蔽型密闭泵，并要求该泵有较高的允许吸入真空高度，管路上的阀门需采用真空隔膜阀等。

从以上结构特点看出，溴化锂吸收式制冷机除屏蔽泵外没有其他转动部件，因而振动、噪声小，磨损和维修量少。

9.4　双效溴化锂吸收式制冷机的典型流程

由于溶液结晶条件的限制，单效溴化锂吸收式制冷机的热源温度不能太高。当有较高温度热源时，应采用多级发生的循环。

双效型溴化锂吸收式制冷机设有高、低压两级发生器，高、低温两级溶液热交换器，有时为了利用热源蒸汽的凝水热量，还设置溶液预热器（或称凝水回热器）。以高压发生器中溶液汽化所产生的高温冷剂水蒸气作为低压发生器加热溶液的内热源，释放其潜热后再与低压发生器中溶液汽化产生的冷剂蒸汽汇合，作为制冷剂，进入冷凝器和蒸发器制冷。由于高压发生器中冷剂蒸气的凝结热已用于机组的正循环中，使发生器的耗热量减少，故热力系数可达 1.0 以上；冷凝器中冷却水带走的主要是低压发生器的冷剂蒸气的凝结热，冷凝器的热负荷仅为普通单效机的一半。

根据溶液循环方式的不同，常用的双效溴化锂吸收式制冷机主要分为串联流程和并联流程两大类，串联流程系统操作方便、调节稳定；并联流程系统热力系数较高。

1. 串联流程双效型吸收式制冷机

串联流程双效型吸收式制冷原理图如图 9-3 所示。从吸收器 E 引出的稀溶液经发生器泵 I 输送至低温热交换器 G 和高温热交换器 F 吸收浓溶液放出的热量后，进入高压发生器 A，在高压发生器中加热沸腾，产生高温水蒸气和中间浓度溶液，此中间溶液经高温热交换器 F 减压后进入低压发生器 B，被来自高温发生器的高温蒸汽加热，

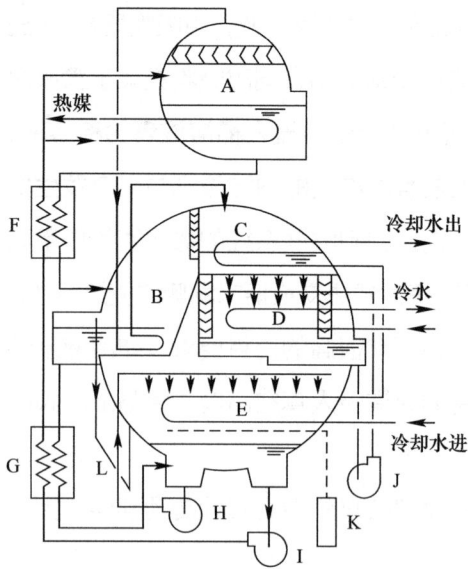

图 9-3　串联流程双效型吸收式制冷原理图

A—高压发生器；B—低压发生器；C—冷凝器；
D—蒸发器；E—吸收器；F—高温热交换器；
G—低温热交换器；H—吸收器泵；I—发生器泵；
J—蒸发器泵；K—抽气装置；L—防晶管

再次产生水蒸气并形成浓溶液。浓溶液经低温热交换器 G 与来自吸收器的稀溶液换热后进入吸收器 E，在吸收器中吸收来自蒸发器 D 的水蒸气而成为稀溶液。

2. 并联流程双效型吸收式制冷机

并联流程双效型吸收式制冷原理图如图 9-4 所示。从吸收器 E 引出的稀溶液经发生器泵 J 升压后分成两路。一路经高温热交换器 F，进入高压发生器 A，在高压发生器中被高温蒸汽加热沸腾，产生高温水蒸气。浓溶液在高温热交换器 F 内放热后与吸收器中的部分稀溶液以及来自低压发生器的浓溶液混合，经吸收器泵 I 输送至吸收器的喷淋系统。另一路稀溶液在低温热交换器 H 和凝水回热器 G 中吸热后进入低压发生器 B，在低压发生器中

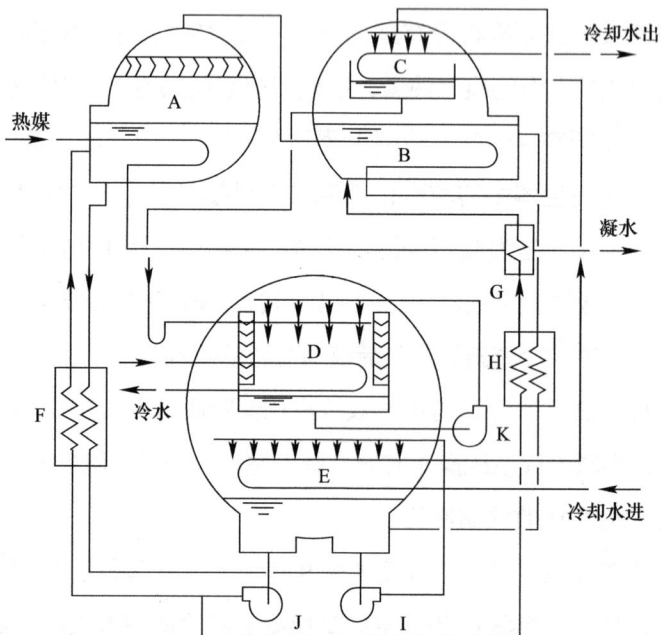

图 9-4　并联流程双效型吸收式制冷原理图

A—高压发生器；B—低压发生器；C—冷凝器；D—蒸发器；E—吸收器；F—高温热交换器；
G—凝水回热器；H—低温热交换器；I—吸收器泵；J—发生器泵；K—蒸发器泵

被来自高压发生器的水蒸气加热，产生水气及浓溶液。此溶液在低温热交换器中放热后，与吸收器中的部分稀溶液及来自高温发生器的浓溶液混合后，输送至吸收器的喷淋系统。

9.5　直燃双效型溴化锂吸收式制冷机的流程

直燃双效型溴化锂吸收式制冷机（简称：直燃机）和蒸气双效型制冷原理完全相同，只是高压发生器不是采用蒸汽或热水换热器，而是锅筒式火管锅炉，由燃气、燃油或高温烟气余热直接加热稀溶液，产生高温水蒸气；当采用高温烟气余热作为热源时，在热量不足时也采用燃气或燃油作为辅助热源。此外，直燃机也可作为一种热水生产设备，全年制取生活热水和在冬季制取供暖热水。

直燃机的溶液循环均可采用串联和并联流程。根据制取热水方式不同，目前主要有两种机型：① 设置和高压发生器相连的热水器；② 将蒸发器切换成冷凝器。

1. 设置与高压发生器相连的热水器的机型

图 9-5 所示出了一种该型直燃机制热循环工作原理图，直燃机在高压发生器的上方设置一个热水器 12。

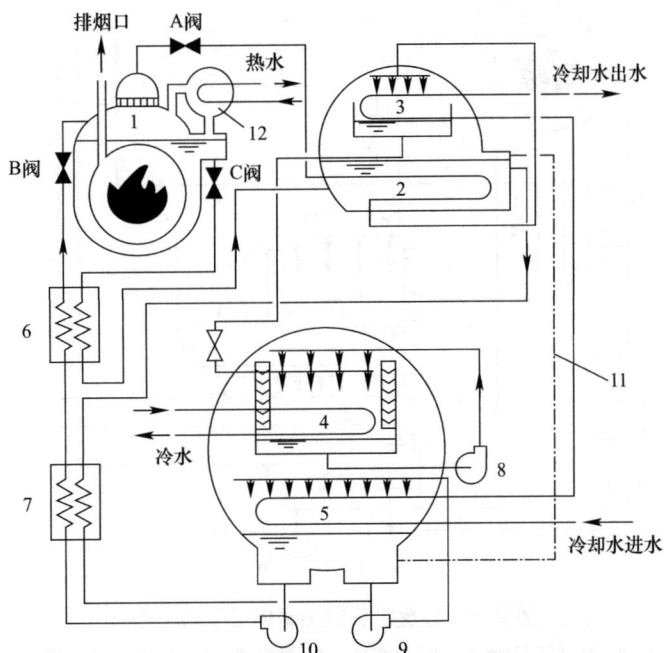

图 9-5　直燃机 1 制热循环工作原理图

1—高压发生器；2—低压发生器；3—冷凝器；4—蒸发器；5—吸收器；6—高温热交换器；
7—低温热交换器；8—蒸发器泵；9—吸收器泵；10—发生器泵；11—防晶管；12—热水器

（1）制热运行时，关闭与高压发生器 1 相连管路上的 A、B、C 阀，热水器借助高压发生器所发生的高温蒸汽的凝结热来加热管内热水，凝水则流回高压发生器。

（2）制冷运行时，开启 A、B、C 阀，直燃机按照串联流程蒸气双效型溴化锂吸收式制冷机的工作原理制取冷水，还可以同时利用热水器 12 制取生活热水。

2. 将蒸发器切换成冷凝器的机型

图 9-6 给出了这一机型直燃机制热循环的工作原理。制热时，同时开启冷热转换阀 A 与 B（制冷运行时，需关闭图中冷热转换阀 A 与 B），冷水回路则切换成热水回路。冷却水泵及蒸发器泵停止运行。

稀溶液由发生器泵 10 送入高压发生器 1，加热沸腾，发生的冷剂蒸气经 A 阀进入蒸发器 4；同时高温浓溶液经 B 阀进入吸收器 5，因压力降低闪发出部分冷剂蒸气，经挡水板进入蒸发器。两股高温蒸汽在蒸发器传热管表面冷凝释放热量，凝结水自动流回吸收器并与发生器返回的浓溶液混合成稀溶液。稀溶液再由发生器泵 10 送往高压发生器 1 加热。蒸发器传热管内的水吸收冷剂蒸气释放的冷凝热而升温，制取热水。

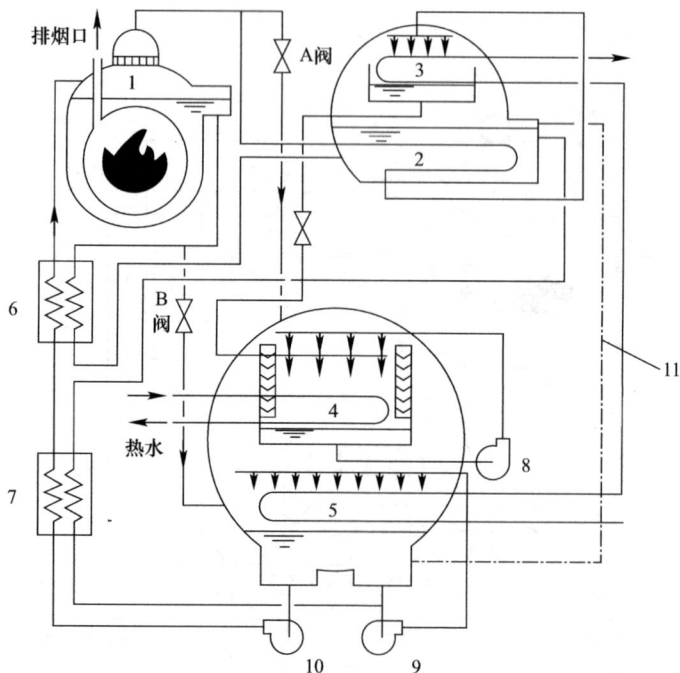

图 9-6　直燃机 2 制热循环工作原理图

1—高压发生器；2—低压发生器；3—冷凝器；4—蒸发器；5—吸收器；6—高温热交换器；
7—低温热交换器；8—蒸发器泵；9—吸收器泵；10—发生器泵；11—防晶管

思考题与练习题

1. 吸收式制冷循环与蒸气压缩式制冷循环的相同处和不同处各是什么？

2. 简述吸收式制冷循环的原理和工作过程。

3. 吸收式制冷有哪些基本设备？

4. 吸收式制冷循环的工质是什么？

5. 简述单效溴化锂吸收式制冷循环的工作过程。

6. 溴化锂吸收式制冷机中溶液热交换器起什么作用？

第 10 章

空调水系统与制冷机房

本章知识目标：

1. 了解水系统的类型、特点。
2. 掌握水系统的作用、基本组成。
3. 掌握水系统的常用设备及选型方法。
4. 掌握空调制冷机房的设计步骤。
5. 了解空调制冷机房布置的基本原则和要求。

本章思政目标：

制冷机房与系统管道设计对整个制冷系统的安全、经济运行具有决定性的作用。若设计上考虑欠妥，不仅会给操作运行造成困难，浪费能源，还会导致事故的发生。培养学生们正确的运用设计规范，要有强烈的社会责任感，乐于在工作生产一线体现自己的人生价值。

前面章节介绍了蒸气压缩式与吸收式制冷的热力学原理、主要部件、典型制冷装置等，为空气调节用制冷机组等制冷装置的设计与控制奠定了基础。在住宅建筑、中小型商用建筑中较多采用房间空气调节器、单元式空气调节机和多联式空调（热泵）机组等直接蒸发式冷（热）风机组；而在大中型建筑中则更多采用集中式与半集中式空调系统，需采用冷（热）水机组。冷（热）水机组需要由用户侧水系统将冷（热）水机组制取的冷（热）量输配给空调末端设备（空调、风机盘管等），需要用冷却水系统将制冷产生的冷凝负荷排放至室外环境。长期以来，由于集中式空调的用户侧水系统主要用于输配冷水（也称"冷水"）为房间提供冷量，故用户侧水系统常被称为冷水系统，尽管也用它输配热水，但人们还是习惯将它称为"冷水系统"与之对应，也将冷（热）水机组简称为"冷水机组"。为表述方便，本章除特殊场合外仍采用这些习惯称谓。冷水与冷却水系统设计与运行的优劣直接影响冷水机组的性能，同时也关系到整个空调系统能否高效运行。将冷水机组成功应用于空调系统中，还需掌握冷水机组安装场所即制冷机房的设计方法。因此，本章将简要介绍空调水系统以及制冷机房设计的相关问题。

10.1　空调水系统

典型集中式空调系统原理如图 10-1 所示。冷水机组制取的冷量通过冷水系统输送给空调末端空气处理设备，从而实现向空调区域提供冷量的目的；根据能量守恒原理可知，这部分冷量、水泵能耗以及冷水机组能耗产生的热量都要经过冷却水系统散发到室外环境中去。由图 10-1 可见，空调水系统由冷水系统和冷却水系统两大部分组成。这两个系统需要和相关设备联合运行，故对冷水机组以及空调系统的性能影响很大，因此冷水系统和冷却水系统的设计至关重要。

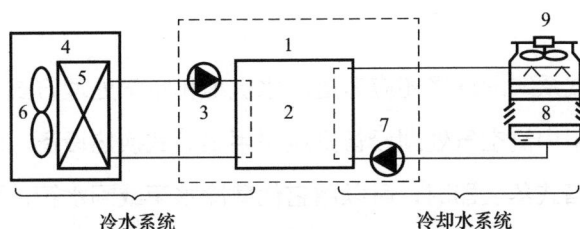

图 10-1　典型集中式空调系统原理
1—制冷机房；2—冷水机组；3—冷水泵；4—空调末端空气处理设备；
5—空调末端换热器；6—风机；7—冷却水泵；8—冷却塔；9—冷却塔风机

10.2　冷水系统

空调冷水系统由水泵、管道、定压设备、阀门、换热器、除污器等主要部件构成。针对不同类型建筑及空调系统的特征，上述设备可以构成不同形式的冷水系统，本节主要介绍冷水系统的主要形式及其特征和适用场合，并针对典型的冷水系统进行分析。

冷水系统将冷水机组制取的冷水输配给各个空调用户末端，根据实际情况和不同的应用需求出现了不同的系统形式。

（1）开式和闭式系统

冷水系统均为循环水系统，有闭式系统（图10-2）和开式系统（图10-3）之分。在开式系统中，循环水存在有与空气接触的自由液面，而闭式系统中的循环水对外封闭而不与空气接触（不参与循环的定压面除外）。

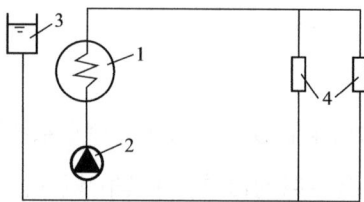

图 10-2　闭式冷水系统　　　　　　　图 10-3　开式冷水系统

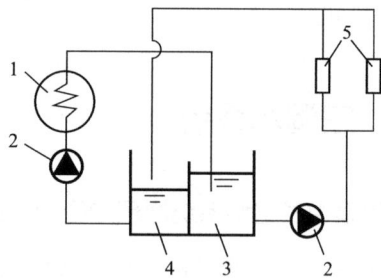

1—冷水机组；2—水泵；3—定压水箱；4—用户　　1—冷水机组；2—水泵；3—冷水箱；4—回水箱；5—用户

开式系统需要设置开式水箱，系统水容量大，运行稳定，控制简便。当建筑本身或附近有可利用的水池时（如消防水池等），也可采用开式系统。另外，由于水容量较大，可以利用水池进行蓄冷，构成水蓄冷系统。而闭式系统与外界空气接触少，可以减缓水系统腐蚀。

开式系统与闭式系统的选择还应考虑冷水机组和空气处理方式。闭式系统必须采用间壁式蒸发器，用户侧空气处理设备则应采用表面式换热设备。而开式系统则不受此限制，当采用水箱式蒸发器时，可以用它代替冷水箱或回水箱；而当用户处采用淋水室冷却处理空气时，一般都为开式系统。

开式与闭式系统的水泵扬程相差较大。在闭式系统中，水泵的扬程为管道、冷水机组、换热器、阀门等闭式循环水路中各个部件压力损失的总和。而在开式系统中，水泵除承担管道等部件的压力损失外，还要克服将水从开式水箱提升到管路最高点的高度差，因此，当建筑内空调水系统高度比较高时，开式系统水泵的扬程比较高，系统的能耗也比较大。此外，对于开式系统，设计时还应注意水泵吸水真空高度的问题，应防止水泵吸入口汽化，必须保证水泵吸入口的水压大于水的汽化压力。对于闭式系统，为保证系统的可靠运行，在水泵吸入口设置定压水箱，保证水系统任何一点的最低运行压力为5kPa，防止系统中任何一点出现负压，否则有可能将空气吸入水系统中（抽空）或造成部分软连接向内收缩等问题。

开式系统蓄水箱容量的确定原则为：① 蓄存所有的系统水容量并附加一定的安全系数；② 按照系统小时循环水量的 5%～10% 计算。在实际设计中应取上述两者中较大值。

（2）直连系统和间连系统

根据用户水系统与冷水机组的连接方式不同，冷水系统可以分为直连系统和间连系统，如图 10-4 和图 10-5 所示。

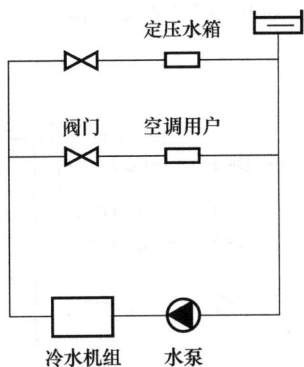

图 10-4　直连冷水系统

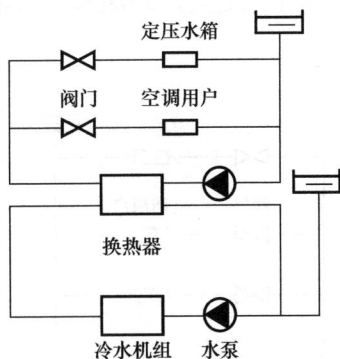

图 10-5　间连冷水系统

直连系统为用户侧水路和冷水机组直接连通的水系统。当系统规模较小，用户比较集中，且高差也比较小时，采用直连系统可以减少中间换热环节，降低设备投资，而且运行效率较高。

间连系统是采用换热器将全部或部分用户侧水路与冷水机组水路分隔的水系统。当系统规模较大，用户比较分散，采用间连系统便于系统调节，减少各部分之间的相互影响，各部分都可以保持较高的运行效率。在高层建筑中，利用间连系统进行高低分区以解决系统的承压问题；还可以根据空调负荷特性进行功能分区，以设计出更为高效的水系统。因此，间连系统在大型建筑和超高层建筑（高度大于 100m）的空调系统中应用比较普遍。但是，由于间连系统存在中间换热环节，二次冷水供水温度高于一次冷水供水温度，故二次水系统中末端换热设备的换热面积增大，实际上也牺牲了冷水机组的冷量品位。因此，在设计高、低压区间连系统时，低区应尽量用足设备承压，以减小高区对中间换热器和末端换热面积的需求，减少高区投资，提高系统的经济性和运行能效。设计间连系统时，各个系统都必须分别设置其定压、补水系统或装置。

（3）异程系统和同程系统

根据每个空调末端水的流程是否相同，冷水系统可分为异程系统（图 10-6）和同程系统（图 10-7）。每个用户的冷水流经管道的物理长度相同的系统为同程系统，反之则为异程系统。同程系统的优点是流经各终端用户的压力损失比较接近，当各个末端的阻力特性比较相似时，有利于水力平衡，可以简化水系统设计并减少系统初调节的工作量。而异程系统，所需要的主干管路较短，可以节约管道的初投资及管路占用空间，但是各用户的压力损失相差较大，需要调节阀门以平衡各个用户之间的压力损失，保证每个末端用户都能够得到需要的水量供应，因此水系统设计和初调节的工作相对复杂。

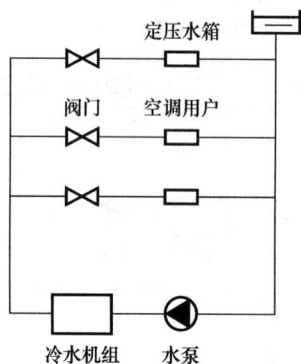

图 10-6　异程冷水系统　　　　图 10-7　同程冷水系统

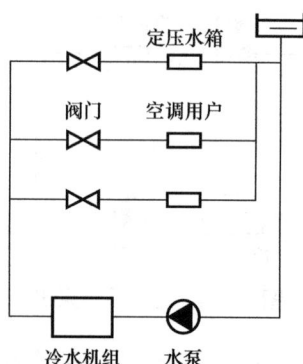

设计同程系统和异程系统时应注意其水力平衡。当各末端的水流阻力相差较小时，如果水流经过的管道物理长度相同，则各个末端支路容易实现水力平衡；当末端支路的阻力相差悬殊时，如果不采用调节阀门，同程系统也难以保证各支路的水力平衡。

（4）两管制、三管制和四管制系统

根据供回水主干管数目不同，冷水系统可以分为两管制、三管制和四管制系统，分别如图 10-8、图 10-9 和图 10-10 所示。在两管制系统中，用户端只接入一根供水管和一根回水管，夏季管内走冷水，冬季管内走热水，只能对所有房间进行供冷或者供热，故难以保证部分用户在过渡季的室温需求。在三管制系统中，用户端接入两根供水管和一根回水管，两根供水管分别走冷水和热水，可以同时对不同房间进行供冷或供热，但是由于共用一根回水管，存在较大的冷热掺混损失。在四管制系统中，用户端接入两根供水管和两根回水管，分别走冷水和热水，冷水管路和热水管路互不

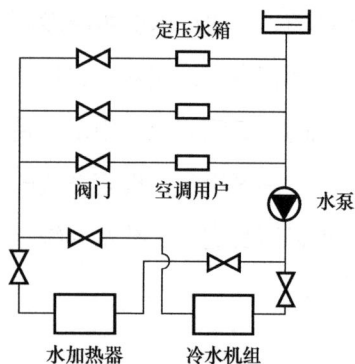

图 10-8　两管制水系统

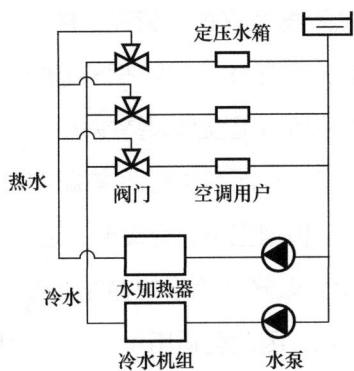

图 10-9　三管制水系统

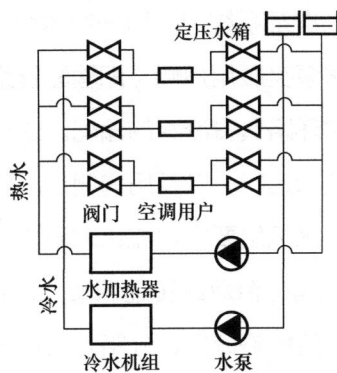

图 10-10　四管制水系统

掺混，可同时对不同房间进行供冷或供热，但是系统结构复杂，需要管路较多，初投资较大。

　　从空调空间的舒适程度和能源利用效率上看，四管制系统有着非常明显的优势，因此对于较大型建筑中具有不同功能、不同负荷特性的区域，并且对舒适性要求较高的空调系统，比较适合采用四管制系统。对于功能比较单一、负荷特性比较一致（即末端用户需要同时制冷或制热）且不需频繁冷热转换的空调系统，则比较适合采用两管制系统。三管制系统除了前述的冷、热掺混损失外，还会导致冷水机组的效率下降甚至无法正常运行，因此目前实际应用非常少。

　　（5）一次泵和二次泵系统

　　根据水泵克服系统阻力要求不同，冷水系统可以分为一次泵系统（图 10-11）和二次泵系统（图 10-12）两种形式。在一次泵系统中，用一级冷水泵克服冷水机组蒸发器、输配管路以及末端设备的全部沿程与局部阻力。一次泵系统组成简单，控制容易，运行管理方便，一般多采用此种系统。

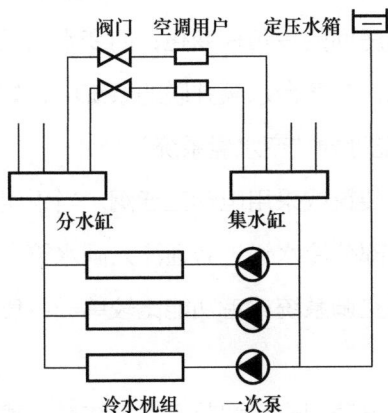

图 10-11　一次泵冷水系统

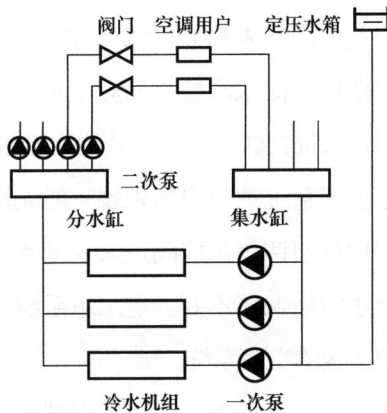

图 10-12　二次泵冷水系统

在二次泵系统中，用一次水泵克服冷水机组蒸发器及其前后管道、部件的阻力，用二次水泵克服用户侧（即输配管路以及末端设备）的阻力。一次环路负责冷水的制备，二次环路负责冷水的输配。这种系统的特点是采用两组泵来保持冷水机组一次环路的定流量运行，以及用户侧二次环路的变流量运行，从而解决空调末端设备要求变流量与冷水机组要求定流量的矛盾。该系统完全可以根据空调负荷需要，通过改变二次水泵的运行台数或转速调节二次环路的循环水量，以降低冷水的输配能耗。并且，二次泵系统能够分区、分路为用户侧供应所需的冷水，因此更适用于用户末端具有负荷特性差别较大、管道阻力相差悬殊、使用时间不同步等特征的空调系统。

（6）变水量和定水量系统

从用户侧（而不是单个末端装置）的冷水流量是否实时变化以适应空调负荷需求特征上，可将冷水系统分为定水量系统（CWV）和变水量系统（VWV）两种形式，分别如图 10-13 和图 10-14 所示。

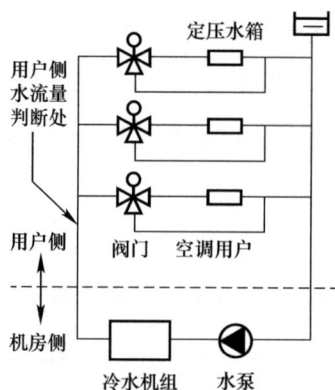

图 10-13　定水量系统　　　　　　图 10-14　变水量系统

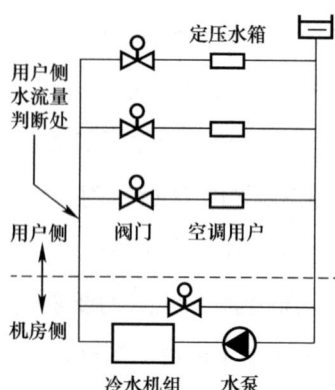

在定水量系统中，总的用户侧水流量相对恒定而不实时变化，可通过改变冷水供、回水温差或调节末端风机转速等方式来适应空调房间的冷负荷变化；而变水量系统则通过改变用户侧水流量来适应冷负荷变化。因此，在多台水泵并联的系统中，如果仅仅是因为水泵台数变化而导致的水流量变化，不能称为"变水量系统"。

定水量系统的用户侧末端一般无水流量控制装置或采用电动三通阀。当采用电动三通阀根据空调负荷控制进入末端水流量时，一部分冷水通过旁通流入回水管，使得用户侧水流量保持不变。定水量系统适合于小型空调系统或者功能比较单一、负荷特性比较一致的空调系统。

在变水量系统中，用户侧末端装置一般采用电动阀连续调节所需水流量，或用双位式电动阀或电磁阀调节启闭时间以满足各自的负荷需求，故用户侧的总水量实时发生变化。由于冷水输配能耗占整个空调系统的能耗比例较大，而空调负荷经常小于设计负荷，故采用变水量系统降低冷水的输配能耗，具有较大的节能潜力。

10.3　冷却水系统

冷却水系统承担着将空调系统的冷负荷与冷水机组的能耗散发到室外环境的功能，是空调系统中必不可少的环节。合理地选用冷却水源和冷却水系统对冷水机组的运行费用和初投资具有重要意义。为了保证冷水机组的冷凝温度不超过压缩机的允许工作条件，冷却水进水温度一般宜不高于32℃。

冷却水系统可分为直流式（采用自然水源，经过冷水机组的冷凝器后直接排走）、混合式（采用深井水等较低水温的水源，经过冷水机组冷凝器后的冷却水一部分与新补充的低温冷却水混合后再送往各台冷水机组使用）和循环式（经过冷水机组冷凝器后的冷却水在蒸发冷却装置中冷却后再送入各台冷水机组使用，只需少量补水即可）三种。直流式和混合式冷却水系统由于受水源条件的限制，并且水的消耗量非常大，不能广泛使用，而循环式冷却水系统特别是机械通风冷却循环系统是目前空调系统中应用最为普遍的系统形式。

机械通风冷却循环系统（图10-15）主要由冷水机组冷凝器、冷却水泵、冷却塔、循环水管、补水装置及水质处理装置等组成。流出冷水机组冷凝器的冷却水由上部进入冷却塔，喷淋在塔内填充层上，以增大水与空气的接触面积，被冷却后的水从填充层流至下部水盘内，通过水泵再送入冷水机组冷凝器中循环使用。冷却塔顶部装有通风机，使室外空气以一定流速自下通过填料层，以加强冷却效果，如果冷却水与空气充分接触，可将冷却水冷却到比空气湿球温度高3～6℃的出水温度。下面简要阐述机械通风冷却循环冷却水系统的类型及其相关问题。

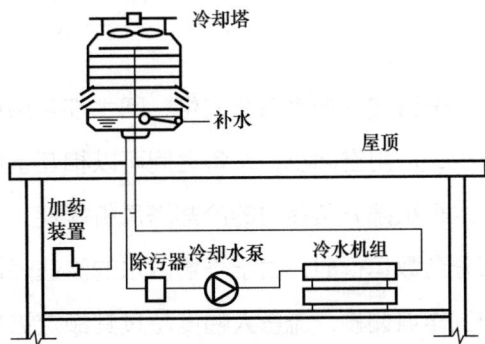

图 10-15　机械通风冷却循环系统

1. 冷却水系统形式

在采用机械通风冷却循环的冷却水系统中，当系统中选用多台冷却塔时，根据冷却塔与冷水机组的连接方式可以

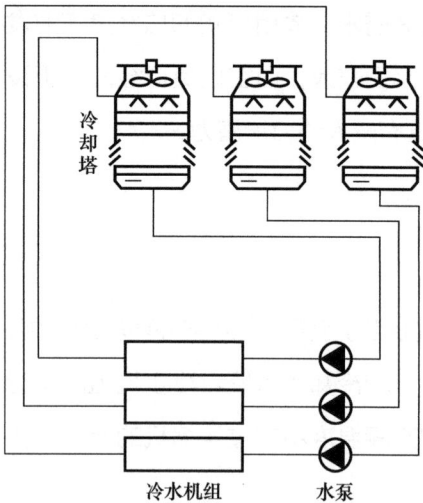

图 10-16　单元式冷却水系统

分为单元式（图 10-16）、干管式（图 10-17）和混合式（图 10-18）三种形式。在干管式和混合式系统中，根据水泵与冷水机组的连接形式有一机一泵（图 10-17a、图 10-18a）和多泵共用（图 10-17b、图 10-18b）两种形式。

单元式冷却水系统是由一台冷水机组、一台水泵和一台冷却塔构成的最为简单的冷却水循环系统（即"一机对一塔"），三者连锁控制，流量分配合理，各个单元之间相互影响小，运行可靠性高。但是整个冷却水系统的配管管线布置最为复杂，管路数目多，占用空间大，各设备不能相互备用。

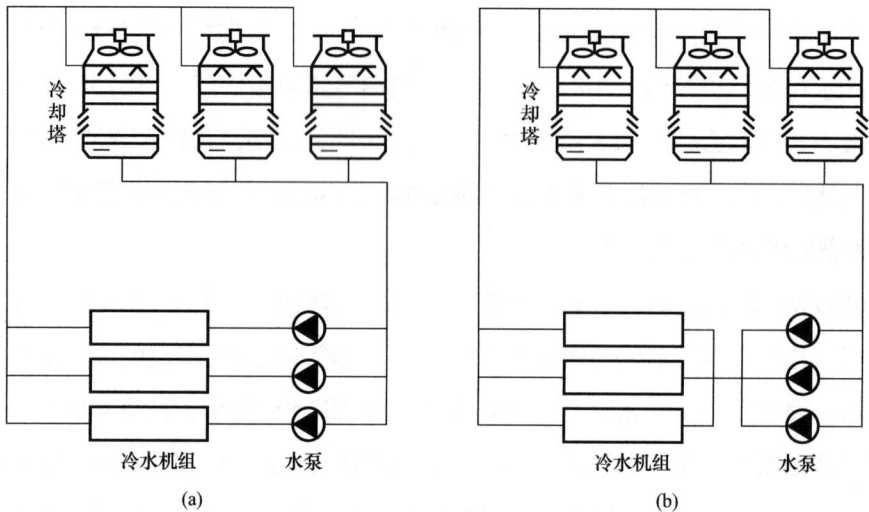

(a)　　　　　　　　　　　　　　(b)

图 10-17　干管式冷却水系统

（a）一机一泵；（b）多泵共用

干管式冷却水系统的供、回水都采用集中干管形式（即"多机对多塔"），管路数目少，占用空间小，设备之间可以相互备用，可通过冷却风机的台数或转速控制降低冷水机组部分负荷时的冷却塔风机能耗，故应用最广。但是，当冷却水泵只有一台或部分台数运行时，由于干管内水的流速降低，使得冷却水系统的阻力降低，单台水泵的工作点偏移，流量大幅度超过其额定流量、效率降低，有可能引起水泵电机超载或烧毁。

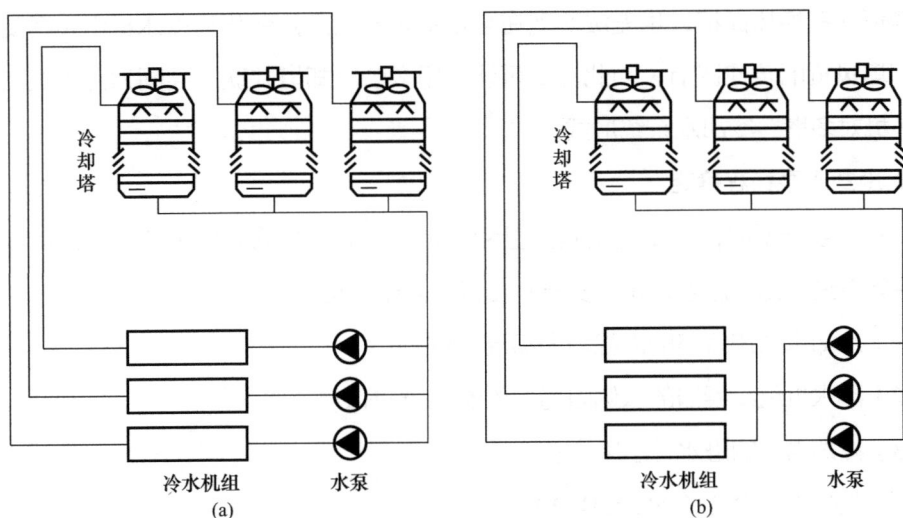

图 10-18　混合式冷却水系统
（a）一机一泵；（b）多泵共用

在混合式系统中，冷水机组的供水（或冷却塔的出水）采用集中干管，其出水（或冷却塔的进水）采用"一机对一塔"形式，系统特征介于单元式和干管式之间。

在干管式系统与混合式系统中，由于冷却塔可以相互备用，但如果水系统设计与控制不当，则容易出现"溢流""旁通"和"抽空"问题。

① 当在冷却塔的进水管上安装了电动阀，而出水管上未装，不运行的冷却塔进水阀关闭，但出水管连通时；② 有些冷却塔的出水管设置了与风机连锁的电动阀门，当出水电动阀关闭而进水电动阀开启时；③ 各冷却塔水量分配不平衡时；④ 多台大小不同的冷却塔并联设置且集水盘水位不相同时，容易出现"溢流"问题。为防止"溢流"，需注意水位平衡和水力平衡设计，并注意冷却塔进出口电动阀的设置及与冷却塔风机和水泵的连锁控制。

当部分冷却塔不运行时，如果其进、出水管电动阀开启，流过该塔的未得到有效冷却的冷却水与其他冷却塔的出水掺混，即出现了"旁通"现象，导致冷却水温升高。

在部分冷却塔不运行时也容易出现"抽空"现象，即不运行的冷却塔出现水位降低，直至空气由此处进入冷却塔出水集管内。其防止措施有：① 在每台冷却塔的出水管上增设电动阀，不运行的冷却塔进、出水电动阀必须同时严密关闭；② 在每台冷却塔的集水盘之间设置大管径连通管；③ 提高冷却塔的安装高度，利用出水集管自身就是连通管的特点，增加自然水头，防止抽空。

"一机对一塔"的单元式冷却水系统尽管可有效地避免旁通，但无法充分利用其他冷却塔填料的换热面积，也无法实现在全年室外气象条件变化和冷水机组负荷变化下的冷却塔风机的转速调节，因此应尽可能采用多台冷却塔并联、共同为冷水机组服务的"多机对多塔"冷却水系统形式。

2. 冷却水泵扬程确定

冷却水泵选型时，需要确定其流量和扬程。冷却水泵的流量由冷水机组的冷凝负荷和冷凝器进、出口温差确定，其扬程由以下几部分构成：

（1）冷却水系统管路的沿程阻力和局部阻力；

（2）冷水机组冷凝器的水侧阻力（约 $5\sim10\text{m H}_2\text{O}$ ）；

（3）冷却塔内的进水管总阻力；

（4）喷嘴出口余压（约 $3\text{m H}_2\text{O}$ ）；

（5）水柱高差，即冷却塔喷嘴到集水盘液面的高差；若设置有冷却水池时，则为冷却塔喷嘴到冷却水池液面之间的高差。

因此，当冷却水系统设置冷却水池时，若设置在冷却塔附近，则接近闭式系统；若位于冷水机组附近，则为开式系统，冷却水泵的扬程必然增大。

由于冷却塔内的进水管阻力、喷嘴出口余压和喷嘴到集水盘液面的水柱高度因塔而异，故一般厂家将这三部分合并为"进塔水压"作为一个参数给出，以便设计人员选型。

3. 冷却水温度控制

冷却水温度的控制原则：

（1）一般蒸气压缩式冷水机组的冷却水进水温度不宜低于 15.5℃（不包括水源热泵等特殊设计机组），否则容易引起冷凝压力过低、膨胀阀前后压差过小，导致蒸发器的制冷剂供液量不足，制冷量与能效比降低；

（2）吸收式冷水机组的冷却水进水温度不宜低于 24℃，否则容易引起溶液结晶；

（3）由于冷却水温度降低时冷水机组的 *COP* 增大，因此只要在冷水机组允许的情况下，应尽量降低冷却水温度。

（4）在过渡季和冬季，冷却塔能够产生较低温度的冷却水，可以直接作为空调冷水用于供冷，实现"Free-cooling"，但在其工程设计时必须采取措施，防止冷却塔、集水盘以及暴露在大气环境中的冷却水管出现结冰隐患。

冷却水温度控制的方法：

（1）风机转速（变频）控制：在过渡季室外空气温度偏低或冷水机组运行台数较少或部分负荷率运行时，可以降低风机的转速以减少能耗，在多台冷却塔并联的冷却水系统中，可以同步降低各冷却塔的风机转速以降低能耗，但是风机转速调节时，应注意冷却水流量的关联调节，以保证冷却塔具有适宜的"风水比"（冷却塔的风量与水量的比值），并防止冷却水出现"溢流""旁通"和"抽空"。

需要注意的是，对于干管式冷却水系统而言，当水泵开启台数过少时，可能导致单泵水量过大而烧毁水泵电机，可以通过调节冷却水泵的台数，或者调节阀门、增大阻力、降低水流量的方式加以避免。

（2）冷却水旁通控制：当冷却水温过低时，可以在冷却水供、回水干管间设置旁通管，在保证冷水机组进口水温和流量稳定的情况下，减少流经冷却塔的水流量，以提高冷却水温度。

控制冷却水温一方面是保证冷水机组的稳定、高效运行，另一方面可降低冷却水系统能耗，如减少冷却塔运行台数、降低冷却塔风机转速都是良好的节能措施。此外，调节冷却水泵转速（变频控制）也具有一定的节能效果。对于蒸气压缩式冷水机组，冷却水系统的下限流量一般不低于额定流量的 70%，对于吸收式冷水机组，冷却水系统的下限流量还可更低。因此，可以在冷水机组允许的范围内降低冷却水泵转速，以减少冷却水泵的能耗。

10.4　制冷机房的设计

10.4.1　制冷机房的设计步骤

制冷机房（也称：冷冻站）的设计有以下六个步骤：

1. 计算制冷机房所服务的建筑总冷负荷

制冷机房所服务建筑或区域的总冷负荷应根据相关设计规范进行计算确定，包括用户实际所需的制冷量以及冷水机组本身和供冷系统的冷损失。用户实际所需的制冷量应由空调、冷冻或工艺有关方面提出，而冷损失一般可用附加值计算，附加值的大小需根据相关设计规范的规定选取。

2. 确定技术方案和机组类型

根据用户使用要求、冷负荷及其全年变化、当地能源供应等情况，根据因地制宜、对等比较（使用功能对等、使用寿命对等、使用能源对等、舒适性对等、占地面积对等）原则，从多个技术方案中选择技术经济性良好的方案和机组类型，包括制冷方式、制冷剂种类、冷凝器冷却方式等。

从单位制冷量消耗一次能源的角度看，电力驱动蒸气压缩式冷水机组比吸收式冷水机组能耗要低。但对于当地电力供应紧张，或有热源可资利用，特别有余热、废热的场合，应优先选用吸收式冷水机组。

至于采用何种制冷剂，首先应考虑环境友好性能和国际上的相关法规协议，以保证在机组寿命时间内能够允许使用（能够有制冷剂的补充来源），一般而言，直接蒸发式空调系统或对卫生安全要求较高的用户应采用氟利昂；而大中型系统，如对卫生安全要求不十分严格，或采用间接供冷方式进行空调时，也可采用氨。目前氨制冷机组主要用于食品冷藏冷冻，而空调用冷水机组主要采用氟利昂制冷剂。

此外，应根据总制冷量大小和当地条件，确定冷凝器的冷却方式，即水冷、空冷还是采用蒸发式冷凝器。采用水冷式冷凝器时，则应同时考虑水源和冷却水的系统形式。

3. 确定机组的容量和台数

选择蒸气压缩式冷水机组时应从能耗、单机容量和调节性能等多方面进行考虑，宜根据冷水机组的名义工况性能、变工况性能和部分负荷性能指标及特点综合确定。

设计制冷机房时，一般选择 2～4 台制冷机组，台数不宜过多。除特殊要求外，可不设备用机组。当总冷负荷较小时，也可选择 1 台冷水机组，但需要具有良好的容量调节能力。

对于空调用制冷机房，目前一般选用冷水机组；对于冷冻冷藏用制冷机房，制冷压缩机、冷凝器、蒸发器和其他辅助设备，可以选择成套设备或配套机组。

4. 设计水系统

确定冷水和冷却水系统形式，选择冷水泵、冷却水泵和冷却塔的规格和台数，进行管路系统设计计算。

5. 设计制冷机房的自动控制系统

根据冷水机组台数和容量、冷水和冷却水系统形式结合建筑的负荷分布特征，制定整个制冷机房及其子系统的控制策略，并设计其自动控制系统，以保证整个系统在各种工况下都能够高效运行，并进行能耗计量和相关数据显示。

6. 布置制冷机房

根据制冷机房设计要求和设备布置原则布置机房的各种设备。

10.4.2　制冷机房的设计要求

小型制冷机房一般附设在主体建筑内，氟利昂制冷设备也可设在空调机房内。规模较大的制冷机房，特别是氨制冷机房，应单独修建。

1. 对制冷机房的要求

制冷机房的位置应尽可能设在冷负荷中心处，力求缩短冷水管网。当制冷机房为该区域的主要用电负荷时，还应考虑靠近变电站。

制冷机房应采用二级耐火材料或不燃材料建造。机房最好为单层建筑，设有不相邻的两个出入口，机房门窗应向外开启。机房应预留能通过最大设备的出入口或安装洞。氨制冷机房不应靠近人员密集的房间或场所（对于民用建筑，不能设置于建筑内），以及有精密贵重设备的房间等，以免发生事故时造成重大损失。

空调用制冷机房，主要包括主机房、水泵房和值班室等。冷冻冷藏用的制冷机房，规模小者可为单间房屋，不作分隔；规模较大者，按不同情况可分隔为主机间（用于布置制冷压缩机）、设备间（布置冷凝器、蒸发器和高压贮液器等辅助设备）、水泵间（布置水箱、水泵）、变电间（耗电量大时应有专门变压器），以及值班控制室、维修储藏室和生活间等。房高应不低于 3.2～4.0m，设备间也不应低于 2.5m（净高度）。

氟利昂制冷机房应按机房面积设有不小于 9.18m/（h·m²）的机械通风和不少于 7 次 /h 的事故通风设备；氨制冷机房应有不少于 12 次 /h 换气的事故通风设备，排风机应选用防爆型。排风口应设置在容易泄漏制冷剂的设备附近，并有合理的气流组织。直燃吸收式制冷机房机器配套设施的设计应符合国家现行的有关防火及燃气设计规范的规定。此外，制冷机房还应设置给水排水设施。

在供暖地区，冬季需保证使用的制冷机房的供暖温度高于 16℃，冬季设备停运时为防止水系统冻结，其值班温度不应低于 5℃。

2. 制冷机房的设备布置

机房内的设备布置应保证操作和检修的方便，同时要尽可能使设备布置紧凑，以节省建筑面积。冷水机组的主要通道宽度以及冷水机组与配电柜的距离应不小于 1.5m；冷水机组与冷水机组或与其他设备之间的净距离不小于 1.2m；冷水机组与墙壁之间以及与其上方管道或电缆桥架的净距离应不小于 1m。

大、中型制冷压缩机应设在室内，并有减振基础。其他设备则可根据具体情况，设置在室内、室外或敞开式建筑内，但是，要注意保证某些设备（如冷凝器和高压贮液器）之间必要的高度差。制冷压缩机及其他设备的位置应使连接管路短，流向通畅，并便于安装。卧式壳管冷凝器和蒸发器布置在室内时，应考虑有清洗和更换其内部传热管的空间。冷却塔应布置在通风散热条件良好的屋面或地面上，并远离热源和尘源；冷却塔之间及冷却塔与周围建筑物、构筑物之间应有一定间距。风冷式冷凝器和蒸发冷凝器也有与冷却塔同样的要求。

水泵的布置应便于接管、操作和维修；水泵之间的通道一般不小于0.7m。

此外，设备和管路上的压力表、温度计等应设在便于观察的地方。

3. 机组与管道的保温

为了减少各种制冷机组的冷量损失，低温设备和管道均应保温。应保温的部分一般为制冷压缩机的吸气管、膨胀阀后的供液管、间接供冷的蒸发器以及冷水管和冷水箱等。

机组使用的保温材料应具有较低的热导率，以有效阻止热量的传递，保持机组内部低温环境的稳定；考虑制冷机组可能涉及的火灾风险，保温材料应具备良好的防火性能，以降低火灾风险；此外，保温材料需要经受住长期低温、潮湿环境的考验，不发生变形、开裂、老化等现象；同时在选择保温材料时，还需综合考虑材料价格、安装和施工成本，以确保成本效益。常见的保温材料包括橡塑保温材料、聚苯乙烯泡沫板、聚氨酯泡沫板等。在实际应用中，可根据制冷机组的规模、使用环境和预算等条件进行合理选择。

思考题与练习题

1. 空调水系统的作用是什么？
2. 空调冷水系统的组成有哪些？
3. 冷水系统中开式与闭式系统各有什么优缺点？
4. 异程系统与同程系统的优缺点？
5. 冷却水系统的分类有哪些？
6. 冷却水泵扬程的确定包含哪几部分？
7. 制冷机房的设计步骤有哪些？
8. 制冷机房设备布置的间距有什么要求？

第 11 章

蓄 冷 技 术

本章知识目标:

1. 了解蓄冷技术的作用、特点、分类。
2. 理解蓄冷的基本原理。
3. 掌握蓄冷系统的基本工作流程。
4. 明确发展蓄冷技术的意义。

本章思政目标:

强调空调系统节能与环保的重要性,介绍蓄冷技术和可持续发展理念,强化学生环境保护、有效利用能源的意识,鼓励学生们在未来的工作中积极推广,尊重自然、保护自然,牢固树立绿色发展的理念。

11.1 蓄冷与蓄冷剂

11.1.1 基本概念

众所周知,某些工程材料(介质)具有蓄冷(热)特性,应用这种蓄冷(热)特性并加以合理应用的技术称为蓄冷(热)技术。从热力学上说,蓄冷技术就是蓄热技术。而用来蓄冷(热)的材料(介质)就称为蓄冷剂。

由于社会生产力和人民物质文化生活水平的提高,电力消耗增长迅速,电力工业的快速增长难以适应生活和生产的需求,电力供应高峰不足而低谷相对过剩的矛盾非常突出。因此,做好削峰填谷、调荷节能的工作显得尤为重要。这也就推动了蓄冷技术的发展和应用。

蓄冷技术最适宜的应用对象是间歇使用、冷负荷较大且相对集中的用户，比如公共、商用建筑和一些工业生产工程的空气调节。同时，可以成为城市集中供热供冷的冷热源形式，也可以为某些特殊工程提供应急备用冷热源。

蓄冷空调系统根据水、冰以及其他物质的储能特性，应用蓄冷技术，充分利用电网低谷时段的低价电能，在夜间电网低谷时间，同时也是空调负荷很低的时间，制冷主机开机制冷并由蓄冷设备将冷量储存起来。待白天电网高峰用电时间，同时也是空调负荷高峰时间，再将冷量释放出来满足高峰空调负荷的需要。这样，不仅有利于平衡电网负荷，实现移峰填谷，缓解电力的供需矛盾，而且节省了运行费用，获得较好的经济效益。

蓄冷空调系统主要有以下特点：

（1）转移制冷机组用电时间，可以削峰填谷，起到平衡电力负荷的作用。

（2）蓄冷空调系统的运行费用由于电力部门实行峰谷电价政策，比常规空调系统要低，分时电价差值越大，得益越多。

（3）蓄冷空调系统的制冷设备容量和装设功率小于常规空调系统，一般可减少30%～50%。

（4）蓄冷空调系统的一次投资比常规空调系统要高。如果计入供电增容费及用电集资费等，有可能投资相当或增加不多。

（5）蓄冷空调系统制冷设备满负荷运行比例增大，状态稳定，提高设备利用率。

（6）蓄冷空调不一定节电，而是合理使用峰谷段的电能。

11.1.2 蓄冷技术的分类

蓄冷技术有很多具体的形式，可以按照蓄冷进行的原理、蓄冷持续的时间、蓄冷工作模式和运行策略、蓄冷使用的材料进行简单的分类。

1. 按照蓄冷进行的原理分类

在介质吸热或放热过程中，必然会引起介质的温度或物态发生变化。蓄冷就是利用工质状态变化过程中所具有的显热、潜热效应或化学反应中的反应热来进行冷量的储存。实现蓄冷的原理主要有显热蓄冷、潜热蓄冷和热化学蓄冷。用于空调的蓄冷方式主要有显热蓄冷和潜热蓄冷。

2. 按照蓄冷持续时间分类

按照蓄冷持续时间，主要有昼夜蓄冷和季节性蓄冷两种类型。昼夜蓄冷是将电动制冷机组在夜间低谷期运行制取的冷量，以显热或潜热的形式将冷量储存起来并用于次日白天高峰期的冷量需求。季节性蓄冷是在冬季将形成的冷量（以冰或冷水的形式）储存在特定的容器或地下蓄水层中，在夏季再将其释放出来供应用户的冷负荷需求。

3. 按照蓄冷工作模式和运行策略分类

按照蓄冷工作模式和运行策略，主要有全负荷蓄冷和部分负荷蓄冷。全负荷蓄冷策略是将蓄冷时间与空调时间完全错开，将建筑物设计周期在用电高峰时段的冷负荷全部转移到用电低谷时段。在夜间非用电高峰期，启动制冷机进行蓄冷，当蓄冷量达到空调所需的全部冷量时，制冷机停机；在白天使用空调时，蓄冷系统将冷量释放到空调系统，使用空调期间制冷机不运行。部分负荷蓄冷策略是按建筑物设计周期所需要的冷量部分由蓄冷装置供给，部分由制冷机供给。在夜间非用电高峰时制冷设备运行，储存部分冷量；白天使用空调期间一部分负荷由蓄冷设备承担，另一部分则由制冷设备承担，制冷机基本上是全天运行。

4. 按照用于蓄冷的介质分类

按照用于蓄冷的介质，有水蓄冷、冰蓄冷、其他相变蓄冷材料蓄冷等。水蓄冷是水作为蓄冷介质，利用水的显热进行冷量储存。冰蓄冷就是将水制成冰，利用冰的相变潜热进行冷量的储存。

在季节性蓄冷中，多采用水或冰来进行。在昼夜蓄冷中，根据具体要求可以采用使用水作为蓄冷介质的显热蓄冷，或利用冰和共晶盐作为蓄冷介质的潜热蓄冷。

11.1.3　蓄冷剂

1. 水

水具有良好的热力学性质，是一种价格低廉、使用方便的蓄冷剂，它已成为目前蓄冷空调应用中进行显热蓄冷的主要材料。一般蓄冷温差为 $6 \sim 10 ℃$，蓄冷温度为 $4 \sim 6 ℃$，单位蓄冷能力低，蓄冷体积大，适宜现有工程的改造、规模较小或有其他可资利用水池的工程。

用水做蓄冷剂主要具有以下优点：

（1）可以使用常规的制冷机组，设备的选择性和可用性范围广，运行时性能系数高，能耗低。

（2）可以在不增加制冷机组容量条件下达到增加供冷容量的目的，适用于常规空调系统的扩容和改造。

（3）可以利用消防水池、原有的蓄水设施或建筑物地下基础梁空间等作为蓄冷水槽来降低初投资。

（4）技术要求低，维修方便，无需特殊的技术培训。

（5）可以实现蓄冷和蓄热双重用途。

用水做蓄冷剂的缺点主要是：

（1）水蓄冷只利用显热，其蓄冷密度低，在同样蓄冷量条件下，需要大量的水，使用时受到空间条件的限制。

（2）由于一般使用开启式蓄水槽，水和空气接触容易产生菌藻，管路也容易生锈，增加水处理费用。

（3）蓄冷槽内不同温度的水容易混合，影响蓄冷效果。

2. 冰

冰是一种廉价易得、使用安全、方便且热容量大的潜热蓄冷材料，在空调蓄冷中使用最为普遍。冰的溶解潜热为 335kJ/kg，在常规空调 7/12℃的水温使用范围，其蓄冷量可达 386kJ/kg，是利用水的显热蓄冷量的 17 倍。因此，与水蓄冷相比，储存同样多的冷量，冰蓄冷所需的体积将比水蓄冷所需的体积小得多。

冰蓄冷在制冰过程中，由于蒸发温度较低（-10～-6℃），制冷机的性能系数降低，增加了耗电量，限制了常规制冷机的使用。因此，冰蓄冷对制冷设备要求更高，必须进行专门的设计，采取合适的运行和控制方式，从整体上提高系统的性能系数。

冰蓄冷空调系统通常为用户提供 2～4℃的低温冷水，这为加大冷水的利用温差提供了条件。采用低温介质会使空调系统的冷量损失增加，但介质的循环量由于温差的加大而减少，节省输送动力和系统建设投资。近年来，低温送风技术的应用研究，进一步推动了冰蓄冷技术的发展，提高了冰蓄冷空调技术的竞争力。

冰蓄冷与水蓄冷方式相比，尽管存在着系统复杂、制冰蓄冷过程性能系数降低等不利因素，但因其具有蓄冷量大、蓄冷装置紧凑、介质输送系统能耗低和占用空间相对较少等优势，无论在国内与国外，无论是新建筑空调系统的设计或旧建筑空调系统的改造，冰蓄冷技术都成为蓄冷技术的一种主流方式。

3. 共晶盐

相变蓄冷中要求相变材料必须具有适当的相变温度、较高的相变潜热、良好的热物理性质、长期的化学稳定性、来源较方便、价格较低。目前最常用的相变物质是共晶盐，它是由无机盐、水、促凝剂和稳定剂等多种原料调配而成的混合物。适当的改变添加剂及其配方，就可以获得所需要的相变温度的溶液，目前已开发出相变温度低至 −11℃，高至 27℃ 的共晶盐材料。目前应用较广泛的是相变温度约为 8～9℃ 的共晶盐蓄冷材料，其相变潜热约为 95kJ/kg。共晶盐具有无毒、不燃烧，不会发生生物降解，在固液相变过程中不会发生膨胀和收缩等特性。

一般来说，共晶盐蓄冷系统中蓄冷槽的体积比冰蓄冷槽大，比水蓄冷槽小。其主要优越性在于它的相变温度较高，可以克服冰蓄冷要求很低的蒸发温度的弱点，并可以使用普通的空调冷水机组。

相变蓄冷与冰蓄冷比较有两个特点：一是释冷的温度较高，能够很好地与常规制冷、空调设备配合使用；二是占用体积大。从设备投资和占用建筑空间方面评价，共晶盐蓄冷介于冰蓄冷和水蓄冷之间，具有相当好的适应性，有良好的应用前景。但由于共晶盐的材料品种单一、价格较高，其应用范围也受到了一定的限制。

表 11-1 中列出了三种主要蓄冷方式性能的比较，三种方式各有利弊，可以根据具体情况分析选用。

三种主要蓄冷方式性能的比较　　　　　　　　　　表 11-1

项目	水蓄冷系统	冰蓄冷系统	共晶盐蓄冷系统
蓄冷槽体积（m^3）	8～10	1*	2～3
蓄冷温度（℃）	5～7	0	5～9
机组效率	1*	0.6～0.7	0.92～0.95
冷量损失	一般	大	小
不冻液需否	否	需	否
泵-风机性能	1*	0.7	1.05
投资比较	约 0.6	1*	1.3～2.0

注：* 为参考基准。

11.2 蓄冷空调系统

蓄冷空调系统是指将蓄冷系统应用于空调系统中，是蓄冷系统及空调系统的总称。图 11-1 所示为蓄冷空调系统的基本原理示意图。其在常规空调系统的供冷循环系统中，增添了一个既是与蒸发器并联也是与空调换热器并联的蓄冷槽，并增添了一个水泵和两个阀门。这样，原供冷循环回路就可以出现以下几种循环方式：

（1）常规空调供冷循环。此时蓄冷槽不工作，阀1开，阀2关，水泵1、水泵2

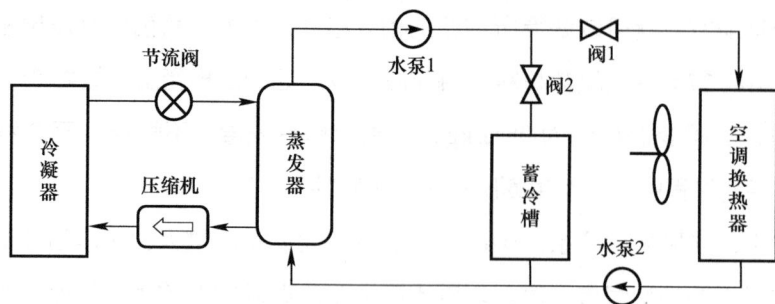

图 11-1　蓄冷空调系统的基本原理示意图

开，制冷机组直接供冷。

（2）蓄冷循环。此时空调换热器不工作，阀1关，阀2开，水泵1开，水泵2关，制冷机组向蓄冷槽充冷。

（3）联合供冷循环。此时蒸发器和蓄冷槽联合向空调换热器供冷，阀1、阀2开，水泵1、水泵2开，此循环也称部分蓄冷空调循环，因为执行此循环时，蓄冷只是补充制冷机组供冷不足部分的空调负荷。蓄冷空调系统多采用此种供冷方式。

（4）单蓄冷供冷循环。此时制冷机组停止运行，阀1、阀2开，水泵1关，水泵2开，空调负荷全部由蓄冷槽的冷量来提供。此循环也称全量蓄冷空调循环。

11.2.1　水蓄冷系统

水蓄冷系统一般是以普通制冷机作为冷源，以保温槽为蓄冷装置，加上其他辅助设备、连接管与控制系统等构成。基本上是在常规空调系统的基础上，增加蓄冷槽及其辅助设备，是一种最为简单的蓄冷系统形式。

目前常用的水蓄冷形式主要有四种：分层式水蓄冷、隔膜式水蓄冷、空槽式水蓄冷和迷宫式水蓄冷。其中，分层式水蓄冷系统最为简单，蓄冷效率较高，经济效益好，应用较为广泛。

分层式水蓄冷系统常常使用一个很大的蓄冷槽储存温度为 4.4～7.2℃的冷水。储存的冷水可以补偿供电高峰时的制冷机负荷，从而将制冷机的负荷转到供电低谷时降低能耗成本。在冷槽中的水由于自身重量的不同可以分成三个区域：从空气处理器返回的上部较热的回水，中间层有较陡温度梯度的水流，下部制冷机的冷水。分层式水蓄冷系统和制冷机房包括以下设备：制冷机、圆柱形蓄冷槽、泵、管道、空气系统控制设备及其附属设备。

水的密度和水的温度密切相关，在水温约为 4℃时，水的密度最大，当水温大于

4℃时，温度升高而密度减少；当水温在 0~4℃范围内，温度升高密度增大。分层式水蓄冷系统就是根据不同水温会使密度大的水自然聚集在蓄水槽的下部，形成高密度的水层来进行的。在分层蓄冷时，通过使 4~6℃的冷水聚集在蓄冷槽的下部，6℃以上的温水自然地聚集在蓄冷槽的上部，来实现冷温水的自然分层。自然分层水蓄冷系统如图 11-2 所示。在蓄冷槽的上、下设置了两个均匀分布水流的散流器，在蓄冷和释冷的过程中，温水始终从上部散流器流入或流出，而冷水始终从下部散流器流入或流出，以便达到自然分层的要求，尽可能形成上、下分层水的各自水平移动，避免温水和冷水的相互混合。在蓄冷过程中，阀门 F_1 和 F_2 关闭，水泵 B 停开；阀门 F_3 和 F_4 打开，水泵 A 和冷水机组运行。从冷水机组来的冷水通过阀门 F_3，由下部散流器缓慢流入蓄水槽，而温水从上部散流器缓慢流出，通过阀门 F_4 和水泵 A 进入冷水机组的蒸发器制备冷水。由于蓄水槽中总的水量不变，随着冷水量的增加，温水量的减少，斜温层向上移动，直到槽中全部为冷水为止。在释冷过程中，阀门 F_3 和 F_4 关闭，水泵 A 和冷水机组停止运行；阀门 F_1 和 F_2 打开，水泵 B 运行。从空调用户回来的温水通过阀门 F_2 由上部散流器缓慢流入蓄水槽，而冷水由下部散流器缓慢流出，通过阀门 F_1 和水泵 B 送到用户，与空气进行热湿交换，温度升高，再进入蓄水槽，直到蓄水槽中全部为温水为止。

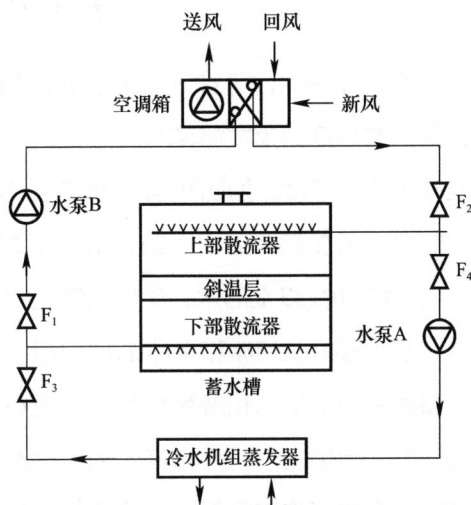

图 11-2　自然分层水蓄冷系统

如图 11-2 所示的开式流程是水蓄冷空调系统中最常用的。其主要特点是系统简单，一次性投资少，温度梯度损失小，蓄冷效率高以及直接向用户供冷等。

11.2.2　冰蓄冷系统

冰蓄冷系统的种类和制冰方式有很多形式，根据制冰方法分类，可以将冰蓄冷系统分为静态制冰和动态制冰两种。静态制冰系统中，冰的制备和融化在同一位置进行，蓄冰设备和制冰部件为一体结构，具体形式有冰盘管式、完全冻结式和封装式蓄冷系统。动态制冰系统中，冰的制备和储存不在同一位置，制冰机和蓄冰槽相对独立，如制冰滑落式、冰晶式系统等。

1. 冰盘管式蓄冷系统

冰盘管式蓄冷系统是发展最早的制冷剂直接蒸发式蓄冷系统，其制冷系统的蒸发器直接放入蓄冷槽中，冰冻结在蒸发器盘管的外表面上，如图 11-3 所示。蓄冰时，制冷剂在蒸发器盘管内流动，使盘管外表面结冰。释冷过程采用外融冰方式，从空调用户侧流回的温度较高的回水进入蓄冰槽与冰接触，冰由外向内融化，产生温度较低的冷水提供给空调用户直接使用，或经过换热设备间接使用。

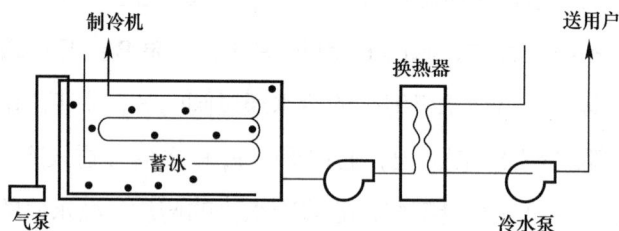

图 11-3　冰盘管式蓄冷系统

蓄冰过程中，随着盘管外表面冰层厚度的增加，盘管表面和水之间的热阻增大，盘管内制冷剂的蒸发温度将会降低，导致压缩机功耗增大。为此，必须增大传热面积或减少结冰厚度。为防止盘管间产生"冰桥"现象并控制冰层的厚度，需要设置厚度控制器或增加盘管的中心距。蓄冰槽的蓄冰率 IPF 一般保持在 40%～50%，即蓄冰槽内应保持 50% 以上的水，确保能够正常抽取低温冷水使用并进行融冰。

蓄冰槽内的结冰和融冰的均匀程度是蓄冷和释冷效果好坏的一个重要因素。为了使蓄冰槽内的结冰和融冰均匀，一般在槽内设置空气搅拌器。将压缩空气送至蓄冷槽的底部，利用空气的浮力产生大量气泡升起搅动水流。在制冰过程中，水的扰动使槽内的水温快速均匀降低，从而使盘管外的结冰厚度趋于一致。在融冰释冷过程中，扰动使进入槽内的水流分布均匀，加速冰的融化。在融冰临近结束时，管外的冰很薄，冰层之间的间距增大，空气的扰动将避免水流的短路，改善融冰的效果。蓄冰槽可以用钢筋水泥制成，内加保温层，也可以用钢板焊接而成，外加保温层。由于系统一般是开式的，还可以用砖砌成，内加保温层。

冰盘管式蓄冷系统由于融冰、释冷速度快，非常适用于工业制冷和低温送风空调系统。

2. 完全冻结式蓄冷系统

完全冻结式蓄冷系统大多由一组规格化制造的模糊化蓄冰桶（槽）多只并联构成，

蓄冰桶（槽）内的盘管中通以二次（中间）冷媒（一般为乙二醇水溶液）。完全冻结式蓄冷系统是将冷水机组制备的低温二次冷媒送入蓄冷槽中的盘管内，使管外 90% 以上的水冻结成冰，因此称为完全冻结式。其系统原理如图 11-4 所示。释冷过程一般采用内融冰方式，从空调用户侧流回的温度较高的乙二醇水溶液进入蓄冰槽，在盘管内流动，将管外的冰融化，融冰过程首先是乙二醇水溶液通过盘管直接与管外的冰进行热交换，使管外的冰融化成水，附着在管外壁周围；接着是乙二醇水溶液通过盘管和管外的水把热量传给与水接触的冰。融冰过程对于冰块来讲，首先是从内部开始的。在融冰时，传热首先是以传导为主，接着是以传导和对流为主。

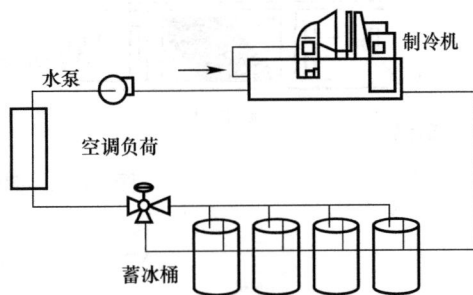

图 11-4　完全冻结式蓄冷系统的原理

完全冻结式蓄冷由于采用二次冷媒，在蓄冰和融冰使用过程中均需增加间接热交换设备，因而在换热效率方面有一定影响。这种形式的蓄冷设备的主要特点是蓄冰率 *IPF* 较大（在 90% 以上），而且释冷速度也比较稳定。在融冰后期，由于冰的密度比水小，冰向上浮，乙二醇水溶液通过管壁直接与下部的水进行热交换，下部冰很薄以至很快断开，冰块浮在水上，形成冰水混合物，水的温度升高，融冰速度会很快。

3. 封装式蓄冷系统

封装式蓄冷系统采用水或有机盐溶液作为蓄冷介质，将蓄冷介质封装在塑料密封件内，再把这些装有蓄冷介质的密封件堆放在密闭的金属贮罐内或开放的贮槽中一起组成蓄冰装置。蓄冰时，制冷机组提供的低温二次冷媒（乙二醇水溶液）进入蓄冷装置，使封装件内的蓄冷介质结冰；释冷时，仍以乙二醇水溶液作为载冷剂，将封装件内冷量取出，直接或间接（通过热交换装置）向用户供冷。

典型的封装式蓄冷系统如图 11-5 所示。在制冰时，由蓄冰泵将载冷剂送至制冷机组降温后送入蓄冰槽和密封件进行热交换，将其内的水溶液降温至零度以下，水溶液开始发生相变而结冰，而载冷剂则升温离开蓄冰槽，再用泵送入制冷机组降温，密封件依照载冷剂流动接触顺序先后结冰，至结冰末阶段时，蓄冰槽内密封件完全冻结后，载冷剂离开蓄冰槽的温度约降至 -5℃时，则控制制冷机组停机，完成制冰过程。在融冰时，由融冰泵将蓄冰槽中的载冷剂抽送至热交换器与空调回水进行热交换来满足空调负荷的需求。

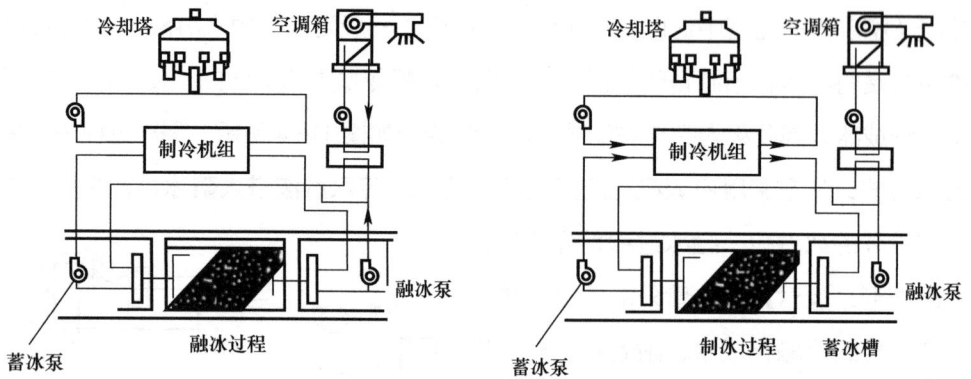

图 11-5　典型的封装式蓄冷系统

4. 制冰滑落式蓄冷系统

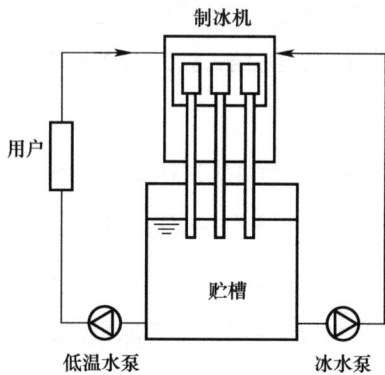

图 11-6　制冰滑落式蓄冷系统
原理图

制冰滑落式蓄冷系统以制冰机为制冷设备，以保温的槽体为蓄冷设备。制冰机单机容量范围广，现场组装的带水冷冷凝器的蓄冷装置容量可达 1400kW。如图 11-6 所示为制冰滑落式蓄冷系统原理图。

该系统可以在冰蓄冷和水蓄冷两种蓄冷模式下运行。当在冰蓄冷模式下运行时，制冷剂在蒸发器内蒸发为气态（蒸发温度为 -9～-4℃），使喷洒在蒸发器外表面的水冻结成冰，待冰达到一定厚度（一般控制在 3～6.5mm）时，进行切换，进入收冰阶段，压缩机的排气以不低于 32℃ 的温度进入蒸发器，使蒸发器外侧的冰脱落进入蓄冰槽内。蓄冰槽的蓄冰率一般为 40%～50%。这样结冰和收冰过程反复进行，直至蓄冰过程结束；释冰时，从用户返回的温水直接喷洒在蒸发器的外表面上，进行结冰和收冰过程，蓄冰槽提供的低温冷水直接或间接供给用户使用。当在水蓄冷模式下运行时，蒸发器内制冷剂和外侧从用户返回的温水进行热交换，使水的温度下降，落至蓄冷槽内，然后送给用户使用。

在该系统中，由于片状的冰具有很大表面积，热交换性能好，所以有较高的释冰速率。通常情况下，即使蓄冰槽内 80%～90% 冰被融化，仍能保持释冷温度不高于 2℃。因此，尤其适合于高峰用冷的场合，当用于大温差低温空调系统时，有利于进一步节省投资。当然这种系统蓄冷装置初始投资较高，设备用房对层高也会有不利的要求。

5. 冰晶式蓄冷系统

冰晶式蓄冷系统如图 11-7 所示。特殊设计的制冷机组将蓄冷介质（8% 的乙二醇水溶液）冷却到冰结点温度以下，形成非常细小的均匀冰晶；直径 100μm 的冰晶和乙二醇水溶液在一起，形成泥浆状的液冰，也被称为冰泥。冰晶或冰泥贮存在蓄冰槽内，当有空调负荷要求时，取其冷量满足用户要求。

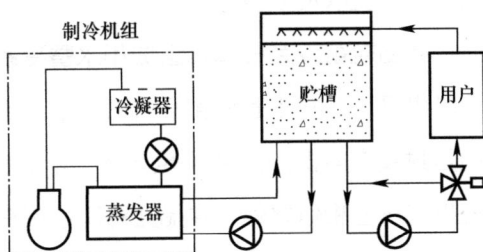

图 11-7　冰晶式蓄冷系统图

这种系统不像制冰滑落式，冰制到一定程度时，需要热流体流过，使冰脱落下来。蓄冰槽也不像冰球式或盘管式，在槽内要设置大量冰球或盘管。因而蓄冰槽的构造很简单，只要有足够的强度、足够的蓄冷容积和良好的保温即可。另外，由于该系统生成的冰晶直径小而均匀，其换热面积大，融冰、释冰速度快，并且冰晶和乙二醇水溶液均匀混合在一起，不像其他冰蓄冷系统容易在冰桶或冰槽内产生冰桥和死角，所以制冰和融冰速度快而稳定，同样的管径可以输送较大的冷量。

冰晶式蓄冷系统最大的缺点是制冷设备需要特殊设计和制造，费用高，制冷能力和蓄冷能力偏小，因此，不适用于大型空调系统。

11.2.3　共晶盐蓄冷系统

共晶盐蓄冷系统的蓄冷原理和冰蓄冷基本相同，系统的组成则与水系统相似。在工程应用中，通常将共晶盐混合物封装在塑料盒内，并将一定数量的这种封装盒层叠放置于蓄冷槽内构成共晶盐蓄冷装置，使水从盒间流过，封装盒及其构件在蓄冷槽占 2/3 的容积，蓄冷槽同时也用作换热器。蓄冷槽一般采用开敞式，以钢筋混凝土现场浇筑为多，也可用钢板加工而成。由于共晶盐在发生相变时都有一定程度的密度和体积的变化，这就要求盛装共晶盐的容器能够承受压力周期性变化的影响，具有足够的强度和刚度。否则，容易产生疲劳断裂，发生泄漏。有些共晶盐与空气接触会吸收水分，从而失去蓄冷的能力；有些共晶盐会氧化或失去水分，影响其蓄冷能力。

共晶盐在实际应用过程中要防止层化现象的发生。所谓层化就是共晶盐在过饱和状态下溶解时，部分无机盐灰沉淀在容器的底部，相应地使一部分液体浮在容器上方的现象。层化现象若不阻止，将会使共晶盐在使用一段时间后损失近 40% 的溶解热，使其蓄冷能力仅剩下 60%。影响层化的因素很多，包括容器的厚度、材料、形状，共晶盐的种类以及成核方法等。

共晶盐蓄冷系统基本组成和水蓄冷系统相同，它也使用常规冷水机组为制冷设备，一般也采用开式水系统和开式蓄冷槽；不同的是此时蓄冰装置使用的蓄冷介质不是水，而是封装在容器内的共晶盐溶液，单从蓄冰装置的结构形式来看，它与封装式蓄冰系统也有一些相似之处。共晶盐蓄冷系统在流程上通常把制冷机组与蓄冰装置串联连接，制冷机组可以布置在上游或下游。共晶盐蓄冷系统在设计、运行管理等方面都有自己的特点，在工程中应用要根据具体情况，尽可能减少制冷机组的运行时间和节约能源。

思考题与练习题

1. 什么叫蓄冷技术？有什么特点？

2. 蓄冷技术有哪些类型？

3. 常用的蓄冷剂有哪些？各有什么特点？

4. 水蓄冷系统的工作原理是什么？可分为哪几类？

5. 冰蓄冷系统有哪几类？

附　录

R717 饱和液体及饱和蒸气热力性质表

温度 t（℃）	压力 P（kPa）	比焓（kJ/kg）		比熵 [kJ/（kg·K）]		比体积（L/kg）	
		液体 h′	气体 h″	液体 s′	气体 s″	液体 v′	气体 v″
−60	21.86	−69.699	1371.333	−0.10927	6.65138	1.4008	4715.80
−55	30.09	−48.732	1380.388	−0.01209	6.53900	1.4123	3497.50
−50	40.76	−27.489	1387.182	0.08412	6.43263	1.4242	2633.40
−45	54.40	−5.919	1397.887	0.17962	6.33175	1.4364	2010.60
−40	71.59	15.914	1405.887	0.27418	6.23589	1.4490	1555.10
−35	93.00	38.046	1413.754	0.36797	6.14461	1.4619	1217.30
−30	119.36	60.469	1421.262	0.46089	6.0575	1.4753	963.49
−28	131.46	69.517	1424.170	0.49797	6.02374	1.4808	880.04
−26	144.53	77.870	1426.993	0.53483	5.99056	1.4864	805.11
−24	158.63	87.742	1429.762	0.57155	5.95794	1.4920	737.70
−22	173.82	96.916	1432.465	0.60813	5.92587	1.4977	676.97
−20	190.15	106.130	1435.100	0.64458	5.89431	1.5035	622.14
−18	207.07	115.381	1437.665	0.68108	5.86325	1.5093	572.57
−16	226.47	124.668	1440.160	0.71702	5.83268	1.5153	527.68
−14	246.59	133.988	1442.581	0.75300	5.80256	1.5213	486.96
−12	268.10	143.341	1444.929	0.78883	5.77289	1.5274	449.97
−10	291.06	152.723	1447.201	0.82448	5.74365	1.5336	416.32
−9	303.12	157.424	1448.308	0.84224	5.72918	1.5067	400.63
−8	315.56	162.132	1449.396	0.86026	5.71481	1.5399	385.65
−7	328.40	166.846	1450.464	0.87772	5.70054	1.5430	371.35
−6	341.64	171.567	1451.513	0.89526	5.68637	1.5462	357.68
−5	355.31	176.293	1452.541	0.91254	5.67229	1.5495	344.61
−4	369.39	181.025	1453.550	0.93037	5.65831	1.5527	332.12
−3	383.91	185.761	1454.468	0.94785	5.64441	1.5560	320.17

温度 t（℃）	压力 P（kPa）	比焓（kJ/kg）		比熵［kJ/（kg·K）］		比体积（L/kg）	
		液体 h'	气体 h''	液体 s'	气体 s''	液体 v'	气体 v''
−2	398.88	190.503	1455.505	0.96529	5.63061	1.5593	308.74
−1	414.29	195.249	1456.452	0.98267	5.61689	1.5626	297.74
0	430.17	200.000	1457.739	1.00000	5.60326	1.5660	287.31
1	446.52	204.754	1458.284	1.01728	2.58970	1.5693	277.28
2	463.34	209.512	1459.168	1.03451	5.57642	1.5727	267.66
3	480.66	214.273	1460.031	1.05168	5.56286	1.5762	258.45
4	498.47	219.038	1460.873	1.06880	5.54954	1.5796	249.61
5	516.79	223.805	1461.693	1.08587	5.53630	1.5831	241.14
6	535.63	228.574	1462.492	1.10288	5.52314	1.5866	233.02
7	554.99	233.346	1463.269	1.11966	5.51006	1.5902	225.22
8	574.89	238.119	1464.023	1.13672	5.49705	1.5937	217.74
9	595.34	242.894	1463.757	1.15365	5.48410	1.5973	210.55
10	616.35	247.670	1465.466	1.17034	5.47123	1.6010	203.65
11	637.92	252.447	1466.154	1.18706	5.45842	1.6046	197.02
12	660.07	257.225	1466.820	1.20372	5.44568	1.6083	190.65
13	682.80	262.003	1467.462	1.22032	5.43300	1.6120	184.53
14	706.13	266.781	1468.082	1.23686	5.42039	1.6158	178.64
15	730.07	271.559	1468.680	1.25333	5.40784	1.6196	172.98
16	754.62	276.336	1469.250	1.26974	5.39534	1.6234	167.54
17	779.80	281.113	1469.805	1.28609	5.39291	1.6273	162.30
18	805.62	285.888	1470.332	1.30238	5.37054	1.6311	157.25
19	832.09	290.662	1470.836	1.32660	5.35824	1.6351	152.40
20	859.22	295.435	1471.317	1.33476	5.34595	1.6390	147.72
21	887.01	300.205	1471.774	1.35085	5.33374	1.64301	143.22
22	915.48	304.975	1472.207	1.36687	5.32158	1.64704	138.88
23	944.65	309.741	1472.616	1.38283	5.30948	1.65111	134.69
24	974.52	314.505	1473.001	1.39873	5.29742	1.65522	130.66
25	1005.1	319.266	1473.362	1.41451	5.28541	1.65936	126.78
26	1036.4	324.025	1473.699	1.43031	5.27345	1.66354	123.03
27	1068.4	328.780	1474.011	1.44600	5.26153	1.66776	119.41
28	1101.2	333.532	1474.839	1.46163	5.24966	1.67203	115.92
29	1134.7	338.281	1474.562	1.47718	5.23784	1.67633	112.56
30	1169.0	343.026	1474.801	1.49269	5.22605	1.68068	109.30

续表

温度 t (℃)	压力 P (kPa)	比焓（kJ/kg）		比熵［kJ/（kg·K）］		比体积（L/kg）	
		液体 h′	气体 h″	液体 s′	气体 s″	液体 v′	气体 v″
31	1204.1	347.767	1475.014	1.50809	5.21431	1.68507	106.17
32	1240.0	252.504	1475.175	1.52345	5.20261	1.68950	103.13
33	1276.7	257.237	1475.366	1.53872	5.19095	1.69398	100.21
34	1314.1	261.966	1475.504	1.55397	5.17932	1.69850	97.376
35	1352.5	366.691	1475.616	1.56908	5.16774	1.70307	94.641
36	1391.6	371.411	1475.703	1.58416	5.15619	1.70769	91.998
37	1431.6	376.127	1475.765	1.59917	5.14467	1.71235	89.442
38	1472.4	380.838	1475.800	1.61411	5.13319	1.71707	86.970
39	1514.1	385.548	1475.810	1.62897	5.12174	1.72183	84.580
40	1556.7	390.247	1475.795	1.64379	5.11032	1.72665	82.266
41	1600.2	394.945	1475.750	1.65852	5.09894	1.73152	80.028
42	1644.6	399.639	1475.681	1.67319	5.08758	1.73644	77.861
43	1689.9	404.320	1475.586	1.68780	5.07625	1.74142	75.764
44	1736.2	409.011	1475.463	1.70234	5.06495	1.74645	73.733
45	1783.4	413.690	1475.314	1.71681	5.05367	1.75154	71.766
46	1831.5	418.366	1475.137	1.73122	5.04242	1.75668	69.860
47	1880.6	423.037	1474.934	1.74556	5.03120	1.76189	68.014
48	1930.7	427.704	1474.703	1.75984	5.01999	1.76716	66.225
49	1981.8	432.267	1474.444	1.77406	5.00881	1.77249	64.491
50	2033.8	437.026	1474.157	1.78821	4.99765	1.77788	62.809
51	2086.9	441.682	1473.840	1.80230	4.98651	1.78334	61.179
52	2141.1	447.334	1473.500	1.81634	4.97539	1.78887	59.598
53	2196.2	450.984	1473.138	1.83031	4.96428	1.79446	58.064
54	2252.5	455.630	1472.728	1.84432	4.95319	1.80013	56.576
55	2309.8	460.274	1472.290	1.85808	4.94212	1.80586	55.132

R134a 饱和液体及饱和蒸气热力性质表　　　　附表 2

温度 t (℃)	压力 P (kPa)	比焓（kJ/kg）		比熵［kJ/（kg·K）］		比体积（L/kg）	
		液体 h′	气体 h″	液体 s′	气体 s″	液体 v′	气体 v″
−40.00	51.69	147.96	373.40	0.7949	1.7618	0.70619	353.529
−39.00	54.44	149.22	374.03	0.8002	1.7603	0.70762	336.610
−38.00	57.30	150.48	374.66	0.8056	1.7589	0.70907	320.695
−37.00	60.28	151.74	375.29	0.8109	1.7575	0.71053	305.661

温度 t (℃)	压力 P (kPa)	比焓（kJ/kg）		比熵 [kJ/（kg·K）]		比体积（L/kg）	
		液体 h'	气体 h''	液体 s'	气体 s''	液体 v'	气体 v''
−36.00	63.39	153.00	375.91	0.8162	1.7562	0.71200	291.481
−35.00	66.63	154.26	376.54	0.8216	1.7549	0.71348	278.087
−34.00	69.99	155.53	377.17	0.8269	1.7536	0.71497	265.480
−33.00	73.50	156.78	377.80	0.8322	1.7526	0.71654	254.035
−32.00	77.14	158.07	378.42	0.8374	1.7512	0.71799	242.169
−31.00	80.92	159.35	379.05	0.8427	1.7500	0.71951	231.457
−30.00	84.85	160.62	379.67	0.8479	1.7488	0.72105	221.302
−29.00	88.94	161.90	380.30	0.8532	1.7477	0.72260	211.679
−28.00	93.17	163.18	380.92	0.8584	1.7466	0.72416	202.582
−27.00	97.57	164.47	381.55	0.8636	1.7455	0.72574	193.928
−26.00	102.13	165.75	382.17	0.8688	1.7444	0.72732	185.709
−25.00	106.86	167.04	382.79	0.8740	1.7434	0.72892	177.937
−24.00	111.76	168.32	383.42	0.8792	1.7425	0.73059	170.783
−23.00	116.84	169.61	384.04	0.8844	1.7416	0.73223	163.788
−22.00	122.10	170.92	384.65	0.8895	1.7405	0.73380	156.856
−21.00	127.54	172.20	385.28	0.8947	1.7397	0.73553	150.767
−20.00	133.18	173.52	385.89	0.8997	1.7387	0.73712	144.450
−19.00	139.01	174.82	386.51	0.9049	1.7378	0.73880	138.728
−18.00	145.03	176.11	387.13	0.9100	1.7371	0.74057	133.457
−17.00	151.27	177.43	387.74	0.9151	1.7361	0.74221	128.035
−16.00	157.71	178.74	388.35	0.9201	1.7353	0.74393	123.054
−15.00	164.36	180.04	388.97	0.9253	1.7346	0.74572	118.481
−14.00	171.23	181.35	389.58	0.9303	1.7338	0.74747	113.962
−13.00	178.33	182.67	390.19	0.9354	1.7331	0.74924	109.640
−12.00	185.65	183.99	390.80	0.9404	1.7323	0.75102	105.499
−11.00	193.20	185.31	391.40	0.9454	1.7316	0.75281	101.566
−10.00	201.00	186.63	392.01	0.9504	1.7309	0.75463	97.832
−9.00	209.03	187.96	392.62	0.9554	1.7302	0.75646	94.243
−8.00	217.32	189.29	393.22	0.9604	1.7295	0.75829	90.783
−7.00	225.85	190.62	393.82	0.9654	1.7289	0.76016	87.527
−6.00	234.65	191.95	394.42	0.9704	1.7283	0.76203	84.374
−5.00	243.71	193.29	395.01	0.9753	1.7276	0.76388	81.304
−4.00	253.04	194.62	395.61	0.9803	1.7270	0.76584	78.495

续表

温度 t (℃)	压力 P (kPa)	比焓（kJ/kg）		比熵［kJ/（kg·K）］		比体积（L/kg）	
		液体 h'	气体 h"	液体 s'	气体 s"	液体 v'	气体 v"
−3.00	262.64	195.96	396.21	0.9852	1.7265	0.76776	75.747
−2.00	272.52	197.31	396.80	0.9901	1.7258	0.76967	73.063
−1.00	282.68	198.65	397.40	0.9951	1.7254	0.77168	70.601
0.00	293.14	200.00	397.98	1.0000	1.7248	0.77365	68.164
1.00	303.89	201.35	398.57	1.0049	1.7243	0.77565	65.848
2.00	314.94	202.70	399.16	1.0098	1.7238	0.77769	63.645
3.00	326.30	204.06	399.73	1.0146	1.7232	0.77967	61.441
4.00	337.98	205.42	400.32	1.0196	1.7228	0.78176	59.429
5.00	349.96	206.78	400.90	1.0244	1.7223	0.78384	57.470
6.00	362.28	208.14	401.48	1.0293	1.7219	0.78593	55.569
7.00	374.92	209.51	402.05	1.0341	1.7214	0.78805	53.767
8.00	387.90	210.88	402.62	1.0390	1.7210	0.79017	52.002
9.00	401.22	212.25	403.20	1.0438	1.7206	0.79235	50.339
10.00	414.88	213.63	403.76	1.0486	1.7201	0.79453	48.721
11.00	428.90	215.01	404.33	1.0534	1.7197	0.79673	47.176
12.00	443.27	216.39	404.89	1.0583	1.7193	0.79896	45.680
13.00	458.01	217.77	405.45	1.0631	1.7190	0.80120	44.249
14.00	473.12	219.16	406.01	1.0679	1.7186	0.80348	42.866
15.00	488.60	220.55	406.57	1.0727	1.7182	0.80577	41.532
16.00	504.47	221.94	407.12	1.0774	1.7179	0.80810	40.260
17.00	520.73	223, 34	407.67	1.0822	1.7175	0.81044	39.016
18.00	537.38	224.74	408.21	1.0870	1.7171	0.81281	37.823
19.00	554.43	226.14	408.76	1.0917	1.7168	0.81520	36.682
20.00	571.88	227.55	409.30	1.0965	1.7165	0.81762	35.576
21.00	589.75	228.96	409.84	1.1012	1.7162	0.82007	34.503
22.00	608.04	230.37	410.37	1.1060	1.7158	0.82255	33.475
23.00	626.76	231.79	410.90	1.1107	1.7155	0.82506	32.486
24.00	645.90	233.20	411.43	1.1154	1.7152	0.82760	31.526
25.00	665.49	234.63	411.96	1.1202	1.7149	0.83017	30.603
26.00	685.52	236.05	412.47	1.1249	1.7146	0.83276	29.703
27.00	706.00	237.49	412.99	1.1296	1.7144	0.83539	28.847
28.00	726.93	238.92	413.51	1.1343	1.7141	0.83805	28.008
29.00	748.34	240.36	414.01	1.1390	1.7137	0.84073	27.195

续表

温度 t（℃）	压力 P（kPa）	比焓（kJ/kg）		比熵［kJ/（kg·K）］		比体积（L/kg）	
		液体 h′	气体 h″	液体 s′	气体 s″	液体 v′	气体 v″
30.00	770.21	241.80	414.52	1.1437	1.7135	0.84347	26.424
31.00	792.56	243.24	415.02	1.1484	1.7132	0.84622	25.663
32.00	815.39	244.69	415.52	1.1531	1.7129	0.84903	24.942
33.00	838.72	246.15	416.01	1.1578	1.7127	0.85186	24.235
34.00	862.54	247.61	416.50	1.1625	1.7124	0.85474	23.551
35.00	886.87	249.07	416.99	1.1672	1.7121	0.85768	22.899
36.00	911.71	250.53	417.45	1.1718	1.7117	0.86051	22.234
37.00	937.07	252.00	417.94	1.1765	1.7116	0.86359	21.634
38.00	962.95	253.48	418.41	1.1812	1.7113	0.86663	21.034
39.00	989.36	254.96	418.87	1.1859	1.7110	0.86971	20.451
40.00	1016.32	256.44	419.34	1.1906	1.7108	0.87284	19.893
41.00	1043.82	257.93	419.79	1.1952	1.7104	0.87601	19.343
42.00	1071.88	259.43	420.24	1.1999	1.7102	0.87922	18.812
43.00	1100.50	260.93	420.69	1.2046	1.7099	0.88254	18.308
44.00	1129.69	262.43	421.11	1.2092	1.7096	0.88579	17.799
45.00	1159.45	263.94	421.55	1.2139	1.7093	0.88919	17.320
46.00	1189.80	265.46	421.97	1.2186	1.7090	0.89261	16.849
47.00	1220.74	266.97	422.39	1.2232	1.7087	0.89604	16.390
48.00	1252.28	268.50	422.81	1.2279	1.7084	0.89965	15.956
49.00	1284.43	270.03	423.22	1.2326	1.7081	0.90325	15.529
50.00	1317.19	271.57	423.62	1.2373	1.7078	0.90694	15.112
51.00	1350.58	273.12	424.01	1.2420	1.7075	0.91067	14.711
52.00	1384.60	274.67	424.39	1.2466	1.7071	0.91448	14.315
53.00	1419.25	276.22	424.77	1.2513	1.7068	0.91834	13.931
54.00	1454.56	277.79	425.15	1.2560	1.7064	0.92231	13.566
55.00	1490.52	279.36	425.51	1.2607	1.7061	0.92634	13.203
56.00	1527.15	280.94	425.86	1.2654	1.7057	0.93045	12.852
57.00	1564.45	282.52	426.20	1.2701	1.7053	0.93464	12.509
58.00	1602.43	284.12	426.54	1.2748	1.7049	0.93893	12.177
59.00	1641.10	285.72	426.87	1.2795	1.7045	0.94330	11.854
60.00	1680.47	287.33	427.18	1.2842	1.7041	0.94775	11.538
61.00	1720.56	288.94	427.48	1.2890	1.7036	0.95232	11.227
62.00	1761.36	290.57	427.79	1.2937	1.7032	0.95702	10.932

续表

温度 t（℃）	压力 P（kPa）	比焓（kJ/kg）		比熵［kJ/（kg·K）］		比体积（L/kg）	
		液体 h'	气体 h''	液体 s'	气体 s''	液体 v'	气体 v''
63.00	1802.89	292.21	428.07	1.2985	1.7027	0.96181	10.640
64.00	1845.15	293.85	428.34	1.3033	1.7021	0.96672	10.354
65.00	1888.17	295.51	428.61	1.3080	1.7016	0.97175	10.080
66.00	1931.94	297.17	428.84	1.3128	1.7011	0.97692	9.805
67.00	1976.48	298.85	429.09	1.3176	1.7005	0.98222	9.545
68.00	2021.80	300.53	429.31	1.3225	1.6999	0.98766	9.286
69.00	2067.90	302.23	429.51	1.3273	1.6993	0.99326	9.033
70.00	2114.81	303.94	429.70	1.3321	1.6986	0.99902	8.788
71.00	2162.53	305.67	429.86	1.3370	1.6979	1.00496	8.546
72.00	2211.07	307.41	430.02	1.3419	1.6972	1.01110	8.311
73.00	2260.44	309.16	430.16	1.3469	1.6964	1.01741	8.082
74.00	2310.67	310.93	430.29	1.3518	1.6956	1.02396	7.858
75.00	2361.75	312.71	430.38	1.3568	1.6948	1.03073	7.638
76.00	2413.70	314.51	430.47	1.3618	1.6939	1.03774	7.424
77.00	2466.53	316.33	430.53	1.3668	1.6930	1.04500	7.213
78.00	2520.27	318.17	430.56	1.3719	1.6920	1.05259	7.006
79.00	2574.91	320.03	430.56	1.3771	1.6909	1.06047	6.802
80.00	2630.48	321.92	430.53	1.3822	1.6898	1.06869	6.601
81.00	2687.00	323.82	430.48	1.3874	1.6886	1.07728	6.407
82.00	2744.47	325.76	430.40	1.3927	1.6874	1.08628	6.214
83.00	2802.91	327.72	430.27	1.3981	1.6860	1.09574	6.024
84.00	2862.35	329.71	430.10	1.4035	1.6846	1.10570	5.836
85.00	2922.80	331.74	429.86	1.4089	1.6829	1.11621	5.647
86.00	2984.27	333.80	429.61	1.4145	1.6813	1.12736	5.464
87.00	3046.80	335.91	429.29	1.4202	1.6795	1.13923	5.283
88.00	3110.39	338.05	428.91	1.4259	1.6775	1.15172	5.103
89.00	3175.08	340.27	428.51	1.4318	1.6755	1.16552	4.929
90.00	3240.89	342.54	427.99	1.4379	1.6732	1.18024	4.751
91.00	3307.85	344.88	427.37	1.4441	1.6706	1.19624	4.572
92.00	3375.98	347.31	426.69	1.4505	1.6679	1.21380	4.397
93.00	3445.32	349.83	425.83	1.4572	1.6648	1.23325	4.215
94.00	3515.91	352.48	424.84	1.4642	1.6613	1.25507	4.033
95.00	3587.80	355.23	423.70	1.4714	1.6574	1.27926	3.851

续表

温度 t（℃）	压力 P（kPa）	比焓（kJ/kg）		比熵［kJ/（kg·K）］		比体积（L/kg）	
		液体 h′	气体 h″	液体 s′	气体 s″	液体 v′	气体 v″
96.00	3661.03	358.27	422.30	1.4794	1.6529	1.30887	3.661
97.00	3735.68	361.53	420.69	1.4880	1.6478	1.34352	3.469
98.00	3811.83	365.18	418.60	1.4975	1.6415	1.38682	3.261
99.00	3889.62	369.47	415.94	1.5088	1.6336	1.44484	3.037
100.00	3969.25	375.04	412.19	1.5234	1.6230	1.53410	2.779

R22 饱和液体及饱和蒸气热力性质表

附表 3

温度 t（℃）	压力 P（kPa）	比焓（kJ/kg）		比熵［kJ/（kg·K）］		比体积（L/kg）	
		液体 h′	气体 h″	液体 s′	气体 s″	液体 v′	气体 v″
−60	37.48	134.763	379.114	0.73254	1.87886	0.68208	537.152
−55	49.47	139.830	381.529	0.75599	1.86389	0.68856	414.827
−50	64.39	144.959	383.921	0.77919	1.85000	0.69526	324.557
−45	82.71	150.153	386.282	0.80216	1.83708	0.70219	256.990
−40	104.95	155.414	388.609	0.82490	1.82504	0.70936	205.745
−35	131.68	160.742	390.896	0.84743	1.81380	0.71680	166.400
−30	163.48	166.140	393.138	0.86976	1.80329	0.72452	135.844
−28	177.76	168.318	394.021	0.87864	1.79927	0.72769	125.563
−26	192.99	170.507	394.896	0.88748	1.79535	0.73092	116.214
−24	209.22	172.708	395.762	0.89630	1.79152	0.73420	107.701
−22	226.48	174.919	396.619	0.90509	1.78779	0.73753	99.9362
−20	244.83	177.142	397.467	0.91386	1.78415	0.74091	92.8432
−18	264.29	179.376	398.305	0.92259	1.78059	0.74436	86.3546
−16	284.93	181.622	399.133	0.93129	1.77711	0.74786	80.4103
−14	306.78	183.878	399.951	0.93997	1.77371	0.75143	74.9572
−12	329.89	186.147	400.759	0.94862	1.77039	0.75506	69.9478
−10	354.30	188.426	401.555	0.95725	1.76713	0.75876	65.3399
−9	367.01	189.571	401.949	0.96155	1.76553	0.76063	63.1746
−8	380.06	190.718	402.341	0.06585	1.76394	0.76253	61.0958
−7	393.47	191.868	402.729	0.97014	1.76237	0.76444	59.0996
−6	407.23	193.021	403.114	0.97442	1.76082	0.76636	57.1820
−5	421.35	194.176	403.496	0.97870	1.75928	0.76831	55.3394
−4	435.84	195.335	403.876	0.98297	1.75775	0.77028	53.5682
−3	450.70	196.497	404.252	0.98724	1.75624	0.77226	51.8653

续表

温度 t （℃）	压力 P （kPa）	比焓（kJ/kg）		比熵［kJ/（kg·K）］		比体积（L/kg）	
		液体 h'	气体 h''	液体 s'	气体 s''	液体 v'	气体 v''
−2	465.94	197.662	404.626	0.99150	1.75475	0.77427	50.2274
−1	481.57	198.828	404.994	0.99575	1.75326	0.77629	48.6517
0	497.59	200.000	405.261	1.00000	1.75279	0.77804	47.1354
1	514.01	201.174	405.724	1.00424	1.75034	0.78041	45.6757
2	540.83	202.351	406.084	1.00848	1.74889	0.78249	44.2702
3	548.06	203.530	406.440	1.01271	1.74746	0.78460	42.9166
4	565.71	204.713	406.793	1.01694	1.74604	0.78673	41.6124
5	583.78	205.899	407.143	1.02116	1.74463	0.78889	40.3556
6	602.28	207.089	407.489	1.02537	1.74324	0.79107	39.1441
7	621.22	208.281	407.831	1.02958	1.74185	0.79327	37.9759
8	640.59	209.477	408.169	1.03379	1.74047	0.79549	36.8493
9	660.42	210.675	408.504	1.03799	1.73911	0.79775	35.7624
10	680.70	211.877	408.835	1.04218	1.73775	0.80002	34.7136
11	701.44	213.083	409.162	1.04637	1.73640	0.80232	33.7013
12	722.65	214.291	409.485	1.05056	1.73506	0.80465	32.7239
13	744.33	215.503	409.804	1.05474	1.73373	0.80701	31.7801
14	766.50	216.719	410.119	1.05892	1.73241	0.80939	30.8683
15	789.15	217.937	410.430	1.06309	1.73109	0.81180	29.9874
16	812.29	219.160	410.736	1.06726	1.72978	0.81424	29.1361
17	835.93	220.386	411.038	1.07142	1.72848	0.81671	28.3131
18	860.08	221.615	411.336	1.07559	1.72719	0.81922	27.5173
19	884.75	222.848	411.629	1.07974	1.72590	0.82175	26.7477
20	909.93	224.084	411.918	1.08390	1.72462	0.82431	26.0032
21	935.64	225.324	412.202	1.08805	1.72334	0.82691	25.2829
22	961.89	226.568	412.481	1.09220	1.72206	0.82954	24.5857
23	988.67	227.816	412.755	1.09634	1.72080	0.83221	23.9107
24	1016.0	229.068	413.025	1.10048	1.71953	0.83491	23.2572
25	1043.9	230.324	413.289	1.10462	1.71827	0.83765	22.6242
26	1072.3	231.583	413.548	1.10876	1.71701	0.84043	22.0111
27	1101.4	232.847	413.802	1.11299	1.71576	0.84324	21.4169
28	1130.9	234.115	414.050	1.11703	1.71450	0.84610	20.8411
29	1161.1	235.387	414.293	1.12116	1.71325	0.84899	20.2829
30	1191.9	236.664	414.530	1.12530	1.71200	0.85193	19.7417

温度 t（℃）	压力 P（kPa）	比焓（kJ/kg）		比熵 [kJ/（kg·K）]		比体积（L/kg）	
		液体 h'	气体 h''	液体 s'	气体 s''	液体 v'	气体 v''
31	1223.2	237.944	414.762	1.12943	1.71075	0.85491	19.2168
32	1255.2	239.230	414.987	1.13355	1.70950	0.85793	18.7076
33	1287.8	240.520	415.207	1.13768	1.70826	0.86101	18.2135
34	1321.0	241.814	415.420	1.14181	1.70701	0.86412	17.7341
35	1354.8	243.114	415.627	1.14594	1.70576	0.86729	17.2686
36	1389.0	244.418	415.828	1.15007	1.70450	0.87051	16.8168
37	1424.3	245.727	416.021	1.15420	1.70325	0.87378	16.3779
38	1460.1	247.041	416.208	1.15833	1.70199	0.87710	15.9517
39	1496.5	248.361	416.388	1.16246	1.70073	0.88048	15.5375
40	1533.5	249.686	416.561	1.16655	1.69946	0.88392	15.1351
41	1571.2	251.016	416.726	1.17073	1.69819	0.88741	14.7439
42	1609.6	252.352	416.883	1.17486	1.69692	0.89997	14.3636
43	1648.7	253.694	417.033	1.17900	1.69564	0.89459	13.9938
44	1688.5	255.042	417.174	1.18310	1.69435	0.89828	13.6341
45	1729.0	256.396	417.308	1.18730	1.69305	0.90203	13.2841
46	1770.2	257.756	417.432	1.19145	1.69174	0.90586	12.9436
47	1812.1	259.123	417.548	1.19560	1.69043	0.90976	12.6122
48	1854.8	260.497	417.655	1.19977	1.68911	0.91374	12.2895
49	1898.2	261.877	417.752	1.20393	1.68777	0.91779	11.9753
50	1942.3	263.264	417.838	1.20811	1.68643	0.92193	11.6693

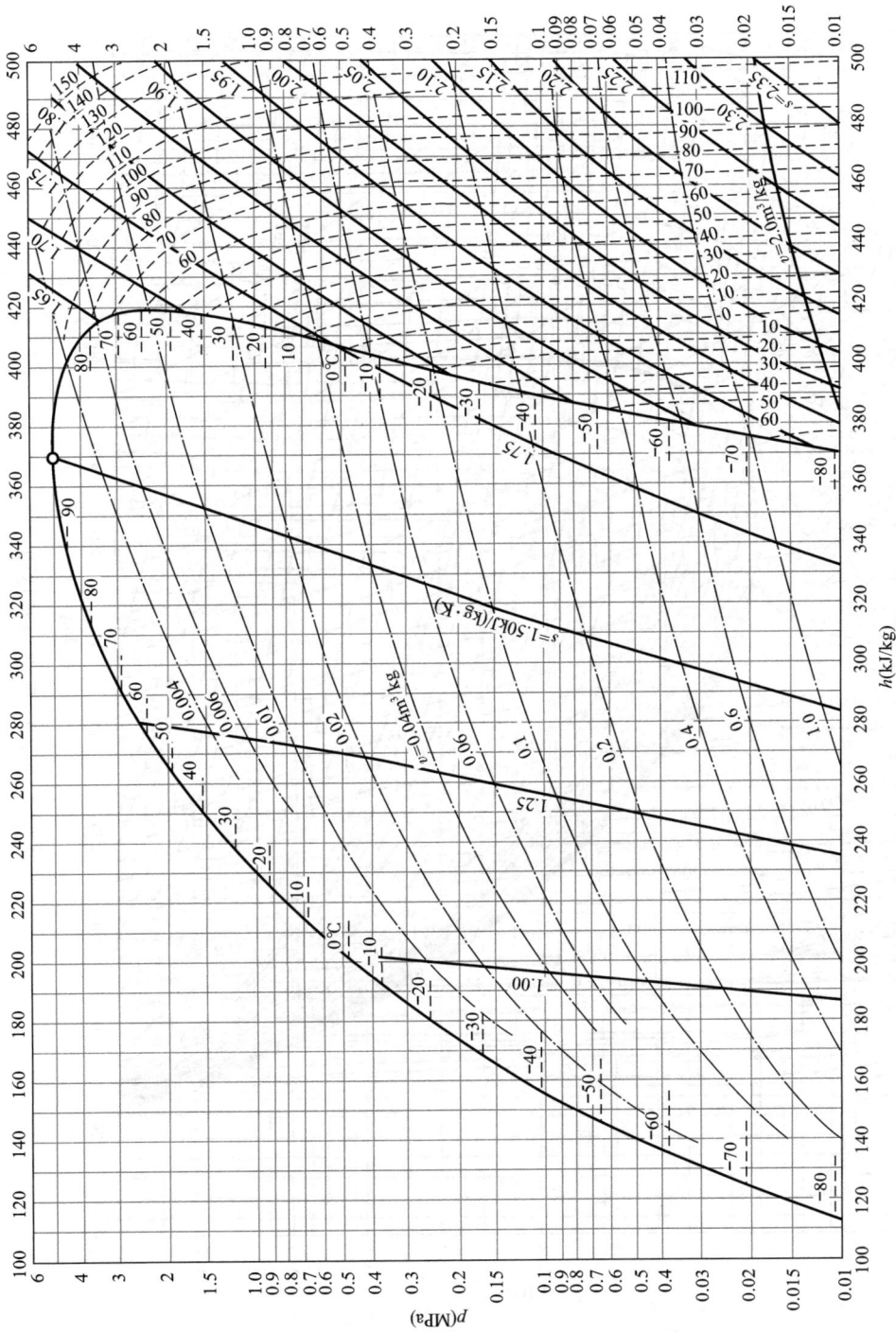

附图 1 R22 压焓图

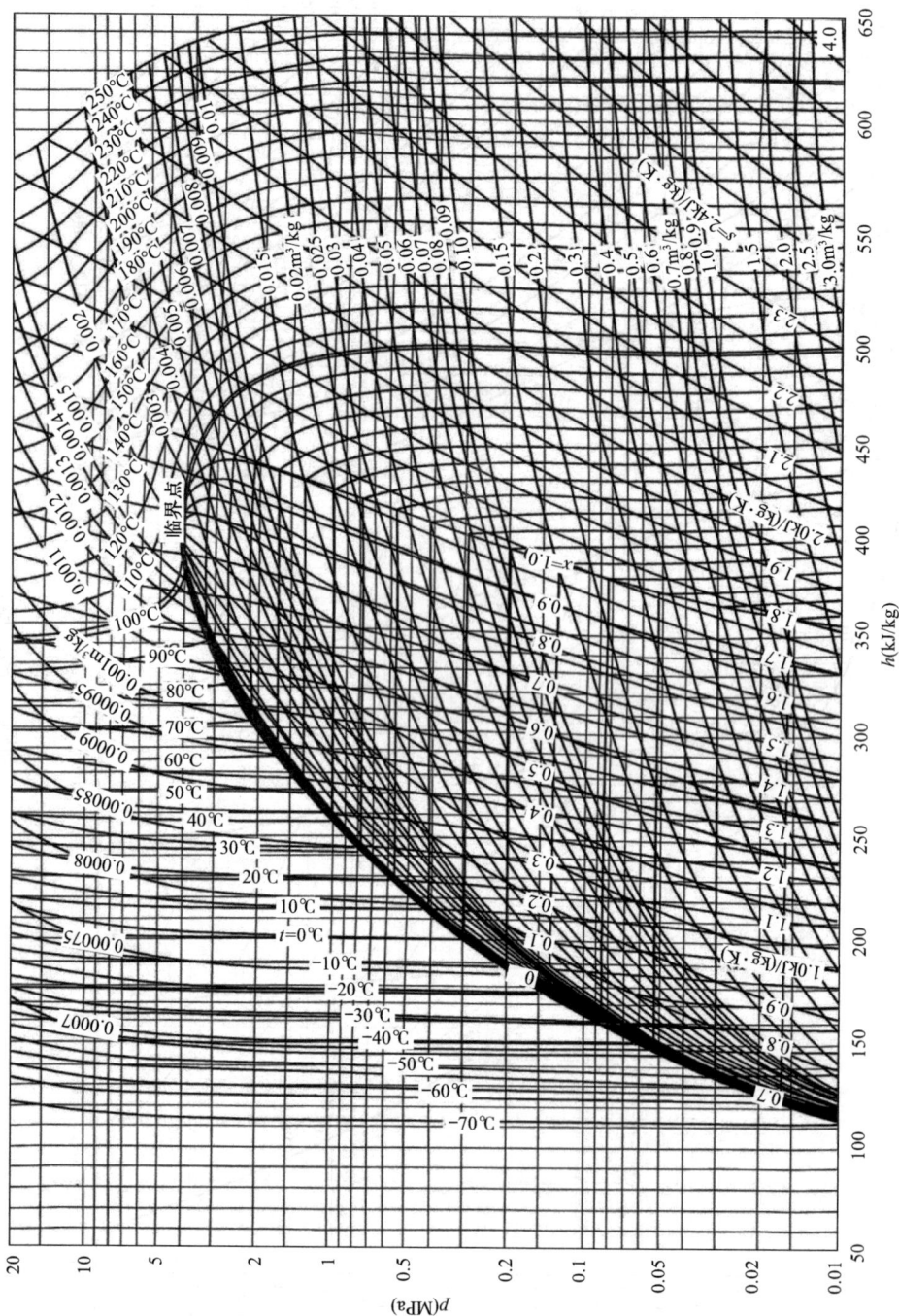

附图 2 R134a 压焓图

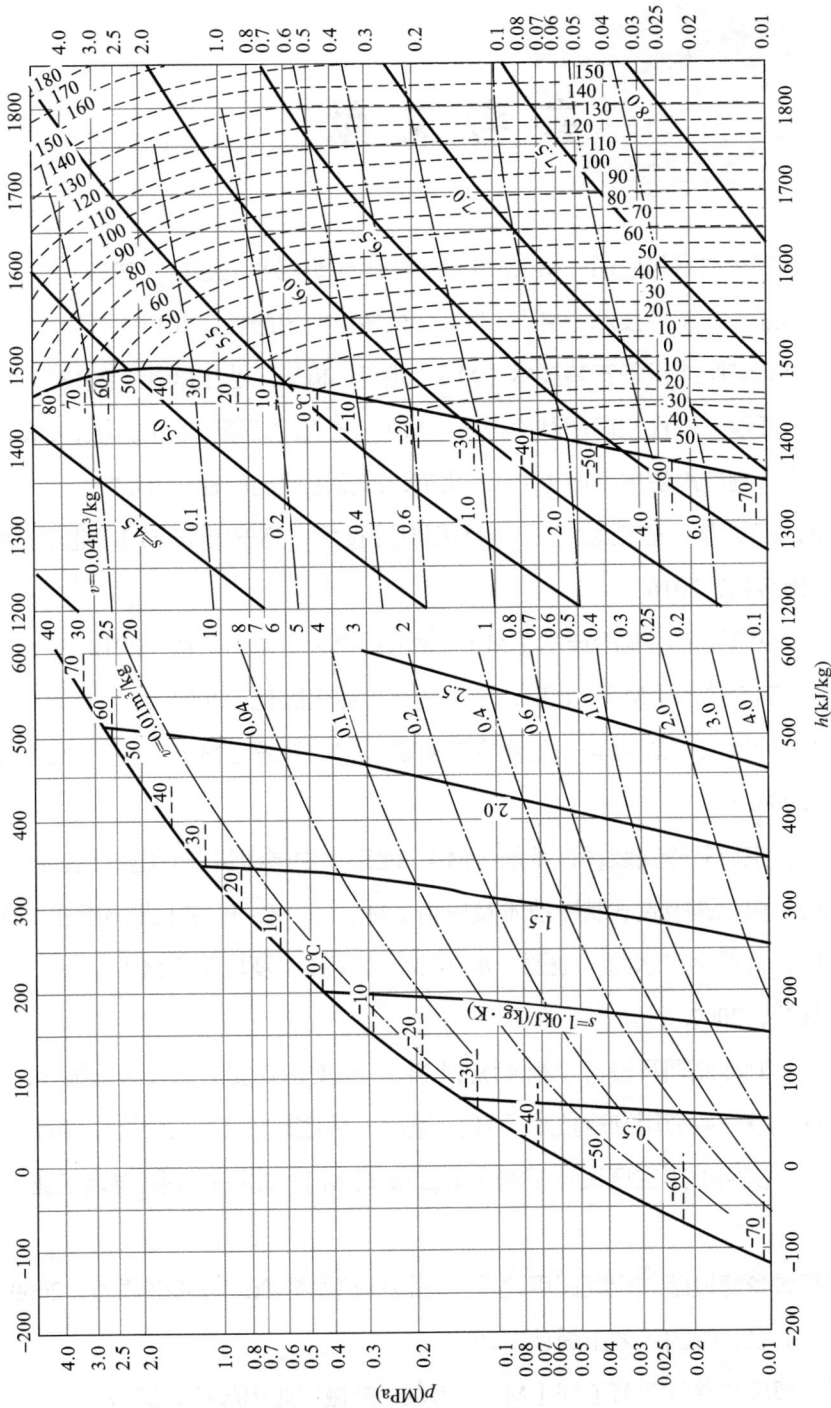

附图 3 R717 压焓图

$h(kJ/kg)$

$p(MPa)$

参 考 文 献

［1］ 贺俊杰. 制冷技术与应用［M］. 北京：中国建筑工业出版社，2011.

［2］ 金文，逯红杰. 制冷技术［M］. 北京：机械工业出版社，2013.

［3］ 徐勇. 空调与制冷设备安装技术［M］. 北京：机械工业出版社，2013.

［4］ 易新、梁任建. 现代空调用制冷技术［M］. 北京：机械工业出版社，2021.

［5］ 曹德胜等. 制冷剂使用手册［M］. 北京：冶金工业出版社，2003.

［6］ 石文星，田长青，王宝龙. 空气调节用制冷技术（第五版）［M］. 北京：中国建筑工业出版社，2016.

［7］ 黄奕沄. 空气调节用制冷技术［M］. 北京：中国电力出版社，2012.

［8］ 李树林. 制冷技术［M］. 北京：中国建筑工业出版社，2003.

［9］ 王志刚，徐秋生，俞炳丰. 变频控制多联式空调系统［M］. 北京：化学工业出版社，2006.

［10］ 李金川. 空调制冷安装调试手册［M］. 北京：中国建筑工业出版社，2006.

［11］ 戴永庆. 溴化锂吸收式制冷技术及应用［M］. 北京：机械工业出版社，1999.

［12］ 蒋能照，刘道平. 水源·地源·水环热泵空调技术及应用［M］. 北京：机械工业出版社，2007.

［13］ 吴业正. 制冷原理及设备（第4版）［M］. 西安：西安交通大学出版社，2015.

［14］ 姚行健. 空气调节用制冷技术［M］. 北京：中国建筑工业出版社，2008.

［15］ 陆耀庆. 实用供热空调设计手册（第二版）［M］. 北京：中国建筑工业出版社，2008.

［16］ 住房和城乡建设部. 全国民用建筑工程设计技术措施：暖通空调力（2009年版）［M］. 北京：中国计划出版社，2009.

［17］ 徐勇. 通风与空气调节工程［M］. 北京：机械工业出版社，2007.

［18］ 汪善国. 空调与制冷技术手册［M］. 北京：机械工业出版社，2006.